分析化学及实验

肖楚　王大伟　主编

河南大学出版社
HENAN UNIVERSITY PRESS
·郑州·

内容提要

本书为作者在近年来分析化学教学改革的基础上编写而成。

全书共分为十三章,内容覆盖误差与数据的统计与处理、酸碱滴定法、配位滴定法、氧化还原滴定法、沉淀滴定法、重量分析法、分光光度法以及化学分析常见的仪器使用方法和典型的实验。全书结构合理,内容精练,特色突出,特别适合工科分析化学课程教学使用。

本书可作为高等院校化学化工、油料、环境工程及科学和其他相关专业的分析化学课程教材,也可供从事理化分析检验工作的人员参考及培训使用。

图书在版编目(CIP)数据

分析化学及实验 / 肖楚,王大伟主编. -- 郑州:河南大学出版社,2024. 8. -- ISBN 978-7-5649-6044-5

Ⅰ. O652.1

中国国家版本馆 CIP 数据核字第 2024D78G14 号

责任编辑	张雪彩
责任校对	林方丽
封面设计	马　龙
出版发行	河南大学出版社
	地址:郑州市郑东新区商务外环中华大厦 2401 号　　邮编:450046
	电话:0371-86059701(营销部)　　网址:hupress.henu.edu.cn
排　版	河南金河印务有限公司
印　刷	郑州尚品数码快印有限公司
版　次	2024 年 8 月第 1 版　　印　次　2024 年 8 月第 1 次印刷
开　本	787 mm×1092 mm　1/16　　印　张　12.75
字　数	264 千字　　定　价　42.00 元

版权所有·侵权必究

本书如有印装质量问题,请与河南大学出版社营销部联系调换。

前　言

　　分析化学是研究化学中的"量"及其变化规律的课程，为工科院校化学化工、油料、环境及相关专业的一门基础课程。通过本课程的学习，要求学生掌握分析化学的基本理论，准确树立"量"的概念，具有一定分析问题和解决问题的能力。

　　分析化学的内容广泛，本书主要对酸碱滴定法、配位滴定法、氧化还原滴定法、沉淀滴定法、重量分析法及分光光度法等内容做了比较全面系统的阐述。分析化学同时是实践性的学科，本书主要介绍了分析化学实验的一般知识、操作技术，滴定分析及重量分析的典型实验。

　　本书由肖楚、王大伟共同主编，参加编写的同志有：肖楚（第一、四章）、包河彬（第二、三章）、刘妹静（第五、八章）、王大伟（第六、七章）、张云佳（第九章）、伊茜（第十、十三章）、廖梓珺（第十一章）、顾子迪（第十二章）。全书由肖楚统稿、廖梓珺审稿。

　　限于编者的水平，书中不妥之处，敬请同行专家和读者批评指正。

编　者
2024 年 7 月

目 录

上篇　分析化学基础理论

第一章　定量分析概述 ………………………………………………… 2
 第一节　分析化学的任务和作用 ……………………………… 2
 第二节　分析方法的分类 ……………………………………… 2

第二章　误差及分析数据的统计处理 ………………………………… 5
 第一节　定量分析误差 ………………………………………… 5
 第二节　分析结果的数据处理 ………………………………… 8
 第三节　有效数字及其运算规则 ……………………………… 10
 习　题 …………………………………………………………… 11

第三章　滴定分析法 …………………………………………………… 13
 第一节　概　述 ………………………………………………… 13
 第二节　滴定分析法的原理 …………………………………… 14
 第三节　滴定分析的应用和计算 ……………………………… 15
 习　题 …………………………………………………………… 19

第四章　酸碱滴定法 …………………………………………………… 20
 第一节　概　述 ………………………………………………… 20
 第二节　酸碱滴定法的原理 …………………………………… 24
 第三节　酸碱滴定法的应用 …………………………………… 50
 习　题 …………………………………………………………… 52

第五章　配位滴定法 …………………………………………………… 54
 第一节　概　述 ………………………………………………… 54
 第二节　配位滴定法的原理 …………………………………… 56
 第三节　配位滴定法的应用 …………………………………… 66
 习　题 …………………………………………………………… 69

第六章　氧化还原滴定法 ……………………………………………… 71
 第一节　概　述 ………………………………………………… 71
 第二节　氧化还原滴定法的原理 ……………………………… 72
 第三节　氧化还原滴定法的应用 ……………………………… 84

习 题 89

第七章 沉淀滴定法 91
第一节 概 述 91
第二节 沉淀滴定法的原理 91
第三节 沉淀滴定法的应用 98
习 题 98

第八章 重量分析法 100
第一节 概 述 100
第二节 重量分析法的原理 102
第三节 重量分析法的应用 107
习 题 108

第九章 分光光度法 110
第一节 概 述 110
第二节 分光光度法的原理 112
第三节 分光光度法的应用 120
习 题 121

第十章 电位分析法 122
第一节 概 述 122
第二节 电位分析法的原理 123
第三节 电位滴定法的应用 127
习 题 129

下篇 分析化学实验

第十一章 分析化学实验基础知识 132
第一节 分析化学实验的目的和要求 132
第二节 试剂的一般知识 132
第三节 实验数据的记录、处理和实验守则 134

第十二章 分析化学实验基本仪器和操作技术 136
第一节 分析天平的使用 136
第二节 滴定分析仪器及使用方法 141
第三节 重量分析法基本操作 149

第十三章 实 验 154
实验一 分析天平的称量练习 154
思考题 155
实验二 酸碱标准溶液的配制和浓度的比较 156

思考题 …………………………………………………………………… 159
　实验三　润滑脂中游离酸或游离碱含量的测定 ………………………… 159
　　思考题 …………………………………………………………………… 161
　实验四　碱液中 NaOH 及 Na_2CO_3 含量的测定（双指示剂法）………… 161
　　思考题 …………………………………………………………………… 162
　实验五　石油产品水溶性酸碱测定 ………………………………………… 163
　　思考题 …………………………………………………………………… 163
　实验六　EDTA 标准溶液的配制和标定 …………………………………… 164
　　思考题 …………………………………………………………………… 166
　实验七　重量分析法测定石油产品中的硫含量 …………………………… 166
　　思考题 …………………………………………………………………… 168
　实验八　褐铁矿中铁含量的测定 …………………………………………… 169
　　思考题 …………………………………………………………………… 170
　实验九　水中化学需氧量（COD）的测定（高锰酸钾法）………………… 171
　　思考题 …………………………………………………………………… 172
　实验十　邻二氮杂菲分光光度法测定铁 …………………………………… 172
　　思考题 …………………………………………………………………… 176
　实验十一　铅、铋混合液中铅、铋含量的连续测定（配位滴定法）……… 177
　　思考题 …………………………………………………………………… 178
　实验十二　氯化物中氯含量的测定 ………………………………………… 178
　　思考题 …………………………………………………………………… 179
　实验十三　可溶性硫酸盐中硫的含量测定 ………………………………… 180
　　思考题 …………………………………………………………………… 181

附　录 ……………………………………………………………………………… 182
参考文献 …………………………………………………………………………… 195

上 篇
分析化学基础理论

第一章 定量分析概述

什么是分析化学？随着时代的进步、学科和科学技术的发展，国内外对分析化学的定义也不断地变化，与时俱进。一般而言，分析化学是人们获得物质的化学组成和结构信息的科学，它所要解决的问题是物质中含有哪些组分，各种组分的含量是多少以及这些组分是以怎样的状态构成物质的。要解决这些问题，就要依据反映物质运动、变化的理论，制定分析方法，创建有关的实验技术，研制仪器设备，因此分析化学是化学研究中最基本、最基础的领域之一。

第一节 分析化学的任务和作用

分析化学是最早发展起来的化学分支学科，并且在早期化学的发展中一直处于研究前沿，具有重要地位，被称为"现代化学之母"。我国化学界前辈徐寿先生(1818～1884)曾对分析化学学科给予很高评价。他说："考质求数之学，乃格物之大端，而为化学之极致也。"所谓考质，即定性分析；所谓求数，即定量分析。可见分析化学是一门极其重要的、应用广泛的、理论与实际紧密结合的基础学科。在科学研究中，分析化学可以帮助人们扩大和加深对自然界的认识，促进科学本身的发展；在学科领域中，如矿物学、物质学、海洋学、生理学、医学、农业科学、材料科学、油料学、环境保护等学科都需要分析化学作为研究手段；在国民经济中，分析化学具有重大的实用意义，在工业生产上起着"眼睛"的作用，如资源勘探、原料配比、生产控制、产品检验、土壤普查等工作，都需要应用分析化学。

分析化学是高等工科院校有关专业的一门重要的基础课。基础分析化学主要内容是定量化学分析。它是一门树立准确"量"的概念的课程，要求学生掌握定量分析的方法及有关理论，培养严谨、认真和实事求是的科学作风，学习定量分析化学的技能，提高分析和解决实际问题的能力，为后续课程的学习及今后从事科学研究和工作打下良好的基础。

第二节 分析方法的分类

分析化学所面对的是多种多样的复杂样品，不可能有一种分析方法或一台分析仪器可以解决所有的分析问题。因此，分析化学中包含的大量不同分析方法，通常需要按照其属性进行分类以便于选择和学习。在分析化学中,这些分析方法可以按照分析任务、测定原理、分析对象的不同进行分类。本节将按照任务和测定原理的不同对分析方法进行介绍。

一、定性、定量和结构分析

所谓的定性、定量和结构分析是根据分析任务的不同而进行的分类。定性分析的任务是确定被测物质是由哪些元素、离子、原子团或化合物构成的;定量分析的任务是测定相应组分的含量;结构分析的任务是对物质的分子结构或晶体结构进行鉴定。本门课程为基础化学分析,主要介绍定量分析部分内容。

二、化学分析和仪器分析

根据分析方法的特点和原理不同,定量分析可分为化学分析法和仪器分析法两类。

(一) 化学分析法

化学分析法是以化学反应为基础的分析方法,主要包括滴定分析法和重量分析法。

1. 滴定分析法

通过滴定管将已知准确浓度的溶液滴加到待测物质溶液中,使其与待测组分发生反应,滴定剂的加入量恰好是完成反应所必需的,根据滴定剂的准确浓度和体积计算出待测组分的含量,这样的分析方法称为滴定分析法。

根据反应的类型的不同,滴定分析法又可分为酸碱滴定法、沉淀滴定法、配位滴定法和氧化还原滴定法等。

2. 重量分析法

通过化学反应及一系列操作步骤使试样中的待测组分转化为另一种纯净的、固定化学组成的化合物,再通过分析天平称量该化合物的质量,从而计算出待测组分的含量,这样的分析方法称为重量分析法。

滴定分析法和重量分析法一般用于高含量和中含量组分的测定(一般在1%以上),滴定分析法操作简便、快速,测定结果的准确度较高(相对误差不超过0.2%),所用仪器设备简单,因此,滴定分析法在生产、科研中应用更普遍。重量分析法的准确度更高些(相对误差不超过0.1%),常常作为一些元素测定的准确分析法,但操作过程烦琐且耗时,因而在实际生产中不如滴定分析法应用广泛。

(二) 仪器分析法

仪器分析法是以物质的物理性质和化学性质为基础的分析方法。主要有下列几类:

1. 光学分析法

包括吸光光度法、发射光谱分析法、原子吸收光谱分析法、荧光分析法等。

吸光光度法(包括比色法、可见紫外吸光光度法和红外分光光度法),是基于物质对光的选择性吸收而建立起来的分析方法。

发射光谱分析法(包括发射光谱法、火焰光度法等),是根据物质受到热能或电能的激发后所发射的特征光谱来进行定性定量分析的方法。

原子吸收光谱分析法,是基于被测物质所产生的原子蒸气对其特征谱的吸收作用来进行定性定量分析的方法。

荧光分析法,是根据某些物质在紫外线照射下产生荧光强度测定待测物含量的分析方法。

2. 电化学分析法

根据被分析溶液的各种电化学性质来确定其组成及含量的分析方法。主要包括电位分析法、极谱分析法、电解分析法、电导分析法等。

3. 色谱分析法

根据待测物质分子在固定相和流动相之间分配平衡的一种分离、分析多组分混合物的分析方法,具有灵敏、快速、高效和应用广泛等特点。

另外,还有很多新发展起来的仪器分析方法,如质谱法、核磁共振波谱法、电子探针和离子探针微区分析法等以及这些方法的联用。

仪器分析法具有快速、灵敏、简便等优点,特别适用于微量(0.01%~1%)和痕量(<0.01%)组分的测定,在现代化生产和日常工作中一些自动连续测定工作更是离不开仪器。仪器分析法中用到的仪器一般价格较高,精密仪器更是昂贵,仪器分析法与化学分析法相比具有维护要求高、维修困难等缺点。另外,在仪器测定前,试样一般需要进行一系列预处理(如溶解、分离、富集等)。仪器在对未知物测定同时,常需要用已知的标准溶液作比较,而该标准溶液又需要用化学分析法测定。所以,化学分析法和仪器分析法联系密切、互为补充,不可偏废,并且前者是后者的基础。

第二章 误差及分析数据的统计处理

定量分析化学的目的是对试样中有关组分含量进行准确测定,最终得到可靠的结果。但是客观存在的真实值是不可能绝对精确地测知的。同其他测量方法一样,在分析化学中,熟练的分析人员依据十分可靠的分析方法,采用非常精密、先进的仪器,对同一样品进行多次重复测定,其结果也不尽相同。这说明,测定中误差是客观存在、不可避免的。人们只能尽量使测定结果靠近真值,而不是盲目追求获得真值。为此,我们应该了解在分析过程中误差产生的原因及规律,以便在有限次的测定中采取措施减小误差,并对所得数据进行归纳、取舍等一系列分析处理,将最终结果进行合理的表述。

第一节 定量分析误差

一、准确度和精密度

分析化学中用准确度和精密度表示测定过程中的"误差"。

准确度是指分析结果与真实值之间的接近程度,结果接近真值则准确度较高,反之准确度较低。准确度的高低用绝对误差(E_a)和相对误差(E_r)来表示。x表示实测值,μ表示真值,则

$$E_a = x - \mu \tag{2-1}$$

$$E_r = (x-\mu)/\mu \times 100\% \tag{2-2}$$

绝对误差(或相对误差)越大,准确度越低。在测定过程中,应力求准确度尽可能高。

例1 分析某铁矿石中铁的含量时,测定值为63.24%,真实值为63.34%,计算分析结果的绝对误差和相对误差。

解:
$$E_a = x - \mu$$
$$= 63.24\% - 63.34\%$$
$$= -0.10\%$$
$$E_r = E_a/\mu \times 100\%$$
$$= -0.16\%$$

精密度表示各次测定结果相互接近的程度,也即实测值与平均值的接近程度。

实测值与平均值越接近,精密度越高。精密度的高低是用偏差表示的,偏差有多种表示方法,对于定量分析中有限次数平行测定数据,常用下列各种偏差公式进行计算(x表示实测值,$\bar{x}$表示平均值,n表示测定次数)。

偏差 $$d = x - \bar{x} \tag{2-3}$$

相对偏差 $$d_r = \frac{x - \bar{x}}{\bar{x}} \times 100\% \tag{2-4}$$

平均偏差 $$\bar{d} = \frac{\sum_{i=1}^{n} |x_i - \bar{x}|}{n} \tag{2-5}$$

相对平均偏差 $$d_r = \frac{\bar{d}}{\bar{x}} \tag{2-6}$$

标准偏差 $$s = \sqrt{\frac{\sum_{i=1}^{n}(x_i - \bar{x})^2}{n-1}} \tag{2-7}$$

相对标准偏差 $$CV = \frac{s}{\bar{x}} \times 100\% \tag{2-8}$$

例 2 用基准 Na_2CO_3 标定 HCl 溶液的准确浓度(mol/L),所得数据为:0.2041,0.2049,0.2039,0.2043,计算分析结果的平均值、平均偏差、相对平均偏差、标准偏差。

解:$\bar{x} = \left(\sum_{i=1}^{n} x_i\right)/n = \dfrac{0.2041 + 0.2049 + 0.2039 + 0.2043}{4} = 0.2043$

$\bar{d} = \dfrac{|d_1| + |d_2| + |d_3| + |d_4|}{4} = \dfrac{(0.0002 + 0.0006 + 0.0004 + 0)}{4} = 0.0003$

$d_r = \dfrac{\bar{d}}{\bar{x}} = \dfrac{0.0003}{0.2043} \times 100\% = 0.15\%$

$s = \sqrt{\dfrac{0.0002^2 + 0.0004^2 + 0.0006^2 + 0}{4-1}} = 0.0004$

二、误差产生的原因及减免方法

在定量分析中,产生误差的原因很多,但从性质上主要分为两类,即系统误差和偶然误差。

(一) 系统误差

系统误差又称为可测误差,是由于某些(固定)可确定性原因所造成的,使测定结果系统偏高或偏低,重复测量时又出现。这类误差具有单向性,即正负、大小都有一定的规律性,若设法找出原因就可以采取办法消除或校正。系统误差可分为以下四种:

1. 方法误差

由于分析方法本身不够完善所造成的误差。例如重量分析中,因沉淀有少量溶解损失而造成的误差;滴定分析中因指示剂变色点不能恰好在计量点而造成的误差等均属方法误差。

2. 仪器误差

由于分析仪器本身的缺陷造成的误差。例如天平两臂不等长,砝码长期使用后质量改变,滴定管、移液管、容量瓶等刻度未经校正所造成的误差属于仪器误差。

3. 试剂误差

因试剂不纯或蒸馏水、去离子水不合格造成的误差。

4. 操作误差

由于操作人员的主观原因造成的误差。例如在称取试样时未注意试样的吸湿;在辨别滴定终点颜色时,有人习惯颜色偏深,有人习惯颜色偏浅等。

系统误差可通过查明原因、采取适当措施予以消除。方法误差可采用标准方法与所用方法进行比较,找到校正数据予以消除。仪器误差可通过校正仪器予以消除。试剂误差可通过空白试验予以消除。所谓空白试验就是在不加试样的情况下,按照试样的分析步骤和条件进行测定,所得结果称为空白值,然后从试样测定结果中扣除空白值。检查有无系统误差的最有效的方法是进行对照试验,即用已知含量的标准试样按所用的方法、条件及相同试剂进行分析测定,找出校正数据,纠正试样测定中产生的系统误差。

(二)偶然误差

偶然误差又称为不定误差,是由于一些难以控制、无法避免的偶然因素所造成的。偶然误差的正负、大小都不定。例如在测定过程中,温度、气压、湿度的微小变动,仪器的微小变化,灰尘的影响,操作者在读取滴定管读数或天平读数最后一位数时估计不准等等,都会造成测量数据的波动,形成偶然误差。

偶然误差的大小,决定了分析结果精密度的高低。虽然偶然误差的产生难以找出确定的原因,但进行很多次测定,便会发现数据的分布服从正态分布规律。这一规律可用图2-1的正态分布曲线来表示。由图可见:

(1)正误差和负误差出现的概率相等,呈对称形式。

(2)小误差出现的概率大,大误差出现的概率小。

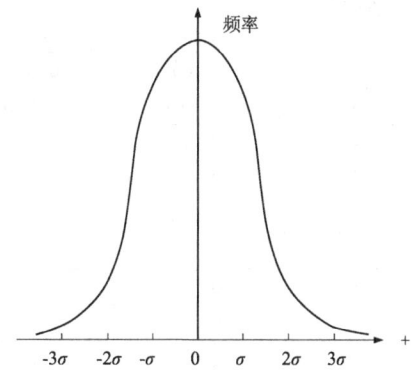

图2-1 误差的正态分布曲线

如果增加测定次数,取平均值作为测定结果,偶然误差就会减小。实验表明,测定 10 次以上,其偶然误差就已经很小。

在定量分析中,除系统误差和偶然误差外,还有一类过失误差,是由于操作者粗心大意或不按分析化学技术规范操作导致的错误结果。例如溶液的溅失、加错试剂、读错刻度、记录和计算错误等。

第二节 分析结果的数据处理

在分析工作中,最后处理分析数据,一般都需要在校正系统误差和剔除错误的测定结果后,计算出结果可能达到的标准范围。首先要把数据加以整理,剔除由于明显原因而与其他测定结果相差甚远的数据,对于一些精密度不高的可疑数据,则按照本节所述的 Q 检验法、G 检验法、平均偏差、标准偏差,最后按照要求的置信度求出平均值的置信区间。

一、置信度与平均值置信区间

由统计学可以推导出有限次数的平均值 $\bar{x}$ 与总体平均值(真值)μ 的关系:

$$\mu = \bar{x} \pm \frac{ts}{\sqrt{n}}$$

式中 s 为标准偏差,n 为测定次数,t 为置信因子。

测定值或误差出现的概率为置信度或置信水平,其含义可以理解为一定范围的测定值出现的概率。$\mu \pm \sigma$、$\mu \pm 2\sigma$、$\mu \pm 3\sigma$ 等称为置信区间。不同的测量次数和置信度,置信因子 t 值不同,可根据表 2-1 查得 t 值。

表 2-1 对于不同测定次数及不同置信度的 t 值

测定次数 n	置信度				
	50%	90%	95%	99%	99.5%
2	1.00	6.314	12.706	63.657	127.32
3	0.816	2.920	4.303	9.925	14.089
4	0.765	2.353	3.182	5.841	7.453
5	0.741	2.132	2.776	4.604	5.598
6	0.727	2.015	2.571	4.032	4.773
7	0.718	1.943	2.447	3.707	4.317
8	0.711	1.895	2.365	3.500	4.029
9	0.706	1.860	2.306	3.355	3.832
10	0.703	1.833	2.262	3.250	3.690
11	0.700	1.812	2.228	3.169	3.581
21	0.687	1.725	2.086	2.845	3.153
∞	0.674	1.645	1.960	2.576	2.807

由表 2-1 可知，t 值随测定次数的增加而减小，也随置信度的提高而增大。利用该式可以估算出，在选定的置信度下，总体平均值在测定平均值为中心的多大范围内出现，这个范围就是平均值的置信区间。

二、可疑数据的取舍-过失的判断

在定量分析时，得到一组分析数据后，可能有个别数据与其他数据相差较远，这个数据称为可疑值（abnormal value），又称为异常值或离群值。若将可疑值按正常值纳入测定结果中，会影响分析结果的准确度。因此，是否保留这一数据，必须用科学的方法作出判断。检验可疑值的取舍方法常用的有 Q 检验法和 G 检验法两种。

（一）Q 检验法

Q 检验法一般的应用范围为 n 在 3~10 之间。检验按以下步骤进行：

(1) 将各数据按递增的顺序排列：$x_1, x_2, \cdots, x_n$。

(2) 求出最大与最小数据之差 $x_n - x_1$。

(3) 求出可疑数据（x_n、x_{n-1}）与其最邻近数据之间的差 $x_n - x_{n-1}$ 或 $x_2 - x_1$。

(4) 求出

$$Q = \frac{x_n - x_{n-1}}{x_n - x_1} \text{ 或 } Q = \frac{x_2 - x_1}{x_n - x_1}$$

(5) 根据测定次数 n 和要求的置信度（如 90%），查表 2-2，得出 $Q_{0.90}$。

(6) 将 Q 与 $Q_{0.90}$ 相比，若 $Q \geq Q_{0.90}$，则弃去可疑值，否则应予保留。

表 2-2　不同置信度下舍弃可疑数据的 Q 值表

测定次数	3	4	5	6	7	8	9	10
$Q_{0.90}$	0.94	0.76	0.64	0.56	0.51	0.47	0.44	0.41
$Q_{0.95}$	0.98	0.85	0.73	0.64	0.59	0.54	0.51	0.48
$Q_{0.99}$	0.99	0.93	0.82	0.74	0.68	0.63	0.60	0.57

例 3　在一组平行测定中，测得试样中铁含量(%)分别为：22.38,22.37,22.38,22.36,22.44。决定可疑数据的取舍（按 $Q_{0.90}$）。

解：先将数据由小到大排列：22.36,22.37,22.38,22.38,22.44。

$$Q_1 = \frac{22.44 - 22.38}{22.44 - 22.36} = 0.75, \quad Q_2 = \frac{22.37 - 22.36}{22.44 - 22.36} = 0.13$$

查 $n=5$ 时，$Q_{0.90} = 0.64$，$Q_2 < Q_{0.90}$，所以数据 22.36 应保留；而 $Q_1 > Q_{0.90}$，所以数据 22.44 应舍去。

（二）G 检验法

G 检验法是目前应用较多、准确度较高的检验方法。具体步骤如下：

(1) 将各数据按递增的顺序排列：$x_1, x_2, \cdots, x_n$。

(2) 计算包括可疑值在内的平均值及标准偏差。

(3) 用下式计算 x_1, x_n 的 G 值。

$$G_{计} = \frac{|x_{可疑} - \bar{x}|}{s}$$

(4) 查 G 值表 2-3，如果 $G_{计} > G_{表}$，则舍弃可疑值，否则应保留。

表 2-3　不同置信度下舍弃可疑数据的 G 值表

测定次数	3	4	5	6	7	8	9	10
$G_{0.95}$	1.15	1.46	1.67	1.82	1.94	2.03	2.11	2.18
$G_{0.975}$	1.15	1.48	1.71	1.89	2.02	2.13	2.21	2.29
$G_{0.99}$	1.15	1.49	1.75	1.94	2.10	2.22	2.32	2.41

第三节　有效数字及其运算规则

为了得到准确的分析结果，不仅要准确测量，而且还要正确记录与计算，这些都涉及数字的问题。数字不仅表示数量的多少，而且还反映出测量的准确度，因此需要引入有效数字的概念。

一、有效数字

有效数字是指实际能够测量到的数字。有效数字的位数与量器的准确度直接相关。通常是量器能够读到数字的位数再加上最后一位估读出来的数构成有效数字的位数。最后这位估读的数字称为可疑数字。可疑数字的读取，可能产生上下一个单位的误差。如分析天平称取坩埚的质量为 12.3457 g，而实际上可能为 12.3457 ± 0.0001 g。

数字中的"0"具有两种功能：作为普通数字使用，它是有效数字；如果用于数字开头，它只起定位作用，就不是有效数字了。例如在 1.0,1.0004,25.00 中，"0"都是有效数字；而在 0.01000 中，前面两个"0"只起定位作用，后面三个"0"都是有效数字。

另外像 1600,3850 等数字位数不明确，如果写成 1.6×10^3，3.85×10^3，其数字位数就一目了然了。

分析化学中经常遇到倍数和分数关系，非测量所得，因此不计其有效数字的位数，可视为足够有效。又如 pH、$\lg K$ 等数值的有效数字位数取决于尾数部分的位数（首数仅代表方次），如 pH = 10.32（2位）。

二、记录和计算的基本规则

(1) 记录测量结果时，只应保留末尾一位可疑数字。

(2) 在运算中弃去多余数字时,按"四舍六入五成双"修约规则处理。例如,将下列数据取为四位有效数字:0.87654(0.8765),2.3456(2.346),12.3450(12.34),12.3350(12.34)。

(3) 几个数相加减时,保留有效数字的位数,取决于绝对误差最大的那个数;几个数值相乘时,取决于相对误差最大的那个数。

例如,运算 0.0121+25.64+1.05782,三个数中 25.64 的绝对误差最大,因此在运算以前,应以 25.64 的位数为依据,将其他数据按"四舍六入五成双"的规则舍弃多余数字,即取到小数点后第二位,然后再相加。

0.0325×5.103×60.06÷139.8=?,各数的相对误差分别为:

0.0325 — ($\pm$0.0001/0.0325)×100% = $\pm$0.3%

5.103 — ($\pm$0.001/5.103)×100% = $\pm$0.02%

60.06 — ($\pm$0.01/60.06)×100% = $\pm$0.02%

139.8 — ($\pm$0.1/139.8)×100% = $\pm$0.07%

可见四个数中相对误差最大即准确度最差的是 0.0325,是三位有效数字,因此计算结果也应取三位有效数字 0.0713。

(4) 对于高含量组分(例如>10%)的测定,一般要求分析结果有四位有效数字;对于中含量组分(例如 1%~10%)一般要求三位有效数字;对于微量组分(<1%)一般要求二位有效数字。通常以此为标准,报出分析结果。

(5) 在分析化学计算中,当涉及各种常数时,一般视为是准确的,不考虑其有效数字的位数。对于各种化学平衡的计算(如计算平衡时某离子浓度),一般保留二位或三位有效数字。

(6) 若某一数据第一位有效数字大于或等于 8,则有效数字的位数可多算一位,如 8.37 虽只三位,但可看作四位有效数字。

习 题

1. 已知分析天平能称准至$\pm$0.1 mg,要使试样的称量误差不大于$\pm$0.1%,则至少要称取试样多少克?

2. 某试样经分析测得含锰质量分数(%)为 41.24,41.27,41.23,41.26。求分析结果的平均偏差和标准偏差。

3. 水中 COD 含量经 6 次测定,求得其平均值为 35.2 mg·L^{-1},s=0.7 mg·L^{-1},计算置信度为 90%时平均值的置信区间。

4. 用 Q 检验法判断下列数据中有无应舍弃的,置信度选择 90%。

(1) 24.26,24.50,24.73,24.63;

(2) 6.400,6.416,6.222,6.408；

(3) 31.50,31.68,31.54,31.82。

5. 测定试样中 P_2O_5 的质量分数(%)，数据如下：

8.44,8.32,8.45,8.52,8.69,8.38

用 G、Q 检验法对可疑数据决定取舍，求平均值、平均偏差、标准偏差 s 和置信度选 90% 及 99% 的平均值的置信范围。

6. 下列数据中包含几位有效数字：

(1) 0.0251；   (2) 0.2180；

(3) 1.8×10^{-5}；   (4) pH = 2.50。

第三章 滴定分析法

滴定分析法又称为容量分析法,是定量化学分析中最重要的分析方法。这种方法是将一种已知准确浓度的滴定剂(即标准溶液)滴加到被测物质的溶液中,直到所加的滴定剂与被测物质按一定的化学计量关系反应完为止,然后依据所消耗标准溶液的浓度和体积,计算被测物质的含量。根据所依化学反应原理不同,可分为酸碱滴定法、配位滴定法、氧化还原滴定法和沉淀滴定法等。

第一节 概 述

一、滴定分析法的特点

滴定分析时,一般是将滴定剂由滴定管逐滴滴加到盛有被测物质的锥形瓶(或烧杯)中进行测定,这一过程叫作滴定。当加入滴定剂物质的量与被滴物质的量正好符合化学反应式所表示的化学计量关系时,滴定反应就达到了化学计量点。在化学计量点时,往往没有任何外部特征为人们所察觉,所以一般必须借助于指示剂的变色来确定化学计量点。在滴定过程中,指示剂正好发生颜色变化的转变点称为滴定终点。滴定终点与化学计量点不一定完全符合,由此而产生的误差叫作滴定终点误差。

滴定分析法的特点是简便快速、适应性强,可以测很多物质,通常用于测定常量组分,被测组分含量在1%以上,测定结果相对误差不超过0.2%,准确度较高,有时也用于测定微量组分,所以,滴定分析法在工农业生产中和科学实验中具有重要的实用价值。

二、滴定分析对化学反应的要求和滴定方式

(一)滴定反应的条件

(1)反应必须定量地完成。即反应按一定的反应方程式进行,而且进行完全(通常要求99.9%以上),这是定量计算的基础。

(2)反应能够迅速完成。对于速度较慢的反应,有时可通过加热或加入催化剂等方法来加快反应速度。

(3)共存物质不干扰主要反应,干扰作用能被适当的方法消除。

(4)有比较简便而可靠的方法确定滴定终点,如指示剂或物理化学方法。

(二)滴定方式

1. 直接滴定法

凡能满足上述要求的滴定反应,都可以用标准溶液直接滴定被测物质,这种滴定方式称为直接滴定法。它是滴定分析中最常用和最基本的滴定方式。例如,用盐酸滴定氢氧化钠、碳酸钠等溶液的浓度。

2. 返滴定法

由于反应较慢或反应物是固体,加入相当的滴定剂的量而反应不能立即完成,可以先加过量滴定剂,待反应完成后,用另一种标准溶液滴定剩余的滴定剂。如测定碳酸钙的含量时,加入过量的盐酸标准溶液,再用 NaOH 标准溶液回滴剩余的酸,可获得较好的结果。

有时采用返滴定法是由于某些反应没有合适的指示剂。如酸性溶液中用 $AgNO_3$ 滴定 Cl^- 时,缺乏好的指示剂,可以先加入过量 $AgNO_3$ 标准溶液,再以 Fe^{3+} 作指示剂,用 NH_4SCN 标准溶液回滴剩余的 Ag^+,溶液出现 $[Fe(SCN)^{2+}]$ 的淡红色,即为终点。

3. 置换滴定法

对于不按确定的反应式进行或因空气影响不能直接滴定的物质,可以间接滴定与该物质反应所生成的另一种物质,这种滴定方式称为置换滴定法。如硫代硫酸钠不能直接滴定重铬酸钾及其他氧化剂,因为氧化剂可以将 $S_2O_3^{2-}$ 氧化为 $S_4O_6^{2-}$ 或 SO_4^{2-},反应物与产物间没有确定的计量关系,故不能直接滴定。但在酸性的 $K_2Cr_2O_7$ 溶液中加入过量 KI,反应产生的 I_2 则可用 $Na_2S_2O_3$ 溶液滴定。

4. 间接滴定法

不能与滴定剂直接反应的离子,可以通过另外的反应间接地滴定,如将 Ca^{2+} 沉淀为 CaC_2O_4 后,用 H_2SO_4 溶解,然后用 $KMnO_4$ 标准溶液滴定与 Ca^{2+} 结合的 $C_2O_4^{2-}$,从而间接地测定钙的含量。

第二节 滴定分析法的原理

一、基准物质

在滴定分析法中,需要已知准确浓度的标准溶液,否则无法计算分析结果。但不是所有试剂都可以用来配制标准溶液,能够用于直接配置或标定溶液浓度的物质,称为基准物质或基准试剂。基准物质应符合下列要求:

(1)物质的组成与其化学式完全符合。如硼砂 $Na_2B_4O_7 \cdot 10H_2O$,草酸 $H_2C_2O_4 \cdot 2H_2O$ 等,其结晶水的含量也应与化学式完全符合。

(2)试剂的纯度高,一般要求达 99.9% 以上。

(3)试剂稳定,易于保存。

(4)试剂参加反应时,应按化学反应式定量进行,而没有副反应。

常用的基准物质有纯金属和纯化合物,如 Cu、Zn 和 Na_2CO_3、$H_2C_2O_4 \cdot 2H_2O$、$KHC_8H_4O_4$、$K_2Cr_2O_7$、As_2O_3、$CaCO_3$、NaCl 等。

二、标准溶液

(一)标准溶液浓度的表示方法

在滴定分析中,标准溶液浓度常用物质的量浓度和滴定度表示。物质的量浓度简称浓度,是指单位体积溶液所含溶质 B 的物质的量 n_B,它以符号 c_B 表示,即 $c_B = \dfrac{n_B}{V}$,式中 V 为溶液的体积。浓度的常用单位为 mol/L。

滴定度指与每毫升标准溶液相当的待测组分的质量,单位为 g/mL,用 $T_{待测物/滴定剂}$ 表示。例如 $T_{Fe/KMnO_4} = 0.005682$ g/mL,表示 1 mL $KMnO_4$ 标准溶液能把 0.005682 g Fe^{2+} 氧化成 Fe^{3+}。

(二)标准溶液的配制

标准溶液的配制,通常有直接法和标定法两种:

1. 直接法

准确称取一定量的基准物质,溶解后配成一定体积的溶液,根据基准物质的质量和溶液的体积,即可计算出此溶液的准确浓度。例如,称取 4.4130 g 重铬酸钾(基准试剂),溶解成水溶液后,在 1 升容量瓶中用蒸馏水稀释至刻度,它的浓度是 0.01500 mol/L。

2. 标定法

有些试剂,由于不易提纯、组成不定或容易分解等原因,不能直接配制标准溶液,则应用标定法,即先配成接近于所需浓度的溶液,然后用基准物质(或已用基准物质标定过的标准溶液)来确定它的浓度。例如,需要配制 0.01 mol/L 的盐酸,先配成浓度大约 0.01 mol/L 的盐酸,然后用基准物质碳酸钠或氢氧化钠标准溶液标定,即可求得盐酸准确浓度。

第三节 滴定分析的应用和计算

当两反应物作用完全时,它们的物质的量之间的关系恰好符合其化学反应式所表示的化学计量关系。这是滴定分析计算的依据。

一、被测物的物质的量 n_A 与滴定剂的物质的量 n_B 的关系

(一)直接滴定

在直接滴定法中,设被测物 A 与滴定剂 B 间的反应为

$$aA + bB = cC + dD$$

当滴定到达等当点时 a mol A 恰好与 b mol B 作用完全,即

$$n_A : n_B = a : b$$

故

$$n_A = \frac{a}{b} n_B \qquad n_B = \frac{b}{a} n_A$$

例如,用 Na_2CO_3 作基准物标定 HCl 溶液的浓度时,其反应式是

$$2HCl + Na_2CO_3 = 2NaCl + H_2CO_3$$

则

$$n(HCl) = 2n(Na_2CO_3)$$

若被测物是溶液,其体积为 V_A,浓度为 c_A;到达等当点时用去浓度为 c_B 的滴定剂的体积为 V_B,则

$$c_A V_A = \frac{a}{b} c_B V_B$$

例如用已知浓度的 NaOH 标准溶液测定 H_2SO_4 溶液浓度,其反应式为

$$H_2SO_4 + 2NaOH = Na_2SO_4 + 2H_2O$$

滴定达等当点时

$$c(H_2SO_4) \cdot V(H_2SO_4) = \frac{1}{2} c(NaOH) \cdot V(NaOH)$$

$$c(H_2SO_4) = \frac{c(NaOH) \cdot V(NaOH)}{2V(H_2SO_4)}$$

上述关系式也能用于有关溶液系数的计算中。因为溶液稀释后,浓度虽然降低了,但所含溶质的物质的量没有改变,所以

$$c_1 V_1 = c_2 V_2$$

式中,c_1、V_1 为稀释前溶液的浓度和体积;c_2、V_2 为稀释后溶液的浓度和体积。

(二)间接滴定

在间接法滴定中涉及两个或两个以上反应,应从总的反应中找出实际参加反应的物质的量之间的关系。例如在酸性溶液中以 $KBrO_3$ 为基准物标定 $Na_2S_2O_3$ 溶液的浓度时反应分两步进行。首先,在酸性溶液中 $KBrO_3$ 与过量的 KI 反应析出 I_2,反应为

$$BrO_3^- + 6I^- + 6H^+ = 3I_2 + 3H_2O + Br^-$$

然后用 $Na_2S_2O_3$ 溶液为滴定剂,滴定析出的 I_2,反应为

$$I_2 + 2S_2O_3^{2-} = 2I^- + S_4O_6^{2-}$$

I^- 在前一反应中被氧化,在后一反应中又被还原,结果并未发生变化。实际上总的反应相当于 $KBrO_3$ 氧化了 $Na_2S_2O_3$。在第一步反应中,1 mol $KBrO_3$ 产生 3 mol I_2,

而第二步滴定反应中 1 mol I_2 和 2 mol $Na_2S_2O_3$ 反应,由此可知,$KBrO_3$ 与 $Na_2S_2O_3$ 是按 1:6 的摩尔比反应的,故

$$n(Na_2S_2O_3) = 6n(KBrO_3)$$

又如用 $KMnO_4$ 法测定 Ca^{2+},经过如下几步:

$$Ca^{2+} \xrightarrow{C_2O_4^{2-}} CaC_2O_4 \downarrow \xrightarrow{H^+} HC_2O_4^- \xrightarrow{MnO_4^-} 2CO_2$$

此处 Ca^{2+} 与 $C_2O_4^{2-}$ 反应的摩尔比是 1:1,而 $C_2O_4^{2-}$ 与 MnO_4^- 是按 5:2 的摩尔比互相反应的:

$$5C_2O_4^{2-} + 2MnO_4^- + 16H^+ = 2Mn^{2+} + 10CO_2 + 8H_2O$$

故

$$n(Ca) = \frac{5}{2}n(KMnO_4)$$

二、被测物百分含量的计算

若称取试样的质量为 G,测得被测物的质量为 m,则被测物在试样中的百分含量 x 为

$$x\% = \frac{m}{G} \times 100\%$$

在滴定分析中,被测物的物质的量 n_A 是由滴定剂的浓度 c_B、体积 V_B 以及被测物与滴定剂反应的摩尔比 $a:b$ 求得的,即

$$n_A = \frac{a}{b}n_B = \frac{a}{b}c_B \cdot V_B$$

物质的量与质量的关系为

$$n_A = \frac{m_A}{M_A}$$

即可求得被测物的质量 m_A

$$m_A = \frac{a}{b}c_B \cdot V_B \cdot M_A$$

于是

$$x\% = \frac{\frac{a}{b}c_B \cdot V_B \cdot M_A}{G} \times 100\%$$

这是滴定分析中计算被测物的百分含量的一般通式。

三、计算示例

例 1 欲配制 0.2 mol/L 盐酸 1000 mL,应取 12 mol/L 浓盐酸多少毫升?

解:设应取浓盐酸 x mL,则

$$12x = 0.2 \times 1000$$
$$x = 16.7 \text{ mL} \approx 17 \text{ mL}$$

例2 中和 20.00 mL 0.09450 mol/L H_2SO_4 溶液,需用 0.2000 mol/L NaOH 溶液多少毫升?

解:此滴定反应为

$$2NaOH + H_2SO_4 \Longrightarrow Na_2SO_4 + 2H_2O$$
$$n(NaOH) = 2n(H_2SO_4)$$
$$c(NaOH) \cdot V(NaOH) = 2c(H_2SO_4) \cdot V(H_2SO_4)$$
$$V(NaOH) = \frac{2c(H_2SO_4) \cdot V(H_2SO_4)}{c(NaOH)}$$
$$= \frac{2 \times 0.09450 \times 20.00}{0.2000} = 18.90 \text{ mL}$$

例3 称取铁矿试样 0.3143 g,溶于酸并将铁全部还原为 Fe^{2+}。用 0.02000 mol/L $K_2Cr_2O_7$ 溶液滴定,消耗了 21.30 mL。计算试样中 Fe_2O_3 的百分含量。

解:此滴定反应是

$$6Fe^{2+} + Cr_2O_7^{2-} + 14H^+ \Longrightarrow 6Fe^{3+} + 2Cr^{3+} + 7H_2O$$
$$n(Fe_2O_3) = \frac{1}{2}n(Fe^{2+}) = \frac{1}{2} \times 6n(K_2Cr_2O_7) = 3n(K_2Cr_2O_7)$$
$$Fe_2O_3\% = \frac{3 \times c(K_2Cr_2O_7) \cdot V(K_2Cr_2O_7) \cdot M(Fe_2O_3)}{G} \times 100\%$$
$$= \frac{3 \times 0.02000 \times 21.30 \times 10^{-3} \times 159.7}{0.3143} \times 100\% = 64.94\%$$

例4 测定工业用纯碱中 Na_2CO_3 的含量时,称取 0.2648 g 试样,用 0.1970 mol/L 的 HCl 标准溶液滴定,以甲基橙指示终点,用去 HCl 标准溶液 24.45 mL。求纯碱中 Na_2CO_3 的百分含量。

解:此滴定反应是

$$2HCl + Na_2CO_3 \Longrightarrow 2NaCl + H_2CO_3$$
$$n_{Na_2CO_3} = \frac{1}{2}n_{HCl}$$
$$Na_2CO_3\% = \frac{\frac{1}{2} \times c_{HCl} \cdot V_{HCl} \cdot M_{Na_2CO_3}}{G} \times 100\%$$
$$= \frac{\frac{1}{2} \times 0.1970 \times 24.45 \times 10^{-3} \times 106.0}{0.2648} \times 100\%$$
$$= 96.41\%$$

习 题

1. 已知浓硝酸的相对密度为 1.42，其中含 HNO_3 约 70%，求其浓度。欲配制 1 L 0.25 mol/L HNO_3 溶液，应取这种硝酸溶液多少毫升？

2. 已知浓硫酸的相对密度为 1.84，其中含 H_2SO_4 约 96%，求其浓度。欲配制 1 L 0.20 mol/L H_2SO_4 溶液，应取这种浓硫酸多少毫升？

3. 计算密度为 1.05 g/mol 的冰醋酸(含 HAc 99.6%)的浓度，欲配制 0.10 mol/L HAc 溶液 500 mL，应取冰醋酸多少毫升？

4. 有一 NaOH 溶液，其浓度为 0.5450 mol/L，取该溶液 100.0 mL，需加水多少毫升方能配制 0.5000 mol/L 的溶液？

5. 欲配制 0.2500 mol/L HCl 溶液，现有 0.2120 mol/L HCl 溶液 1000 mL，应加入 1.121 mol/L HCl 溶液多少毫升？

6. 已知海水的平均密度为 1.02 g/mL，若其中 Mg^{2+} 的含量为 0.115%，求每升海水中 Mg^{2+} 的物质的量及其浓度。取海水 2.50 mL，以蒸馏水稀释至 250.0 mL，计算该溶液中 Mg^{2+} 的质量浓度(mg/L)。

7. 中和下列酸溶液，需要多少毫升 0.2150 mol/L NaOH 溶液？

(1) 22.53 mL 0.1250 mol/L H_2SO_4 溶液。

(2) 20.52 mL 0.2040 mol/L HCl 溶液。

8. 高温水解法将铀盐中的氟以 HF 的形式蒸馏出来，收集后以 $Th(NO_3)_4$ 溶液滴定其中的 F^-，反应为 $Th^{4+}+4F^-=ThF_4$。设称取铀盐试样 1.037 g，消耗 0.1000 mol/L $Th(NO_3)_4$ 溶液 3.14 mL，计算试样中氟的质量分数。

9. 假如有一邻苯二甲酸氢钾，其中邻苯二甲酸氢钾含量约为 90%，余下为不和碱作用的杂质。今用酸碱滴定法测定其含量。若采用浓度为 1.000 mol/L 的 NaOH 标准溶液滴定，欲控制碱溶液体积在 25 mL 左右，则：

(1) 需称取上述试样多少克？

(2) 以 0.01000 mol/L 的碱溶液代替 1.000 mol/L 的碱溶液。重复上述计算。

(3) 通过上述(1)和(2)计算结果，说明为什么在滴定分析中通常采用滴定剂的浓度在 0.1~0.2 mol/L。

10. 计算下列溶液滴定度，以 g/mL 表示。

(1) 以 0.2015 mol/L HCl 溶液，测定 Na_2CO_3，NH_3。

(2) 以 0.1896 mol/L NaOH 溶液，测定 HNO_3，CH_3COOH。

11. 计算 0.01135 mol/L HCl 对 CaO 的滴定度。

第四章 酸碱滴定法

酸碱滴定法是以酸碱反应为基础的滴定分析法,又称中和法。H^+ 与 OH^- 结合成水的反应,或是能与 H^+ 或 OH^- 结合成难解离的弱电解质的反应,在适当的条件下,都可以用来进行酸碱滴定。在酸碱滴定中,滴定剂一般为强酸或强碱,如 HCl、H_2SO_4 或者 KOH、$NaOH$ 等;被滴定物质是各种具有酸性或碱性的物质,如 HCl、H_2SO_4、HAc、$H_2C_2O_4$、H_2CO_3、H_3PO_4、酒石酸和柠檬酸或者 KOH、$NaOH$、NH_3、Na_2CO_3、Na_3PO_4 等。酸碱滴定在油品分析中使用十分广泛,如汽油、柴油、煤油酸度的测定,石油产品水溶性酸碱的测定,深色石油产品硫含量测定等都采取的是酸碱滴定法。

在酸碱滴定法的基本原理中,需掌握:各种类型酸碱滴定曲线的绘制及等当点(也称化学计量点)的 pH 值计算;怎样选择最合适的酸碱指示剂来指示滴定终点;正确判断被测物质能否准确被测定;正确计算被测物的百分含量等。

第一节 概 述

一、酸碱质子理论

酸(acid)和碱(base)是化学变化中应用最为广泛的概念之一,1887 年阿累尼乌斯(S. A. Arrhenius)提出酸碱的近代电离理论认为:在水溶液中解离出来的阳离子全部是 H^+ 的物质是酸,解离出来的阴离子全部是 OH^- 的物质是碱,酸碱反应的实质是 H^+ 和 OH^- 结合生成水。酸碱解离理论成功地解释了一部分含 H^+ 或 OH^- 的物质在水溶液中的酸碱性,但是却将酸碱局限于水溶剂,而且必须含有可解离的 H^+ 或 OH^-,不能解释非水溶剂中的酸碱反应。1923 年布朗斯特(J. N. Bronsted)和劳莱(T. M. Lowry)提出了酸碱质子理论(proton theory of acid and base),它克服了酸碱解离理论的局限性,扩大了酸碱的范围并为人们所广泛应用。

(一)酸碱质子理论的定义

酸碱质子理论认为:凡是能给出质子(H^+)的物质都是酸,凡是能接受质子的物质都是碱。例如,HAc、H_2CO_3、$H_2PO_4^-$、HNO_3 等都是酸,因为它们在化学反应中能给出质子;NH_3、CO_3^{2-}、HPO_4^{2-}、CN^-、Cl^- 等都是碱,因为它们在化学反应中能接受质子。既能给出质子又能接受质子的物质称为两性物质(amphoteric substance)。例如,H_2O、HPO_4^{2-}、HCO_3^- 等。质子理论中不存在盐(salt)的概念。

根据酸碱质子理论,酸碱是矛盾的两个方面,它们相互依存,在一定条件下相互转化。酸(HB)失去一个质子变成相应的碱(B^-),碱(B^-)得到一个质子就变成相应的酸(HB),这种对应关系称为酸碱的共轭关系(conjugated relation)。可表示为

$$HB \rightleftharpoons H^+ + B^-$$

上式称为酸碱半反应(half reaction of acid-base)关系式,左边的酸是右边碱的共轭酸(conjugate acid),右边的碱是左边酸的共轭碱(conjugate base)。例如

$$HAc \rightleftharpoons H^+ + Ac^-$$

$$NH_4^+ \rightleftharpoons H^+ + NH_3$$

$$HCO_3^- \rightleftharpoons H^+ + CO_3^{2-}$$

$$H_2CO_3 \rightleftharpoons H^+ + HCO_3^-$$

$$HCl \rightleftharpoons H^+ + Cl^-$$

这种互相依存又互相转化的性质称为共轭性(conjugacy),酸碱两者之间相差一个质子,它们共同构成了一个共轭酸碱对(conjugate acid-base pair)。

(二)酸碱反应的实质

一个共轭酸碱对组成一个酸碱半反应,单个的酸碱半反应是不能发生的,酸给出质子必须有另一种能接受质子的碱存在才能实现。酸碱反应实际上是两个共轭酸碱对共同作用的结果,其实质是质子在两对共轭酸碱对之间的转移,故酸碱反应又称为质子传递反应(protolysis reaction)。例如 HAc 在水中的解离反应

$$\underset{\text{酸1}}{HAc} + \underset{\text{碱2}}{H_2O} \rightleftharpoons \underset{\text{酸2}}{H_3O^+} + \underset{\text{碱1}}{Ac^-}$$

其结果是质子从 HAc(酸 1)转移到 H_2O(碱 2),变成相应的共轭碱 Ac^-(碱 1)和相应的共轭酸 H_3O^+(酸 2)。这种反应可以在水溶液中进行,也可在非水溶液中或气相中进行,使酸碱反应的范围扩大了。例如,电离理论中的中和反应、解离反应和水解反应都可以归纳为酸碱质子传递反应。

中和反应:
$$H_3O^+ + OH^- \rightleftharpoons H_2O + H_2O$$

解离反应:
$$HAc + H_2O \rightleftharpoons H_3O^+ + Ac^-$$

水解反应:
$$H_2O + Ac^- \rightleftharpoons HAc + OH^-$$

酸碱质子理论对酸碱作了严格定义,扩大了原解离理论的酸碱范围,使酸碱概念

扩展到了非水溶液领域,是酸碱理论的一个重大发展。

(三) 质子理论酸碱的强弱

酸碱的相对强弱不仅与物质的本性有关,而且也与反应的对象或溶剂的性质有关,因为溶剂同样也要给出或接受质子。因此要比较各种酸碱的强弱,必须固定溶剂。同一种酸在不同的溶剂中,由于溶剂接受质子能力的不同,则显示出不同的酸性。例如 HAc 在水溶液中是较弱的酸,而在氨水溶液中则是较强的酸。因为 NH_3 接受质子的能力比 H_2O 强。又如硝酸在水中是强酸,而在冰醋酸中酸性大为降低,在硫酸中它却显碱性了。

$$HNO_3 + H_2O \rightleftharpoons H_3O^+ + NO_3^-$$

$$HNO_3 + HAc \rightleftharpoons H_2Ac^+ + NO_3^-$$

$$HNO_3 + H_2SO_4 \rightleftharpoons H_2NO_3^+ + HSO_4^-$$

酸碱质子理论的优点主要有以下三点:

(1) 和阿累尼乌斯电离理论相比,它扩大了酸和碱的范围,特别是扩大了碱的范围。

(2) 酸碱反应的实质是质子转移的过程。这不仅使人们对酸碱的认识更深刻,而且能把中和、解离和水解等反应都概括为质子传递的反应,解决了酸碱在非水溶剂及气相中的反应问题。

(3) 把酸或碱的性质和溶剂的性质联系起来,把酸或碱和它的作用对象联系起来。因而明确易懂,实用价值较大。

但由于质子传递必须有 H^+,凡不含有 H^+ 的化合物参与反应,质子理论就无法解释。例如,早已为实验证实的酸性物质如 SO_3、BF_3 等却被划在酸的行列之外。这是质子理论的局限性。在此基础上路易斯(G. N. Lewis)又提出了酸碱电子理论(electron theory of acids and bases),本章不作讨论。

二、酸碱解离平衡

(一) 水的质子自递反应

水分子是一种两性物质,它既可给出质子,又可接受质子。因此在水分子间也可发生质子传递反应,称为水的质子自递反应(proton self-transfer reaction):

$$\underset{\text{酸1}}{H_2O} + \underset{\text{碱2}}{H_2O} \rightleftharpoons \underset{\text{碱1}}{OH^-} + \underset{\text{酸2}}{H_3O^+}$$

一个水分子给出一个质子变成 OH^-,另一个水分子得到一个质子变成 H_3O^+。在一定温度下达到平衡,其平衡常数表达式为

$$K = \frac{[H_3O^+][OH^-]}{[H_2O][H_2O]}$$

式中的[H_2O]可以看成是一常数,将它与 K 合并,则得新常数 K_w = [H_3O^+][OH^-]。为简便起见,用 H^+ 代表水合氢离子 H_3O^+,则有 K_w = [H^+][OH^-]。K_w 称为水的质子自递平衡常数(proton self-transfer constant),又称水的离子积(ion product of water),其数值与温度有关。例如,在 0 ℃ 时 K_w 为 1.10×10^{-15},25℃ 时为 1.00×10^{-14},100 ℃ 时为 5.50×10^{-13}。在 25 ℃ 的纯水中

$$[H^+] = [OH^-] = \sqrt{K_w} = 1.00 \times 10^{-7} \text{ mol/L}$$

水的离子积不仅适用于纯水,也适用于所有的稀水溶液。

(二)解离平衡常数(dissociation equilibrium constant)

弱酸或弱碱与水分子的质子传递反应是可逆的,其反应进行的程度可以用反应的平衡常数(equilibrium constant)来衡量。例如,弱酸(HB)在水溶液中的解离反应达到一定程度就达到了平衡:

$$HB + H_2O \rightleftharpoons H_3O^+ + B^-$$

平衡时

$$K_a = \frac{[H_3O^+][B^-]}{[HB]}$$

也可简化写成

$$K_a = \frac{[H^+][B^-]}{[HB]}$$

K_a 称为酸的解离常数(dissociation constant of acid),此值越大,表示该酸在水溶液中酸性越强。

同理,弱碱 B^- 在水溶液中有下列平衡

$$B^- + H_2O \rightleftharpoons HB + OH^-$$

平衡时

$$K_b = \frac{[HB][OH^-]}{[B^-]}$$

K_b 称为碱的解离常数(dissociation constant of base),此值越大,表示该碱在水中碱性越强。同样的化学物质,当溶剂改变之后其酸碱性会发生很大的变化。在不同的溶剂中,K_a、K_b 有不同的数值,比较酸碱的强弱只能在同一溶剂中才能进行。

弱酸弱碱的解离平衡常数具有平衡常数的一般属性,它与平衡体系中各组分浓度变化无关。例如,298 K 时,实验测得不同浓度的醋酸的 K_a 基本稳定在 1.76×10^{-5}。温度对解离平衡常数虽有影响,但由于酸(碱)与水的质子转移反应热效应较小,温度改变对解离平衡常数影响不大。所以在室温范围内可忽略温度对解离常数的影响。

(三)共轭酸碱解离平衡常数 K_a 和 K_b 的关系

酸的解离平衡常数 K_a 与其共轭碱的解离平衡常数 K_b 之间有确定的对应关系。以 HB-B^- 体系为例:

$$HB + H_2O \rightleftharpoons H_3O^+ + B^-$$

$$K_a = \frac{[H_3O^+][B^-]}{[HB]}$$

而其共轭碱的质子传递平衡

$$B^- + H_2O \rightleftharpoons HB + OH^-$$

$$K_b = \frac{[HB][OH^-]}{[B^-]}$$

$$K_a \cdot K_b = \frac{[H_3O^+][B^-]}{[HB]} \times \frac{[HB][OH^-]}{[B^-]} = [H_3O^+][OH^-] = K_w$$

上式表示 K_a 和 K_b 成反比,说明酸愈强,其共轭碱愈弱;碱愈强,其共轭酸愈弱。根据上述关系,若已知酸的解离平衡常数 K_a,就可以求其共轭碱的解离平衡常数 K_b,反之亦然。

第二节 酸碱滴定法的原理

一、不同 pH 溶液中酸碱存在形式的分布情况

分析化学中所使用的试剂(如沉淀剂、配位剂等)大多数都是弱酸(碱)。在弱酸(碱)平衡体系中,往往存在多种型体,在分析化学中十分重要。了解酸碱度对溶液中酸或碱的各种存在型体分布的影响规律,对于深入了解酸碱滴定过程,判断终点误差、多元酸碱分步滴定的可能性等掌握与控制分析条件有重要的指导意义。

(一)一元弱酸溶液各种型体的分布

以乙酸(HAc)为例,假设它的总浓度为 c。乙酸在溶液中存在 HAc 和 Ac^- 两种,平衡时浓度分别为 [HAc] 和 $[Ac^-]$,则 $c = [HAc] + [Ac^-]$。HAc、Ac^- 占总浓度 c 的分数称为分布系数,又设其分别为 δ_1 和 δ_0,则

$$\delta_1 = \frac{[HAc]}{c} = \frac{[HAc]}{[HAc]+[Ac^-]} = \frac{1}{1+\frac{[Ac^-]}{[HAc]}} = \frac{1}{1+\frac{K_a}{[H^+]}} = \frac{[H^+]}{[H^+]+K_a}$$

同理可得

$$\delta_0 = \frac{[Ac^-]}{c} = \frac{K_a}{[H^+]+K_a}$$

显然,两组分分布系数之和等于1,即

$$\delta_0 + \delta_1 = 1$$

将分布系数 δ 与溶液 pH 的关系曲线称为分布曲线,如图 4-1。

从图中可以得到:

(1) 当 $pH = pK_a$ 时,$\delta_0 = \delta_1 = 0.5$,溶液中 HAc 与 Ac^- 浓度相等,各占 50%。

(2) 当 $pH < pK_a$ 时,$\delta_1 > \delta_0$,溶液中以 HAc 为主要的存在形式。

(3) 当 $pH > pK_a$ 时,$\delta_1 < \delta_0$,溶液中以 Ac^- 为主要的存在形式。

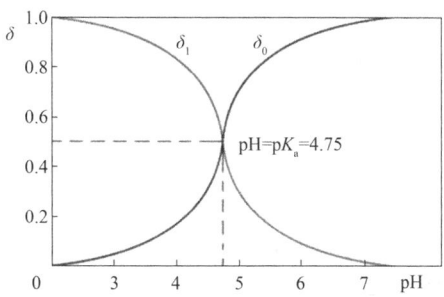

图 4-1 HAc 和 Ac⁻ 分布系数与溶液 pH 的关系曲线

(二)二元弱酸溶液各种型体的分布

以草酸($H_2C_2O_4$)为例,其在溶液中的存在形式有 $H_2C_2O_4$、$HC_2O_4^-$ 和 $C_2O_4^{2-}$,平衡时浓度分别为 $[H_2C_2O_4]$、$[HC_2O_4^-]$ 和 $[C_2O_4^{2-}]$,则 $c=[H_2C_2O_4]+[HC_2O_4^-]+[C_2O_4^{2-}]$。$\delta_2$、$\delta_1$、$\delta_0$ 分别为 $H_2C_2O_4$、$HC_2O_4^-$、$C_2O_4^{2-}$ 的分布系数,则

$$\delta_2 = \frac{[H_2C_2O_4]}{c} = \frac{[H_2C_2O_4]}{[H_2C_2O_4]+[HC_2O_4^-]+[C_2O_4^{2-}]}$$

$$= \frac{1}{1+\dfrac{[HC_2O_4^-]}{[H_2C_2O_4]}+\dfrac{[C_2O_4^{2-}]}{[H_2C_2O_4]}} = \frac{1}{1+\dfrac{K_{a_1}}{[H^+]}+\dfrac{K_{a_1}K_{a_2}}{[H^+]^2}}$$

$$= \frac{[H^+]^2}{[H^+]^2+[H^+]K_{a_1}+K_{a_1}K_{a_2}}$$

同理可得

$$\delta_1 = \frac{[H^+]K_{a_1}}{[H^+]^2+[H^+]K_{a_1}+K_{a_1}K_{a_2}}$$

$$\delta_0 = \frac{K_{a_1}K_{a_2}}{[H^+]^2+[H^+]K_{a_1}+K_{a_1}K_{a_2}}$$

将草酸的分布系数 δ 与溶液 pH 的关系曲线称为分布曲线,如图 4-2。

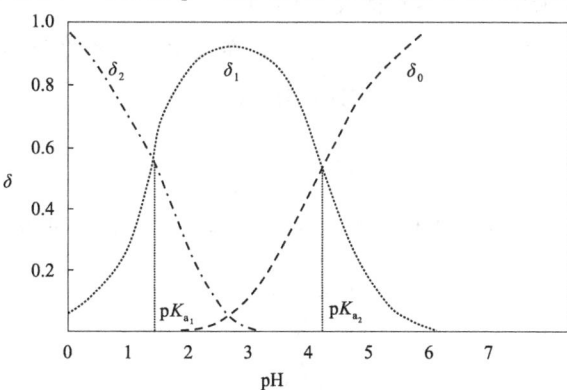

图 4-2 草酸溶液中各存在形式的分布系数与溶液 pH 的关系曲线

从图中可以得到：

(1) 当 $pH<pK_{a_1}$ 时，$\delta_2>\delta_1$，溶液中以 $H_2C_2O_4$ 为主要存在形式。

(2) 当 $pK_{a_1}<pH<pK_{a_2}$ 时，$\delta_1>\delta_2$ 且 $\delta_1>\delta_0$，δ_1 最大，溶液中以 $HC_2O_4^-$ 为主要的存在形式。

(3) 当 $pH > pK_{a_2}$ 时，$\delta_0>\delta_1$，溶液中以 $C_2O_4^{2-}$ 为主要的存在形式。

由于草酸的 $pK_{a_1}=1.23$、$pK_{a_2}=4.19$，比较接近，因此在 $HC_2O_4^-$ 的优势区内，各种存在形式比较复杂。计算表明，pH 在 2.2 至 3.2 之间，三种组分明显存在，在 pH 为 2.71 时，$HC_2O_4^-$ 的分布系数达到最大，$\delta_1=0.938$，δ_0、δ_2 各占 0.031。

由以上讨论可知，无论是一元酸还是多元酸，其各组分的分布系数 δ 的计算式，都是用 $[H^+]$ 及 K_{a_1}、K_{a_2}…来表示，未出现总浓度项，由此可见 δ 仅与 $[H^+]$ 及解离常数 K_a 有关，与总浓度无关。由分布曲线也可深入了解酸碱滴定过程以及判断终点误差、多元酸碱分步滴定的可能性。

二、水溶液中的质子平衡及 pH 计算

(一) 溶液的 pH

在水溶液中同时存在 H^+ 和 OH^-，它们的含量不同，溶液的酸碱性也不同。而且，很多酸碱稀溶液的 H^+ 和 OH^- 都很小，为了更方便地表示溶液中 H^+ 含量不同和酸碱程度不同，引入"氢离子浓度指数(hydrogen ion concentration exponent)"的概念，其数值俗称 pH。pH 定义为溶液所含氢离子浓度的常用对数的负值，即 $pH=-\lg[H^+]$。

根据 pH 定义和 25 ℃ 条件下水的离子积，不难得出下列结论：

中性溶液中　　$[H^+]=[OH^-]=1.0\times10^{-7}$ mol/L，pH = 7

酸性溶液中　　$[H^+]>1.0\times10^{-7}$ mol/L，pH<7

碱性溶液中　　$[H^+]<1.0\times10^{-7}$ mol/L，pH>7

类似于 pH 定义，我们同样可以定义 $pOH=-\lg[OH^-]$，$pK=-\lg K$ 等。

(二) 水溶液中弱酸弱碱的质子转移平衡

1. 一元弱酸、弱碱质子转移平衡及 pH 计算

一元弱酸 HB 溶液的浓度为 c(mol/L)，它在水中的解离平衡为

$$HB \rightleftharpoons H^+ + B^-$$

根据平衡原理
$$K_a=\frac{[H^+][B^-]}{[HB]}$$

而 $[HB]=c-[H^+]$，由于 HB 解离出的 $[H^+]$ 与 $[B^-]$ 相等，可得

$$K_a=\frac{[H^+]^2}{c-[H^+]}$$

$$[H^+]=\sqrt{K_a(c-[H^+])}$$

当弱酸较弱，且浓度也不太小，一般当 $c/K_a\geq500$ 时，可认为 $c-[H^+]\approx c$，则

$$K_a = \frac{[H^+][B^-]}{c}$$

$$[H^+] = \sqrt{K_a c}$$

这就是一元弱酸计算 H^+ 浓度的最简式。

例1 计算 $0.10\ mol \cdot L^{-1}$ HAc 溶液的 $[H^+]$ 和 α。已知 HAc 的 $K_a = 1.76 \times 10^{-5}$。

解： $[H^+] = \sqrt{K_a c} = \sqrt{1.76 \times 10^{-5} \times 0.10} = 1.33 \times 10^{-3}(mol \cdot L^{-1})$

$$\alpha = \frac{1.33 \times 10^{-3}}{0.10} = 0.0133 = 1.33\%$$

同理，一元弱碱 B（例 NH_3、Ac^-、CN^-）在水溶液中达到解离平衡时

$$B + H_2O \rightleftharpoons BH^+ + OH^-$$

一元弱碱溶液中 $[OH^-]$ 的计算可用 $[OH^-] = \sqrt{K_b c_b}$。

必须注意 $[H^+] = \sqrt{K_a c_a}$（$[OH^-] = \sqrt{K_b c_b}$）只有当 $c_a/K_a \geq 500$，$c_a K_a \geq 20 K_w$（$c_b/K_b \geq 500$，$c_b K_b \geq 20 K_w$）时，才成立；否则按此公式计算会产生较大误差。

例2 计算 $0.10\ mol/L\ NH_4Cl$ 溶液的酸度、碱度、pH、pOH。

解： 根据质子理论 NH_4Cl 是酸碱结合物，其中 $[NH_4^+]$ 是一元离子弱酸，其共轭碱为 NH_3，与溶剂水的质子传递反应为

$$NH_4^+ + H_2O \rightleftharpoons NH_3 + H_3O^+$$

平衡时 $K_a = \frac{[NH_3][H^+]}{[NH_4^+]} = \frac{K_w}{K_b} = \frac{1.0 \times 10^{-14}}{1.76 \times 10^{-5}} = 5.7 \times 10^{-10}$

判断 $\frac{c}{K_a} = \frac{0.10}{5.7 \times 10^{-10}} > 500$

$$c \times K_a = 0.10 \times 5.7 \times 10^{-10} > 20 K_w$$

可用最简公式

$$[H^+] = \sqrt{K_a c} = \sqrt{5.7 \times 10^{-10} \times 0.10} = 7.5 \times 10^{-6} (mol/L)$$

$$[OH^-] = \frac{K_w}{[H^+]} = \frac{1.0 \times 10^{-14}}{7.5 \times 10^{-6}} = 1.3 \times 10^{-9} (mol/L)$$

$$pH = -\lg(7.5 \times 10^{-6}) = 5.1$$

$$pOH = 14 - pH = 14 - 5.1 = 8.9$$

2. 多元弱酸、弱碱的质子转移平衡及 pH 计算

凡是在水溶液中能释放出两个或更多个质子的弱酸称多元弱酸。例如，H_2CO_3、$H_2C_2O_4$、H_3PO_4、H_2S 等。凡是在水溶液中能接受两个或更多个质子的弱碱称多元弱碱。例如，CO_3^{2-}、$C_2O_4^{2-}$、S^{2-} 等。多元弱酸（弱碱）与溶剂水的质子转移是分步进行的，它们在水中分步解离出多个质子，称分步解离或逐级解离。

例如，H_2S 是二元弱酸，它与水之间的质子传递反应分两步进行：

$$H_2S + H_2O \rightleftharpoons H_3O^+ + HS^-$$

$$HS^- + H_2O \rightleftharpoons H_3O^+ + S^{2-}$$

平衡常数分别为

$$K_{a_1} = \frac{[H^+][HS^-]}{[H_2S]} = 9.1 \times 10^{-8}$$

$$K_{a_2} = \frac{[H^+][S^{2-}]}{[H_2S]} = 1.1 \times 10^{-12}$$

二元弱酸 H_2S 第一步解离生成 H_3O^+ 和 HS^-，生成的 HS^- 又发生第二步解离生成 H_3O^+ 和 S^{2-}，这两步解离平衡同时存在于溶液中。K_{a_1}、K_{a_2} 分别为 H_2S 的第一、第二步解离的平衡常数。

三元弱酸 H_3PO_4 的解离分三步进行：

$$H_3PO_4 + H_2O \rightleftharpoons H_3O^+ + H_2PO_4^- \qquad K_{a_1} = 7.52 \times 10^{-3}$$

$$H_2PO_4^- + H_2O \rightleftharpoons H_3O^+ + HPO_4^{2-} \qquad K_{a_2} = 6.23 \times 10^{-8}$$

$$HPO_4^{2-} + H_2O \rightleftharpoons H_3O^+ + PO_4^{3-} \qquad K_{a_3} = 2.22 \times 10^{-13}$$

从上面的解离常数可看出：$K_{a_1} \gg K_{a_2} \gg K_{a_3}$，且彼此都相差 10^5 倍以上。可见，第二步解离远比第一步困难。而第三步又比第二步更困难。这是由于第一步反应产生的 H^+ 与第二步反应产生的 H^+ 是相同离子，能抑制第二步反应，促使其平衡向左移动，同时第二步质子转移反应是从已带有一个负电荷的离子中再释放出一个 H^+，比从中性分子释放出一个 H^+ 要困难得多，因此，K_{a_1} 远大于 K_{a_2}。同理，第三步反应就更困难了。从浓度对解离平衡的影响来看，第一步解离出的 H^+ 能抑制第二、第三步的解离，因此从数量上看，由第二、第三步解离出的 H^+ 与第一步解离的 H^+ 相比就微不足道了。如果仅计算这些多元弱酸溶液的 H^+ 浓度，通常只需考虑第一步解离即可。若需计算第二、第三步解离中其他物质的浓度，则需考虑第二或第三步解离平衡。

例3 计算 $0.10\ mol/L\ H_2S$ 水溶液的 $[H^+]$、pH、α、$[S^{2-}]$。

解：溶液中存在平衡

$$H_2S + H_2O \rightleftharpoons H_3O^+ + HS^-$$

$$K_{a_1} = 9.1 \times 10^{-8}$$

$$HS^- + H_2O \rightleftharpoons H_3O^+ + S^{2-}$$

$$K_{a_2} = 1.1 \times 10^{-12}$$

因为 $K_{a_1} \gg K_{a_2}$，$[H^+]$ 主要由第一步解离获得，可当作一元弱酸处理。

$$\frac{c_{H_2S}}{K_{a_1}} = \frac{0.10}{9.1 \times 10^{-8}} > 500$$

$$c_{H_2S} \times K_{a_1} = 0.10 \times 9.1 \times 10^{-8} > 20 K_w$$

用近似公式计算

$$[H^+] = \sqrt{c_{H_2S} \times K_{a_1}} = \sqrt{0.10 \times 9.1 \times 10^{-8}} = 9.5 \times 10^{-5} (\text{mol/L})$$

$$pH = -\lg[H^+] = -\lg(9.5 \times 10^{-5}) = 4.02$$

$$\alpha = \frac{9.5 \times 10^{-5}}{0.10} = 0.00095 = 0.095\%$$

S^{2-}是第二步质子转移反应的产物,所以要根据第二级平衡进行计算。

$$HS^- + H_2O \rightleftharpoons H_3O^+ + S^{2-}$$

$$K_{a_2} = 1.1 \times 10^{-12}$$

由于第二步质子转移平衡常数小,则可近似认为

$$[H^+] \approx [HS^-] = 9.5 \times 10^{-5} \text{mol/L}$$

因 K_{a_2} 很小,$[HS^-]$ 变化很小,且溶液中只有一个 $[H^+]$,

$$[S^{2-}] = \frac{[H^+][S^{2-}]}{[HS^-]} = K_{a_2} = 1.1 \times 10^{-12} \text{mol/L}$$

通过上例计算,可得出以下结论:

①多元弱酸溶液,若其 $K_{a_1} \gg K_{a_2} \gg K_{a_3}$ 则求算 $[H^+]$ 时,可将多元弱酸当作一元弱酸来处理。

②二元弱酸溶液,酸根离子浓度近似等于 K_{a_2},与酸的原始浓度无关。

③多元弱酸溶液中,酸根离子浓度极小。在有些情况需要较多酸根离子时,往往用其可溶性盐(共轭碱)而不用其酸。例如,当溶液中需增大 S^{2-} 离子浓度时,可加 Na_2S、K_2S 或 $(NH_4)_2S$ 等,而不是加 H_2S 饱和溶液。

多元弱碱如 Na_2S、Na_2CO_3 和 Na_3PO_4 等在水中分步接受质子以及溶液中碱度计算原则与多元弱酸相似,只是计算时须采用碱解离常数 K_b。例如二元弱碱 Na_2CO_3 在水溶液中 CO_3^{2-} 分步接受质子的反应:

$$CO_3^{2-} + H_2O \rightleftharpoons HCO_3^- + OH^- \quad K_{b_1} = K_w/K_{a_2} = 1.8 \times 10^{-4}$$

$$HCO_3^- + H_2O \rightleftharpoons H_2CO_3 + OH^- \quad K_{b_2} = K_w/K_{a_1} = 2.3 \times 10^{-8}$$

一般的规律是,$K_{a_1} \gg K_{a_2}$,故 $K_{b_1} \gg K_{b_2}$,也就是说,多元弱碱也只有第一步解离平衡是主要,因而可利用这个主要的平衡进行近似处理。若 $c/K_{b_1} \geq 500$ 即可采用

$$[OH^-] = \sqrt{cK_b}$$

利用最简公式进行计算。

例 4 计算 0.10 mol/L Na_2CO_3 溶液的 pH。

解: 已知溶液中存在下列平衡

$$CO_3^{2-} + H_2O \rightleftharpoons HCO_3^- + OH^- \quad K_{b_1} = 1.8 \times 10^{-4}$$

$$HCO_3^- + H_2O \rightleftharpoons H_2CO_3 + OH^- \quad K_{b_2} = 2.3 \times 10^{-8}$$

由于 $K_{b_1} \gg K_{b_2}$,$[OH^-]$ 按第一步解离计算。

又

$$\frac{c_b}{K_{b_1}} = \frac{0.10}{1.8\times 10^{-4}} > 500$$

$$c_b K_{b_1} = 0.10\times 1.8\times 10^{-4} > 20 K_w$$

$$[OH^-] = \sqrt{cK_{b_1}} = \sqrt{0.10\times 1.8\times 10^{-4}} = 4.2\times 10^{-3}(mol/L)$$

即
$$pOH = -\lg[OH^-] = -\lg(4.2\times 10^{-3}) = 2.38$$

$$pH = 14.0 - 2.38 = 11.62$$

3. 两性物质的质子转移平衡及 pH 计算

以上已讨论了多元弱酸(H_2CO_3、$H_2C_2O_4$、H_3PO_4、H_2S)和多元弱碱(Na_2S、Na_2CO_3、Na_3PO_4)它们在水中 H^+ 浓度或 OH^- 浓度的计算方法。而两性物质($NaHCO_3$、NaH_2PO_4 和 Na_2HPO_4 等)在水中的酸碱度怎样计算?总的说来,两性物质溶液中质子转移平衡比较复杂,应根据具体情况,抓住溶液中主要平衡进行近似处理。

(1)酸式盐溶液。

下面以 NaH_2PO_4 为例说明酸式盐溶液的酸碱性:

在 NaH_2PO_4 溶液中存在着下列平衡

$$H_2PO_4^- + H_2O \rightleftharpoons H_3O^+ + HPO_4^{2-} \quad K_{a_2} = 6.23\times 10^{-8}$$

$$H_2PO_4^- + H_2O \rightleftharpoons OH^- + H_3PO_4$$

$$K_{b_3} = \frac{K_w}{K_{a_1}} = \frac{1.0\times 10^{-14}}{7.2\times 10^{-3}} = 1.39\times 10^{-12}$$

在第一个解离平衡中,$H_2PO_4^-$ 给出质子是酸;在第二个水解平衡中,$H_2PO_4^-$ 接受质子是碱。比较 K_{a_2} 和 K_{b_3},则 $K_{a_2} > K_{b_3}$,故给出质子的能力大于获得质子的能力,所以溶液显酸性。

(2)弱酸弱碱盐溶液。

下面以 NH_4Ac 溶液为例说明弱酸弱碱盐溶液的酸碱性:

其中 NH_4^+ 起酸的作用

$$NH_4^+ + H_2O \rightleftharpoons H_3O^+ + NH_3$$

$$K_{a(NH_4^+)} = \frac{K_w}{K_{b(NH_3)}} = 5.68\times 10^{-10}$$

Ac^- 起碱的作用

$$Ac^- + H_2O \rightleftharpoons OH^- + HAc$$

$$K_{b(Ac^-)} = \frac{K_w}{K_{a(HAc)}} = 5.68\times 10^{-10}$$

由于 $K_{a(NH_4^+)} = K_{b(Ac^-)}$,因而 NH_4Ac 溶液显中性。

水的解离

$$H_2O + H_2O \rightleftharpoons H_3O^+ + OH^-$$

由以上各式可得

$$NH_4^+ + Ac^- \rightleftharpoons HAc + NH_3$$

$$K_{总} = \frac{K_w}{K_{a(HAc)} \times K_{b(NH_3)}}$$

由于 $K_{a(HAc)}$、$K_{b(NH_3)}$ 都很小,其乘积更小,故 $K_{总}$ 较大,即上式的反应向右进行的程度较大。

两性物溶液的酸碱性,取决于该两性物质给出质子和接受质子能力的相对大小:若 $K_a > K_b$,则溶液呈酸性;若 $K_a < K_b$,则溶液呈碱性;若 $K_a = K_b$,则溶液呈中性。

质子转移反应平衡常数除可以定性判断两性物质溶液的酸碱性外,还可对溶液 pH 进行近似计算。以 $NaHCO_3$ 溶液为例,其溶液 H^+ 浓度计算的简化公式为

$$[H^+] = \sqrt{K_{a_1} K_{a_2}}$$

4. 缓冲溶液质子转移平衡及 pH 计算

缓冲溶液具有保持溶液酸度相对稳定的性能,因此计算缓冲溶液的 pH 将显得很重要。现以弱酸及其共轭碱组成(HB-MB)的缓冲溶液为例推导计算公式。

在弱酸及其共轭碱组成(HB-MB)的缓冲溶液中存在着下列平衡

$$HB \rightleftharpoons H^+ + B^-$$

$$MB =\!=\!= M^+ + B^-$$

平衡时

$$K_{a(HB)} = \frac{[H^+][B^-]}{[HB]}$$

$$[H^+] = K_{a(HB)} \times \frac{[HB]}{[B^-]}$$

$$-\lg[H^+] = -\lg K_{a(HB)} - \lg \frac{[HB]}{[B^-]}$$

$$pH = pK_a + \lg \frac{[B^-]}{[HB]}$$

由于 HB 的解离度较小,加上同离子效应,故缓冲溶液中的[HB]可看作弱酸的原来浓度;同时,由于 MB 是强电解质,几乎全部解离,故溶液中的[B^-]可看作是弱酸共轭碱 MB 的原来浓度。即[HB] = [共轭酸],[MB] = [共轭碱],代入得

$$pH = pK_a + \lg \frac{[共轭碱]}{[共轭酸]}$$

上式即为计算弱酸及其共轭碱组成的缓冲溶液的 pH 公式,此公式也同样适用于多元弱酸的两性盐组成的缓冲溶液,只是公式中的 K_a 要用多元弱酸的 K_{a_2} 或 K_{a_3}。同理可推导出弱碱及其共轭酸组成的缓冲溶液的 pOH 计算公式

$$pOH = pK_b + \lg \frac{[共轭酸]}{[共轭碱]}$$

例5 若在 100 mL 0.1 mol/L HAc-NaAc 缓冲溶液中,加入 0.10 mL 1 mol/L HCl,计算溶液 pH 的变化值。已知:HAc 的 $K_a = 1.76 \times 10^{-5}$。

解:在加入 HCl 之前,缓冲溶液 pH 的计算

$$[HAc] = [NaAc] = 0.1 \text{ mol/L}$$

$$K_{a(HAc)} = 1.76 \times 10^{-5};$$

$$pK_a = -\lg(1.76 \times 10^{-5}) = 4.75$$

$$pH = pK_a + \lg \frac{[共轭碱]}{[共轭酸]} = 4.75 + \lg \frac{0.1}{0.1} = 4.75$$

在加入 HCl 之后,HCl 在该溶液中的浓度变为

$$[HCl] = \frac{1 \times 0.10}{100.10} = 0.001 \text{ (mol/L)}$$

加入的 HCl,它所解离出来的 H^+ 离子与 Ac^- 离子会结合成 HAc 分子,溶液中的 $[Ac^-]$ 降低,$[HAc]$ 增加,即

$$[Ac^-] = 0.1 - 0.001 = 0.099 \text{ (mol/L)}, [HAc] = 0.1 + 0.001 = 0.101 \text{ (mol/L)}$$

代入公式

$$pH = pK_a + \lg \frac{[共轭碱]}{[共轭酸]} = 4.75 + \lg \frac{0.099}{0.101} = 4.74$$

$$\Delta pH = 4.74 - 4.75 = -0.01$$

由此可见,缓冲溶液中加入盐酸后,pH 为 4.74,与未加入前 pH 为 4.75 比较,相差 0.01 个 pH 单位,而在 100 mL 纯水中加入 0.10 mL 1 mol/L HCl,pH 将由 7 降到 3,相差 4 个 pH 单位。

缓冲溶液的缓冲作用是有一定限度的,一旦超过这个限度,溶液的 pH 就会发生很大变化,也就失去缓冲能力。缓冲溶液缓冲能力大小,常用缓冲容量(buffer capacity)来表示。缓冲容量是指使 1 L 或 1 mL 缓冲溶液的 pH 改变 1 个单位所需加入的强酸(或强碱)的量。

缓冲溶液的缓冲容量主要由两个因素决定。一是组成缓冲溶液的共轭酸碱对(缓冲对)的总浓度,溶液缓冲对的浓度大时,缓冲能力就强;反之,缓冲能力较弱。缓冲对物质的量浓度一般选在 0.05 mol/L~0.5 mol/L 之间。另一是组成缓冲溶液中共轭酸碱的浓度比值 $\frac{c_{共轭碱}}{c_{共轭酸}}$(缓冲比),当缓冲溶液的共轭酸碱对总浓度一定,缓冲比为 1 时,缓冲溶液的缓冲能力最大。缓冲比在 10~1/10 之间,具有较好的缓冲效果,若把它代入缓冲溶液 pH 计算公式则得到缓冲作用的有效 pH 范围,叫作缓冲范围(buffering range)。弱酸及其共轭碱体系的缓冲范围为 $pH = pK_a \pm 1$,弱碱及其共轭酸体系缓冲范围为 $pH = pK_b \pm 1$。

三、酸碱指示剂

(一) 酸碱指示剂的变色原理

酸碱指示剂一般都是一些有机弱酸或弱碱,它们的酸式及其共轭碱式具有不同的颜色。当溶液的 pH 值改变时,指示剂失去质子转化为碱式或者获得质子转化为其酸式,由于结构上的变化,从而引起颜色的变化,故可用来指示滴定的终点。下面以酚酞和甲基橙为例来说明。

酚酞是一种弱的有机酸($K_a = 10^{-9}$),属单色指示剂,在溶液中有如下平衡:

无色分子（内酯式） ⇌ 无色分子 ⇌ 无色离子

红色离子（醌式） ⇌ 无色离子（羧酸盐式）

在酸性溶液中,平衡向左移动,酚酞主要以无色的羟基结构存在;在碱性溶液中,平衡向右移动,酚酞转变为醌式结构而显红色。

甲基橙是一种双色指示剂,它在溶液中发生如下的解离作用和颜色变化：

黄色分子

红色离子

甲基橙在水中的解离平衡也可以用下面的简式表示:

$$\text{HIn} \rightleftharpoons \text{H}^+ + \text{In}^- \qquad pK_a = 3.4$$
（红色）（黄色）

从平衡关系可以看出,增大溶液的酸度,甲基橙主要以醌式结构(酸式色)存在,显红色;当降低溶液酸度,甲基橙主要以偶氮式结构(碱式色)存在,溶液显黄色。

指示剂的颜色变化与氢离子溶度有密切的关系,在一定的 pH 范围内,可以看出酸式和碱式颜色的变化,指示剂发生颜色改变的 pH 范围,叫作指示剂的变色范围。每种指示剂都有它的变色范围。如酚酞的变色范围为 pH 8.0~10.0(浅红色),pH<8.0 时溶液为无色,pH>10.0 时呈红色。根据指示剂在水溶液中的解离平衡关系式

$$\text{HIn} \rightleftharpoons \text{H}^+ + \text{In}^-$$
（酸式）　　（碱式）

$K_a = \dfrac{[\text{H}^+][\text{In}^-]}{[\text{HIn}]}$ 或 $\dfrac{[\text{H}^+]}{K_a} = \dfrac{[\text{HIn}]}{[\text{In}^-]}$。式中 K_a 叫作指示剂的解离平衡常数,在一定温度下为常数,决定于指示剂的本质。每种指示剂都有它的解离常数。由上述公式可以知道,[H$^+$]浓度的改变,必将引起[HIn]/[In$^-$]浓度比的变化而影响指示剂的颜色的改变。

当[HIn]/[In$^-$] = 1 时,指示剂的酸式和碱式的浓度相等,所以

$$[\text{H}^+] = K_a,\text{ 即 } \text{pH} = pK_a$$

指示剂在 pH = pK_a 时发生颜色的改变,叫作变色点。这时看到的是酸式和碱式的混合颜色,如甲基橙的橙色。

当[HIn]/[In$^-$] = 10 时,看到的是酸式颜色:

$$[\text{H}^+]_1 = 10K_a,\text{ 即 } \text{pH}_1 = pK_a - 1$$

当[HIn]/[In$^-$] = 1/10 时,看到的是碱式颜色:

$$[\text{H}^+]_2 = \frac{1}{10}K_a,\text{ 即 } \text{pH}_2 = pK_a + 1$$

所以,指示剂的变色的 pH 范围,可以表示为

$$\text{pH} = pK_a \pm 1$$

由上可知,指示剂并不是突然地从一种颜色变为另一种颜色的,而是逐渐改变颜色的。即当溶液的 pH 值由 pH$_1$ 逐渐上升到 pH$_2$ 时,溶液的颜色由酸色逐渐变为碱色,而 pH$_1$ 与 pH$_2$ 相差 2 个 pH 单位,一般来说,不大于 2 个 pH 单位,也不小于 1 个 pH 单位。

实际上,许多指示剂的变色范围往往不符合 $pK_a \pm 1$,例如,甲基橙的变色范围为 pH 3.1~4.4(橙色),pH<3.1 为红色,pH>4.4 为黄色。理论与实际的偏差,是由于在进行理论计算时,没有考虑到其他各种因素对指示剂变色范围的影响,如指示剂的浓度、溶液的温度、溶剂的性质、人眼睛对颜色敏感性的不同等。在实际应用中,指示剂

的变色范围越窄越好,这样,滴定到化学计量点时,pH 值稍有改变,指示剂可以由一种颜色立即转变为另一种颜色。

(二) 常用的酸碱指示剂

酸碱指示剂种类很多,各有不同变色范围,表 4-1 中列出的几种常用酸碱指示剂都是单一指示剂,变色范围一般比较大。有些滴定突跃范围很窄,使用变色范围较宽的指示剂,往往无法正确判断终点,此时可使用酸碱混合指示剂。混合指示剂有两种配置方法。一种是在某种指示剂中加入一种不随溶液 H^+ 浓度变化而改变颜色的"惰性染料",如在甲基橙指示剂中加入靛蓝二磺酸后,它的颜色变化为 pH<4 时为紫色,pH=4 时为灰色,pH>4 时则为黄绿色;中性红和次甲基蓝的混合指示剂在 pH=7.0 时为蓝紫色。

表 4-1 常用酸碱指示剂

指示剂	变色范围 pH	颜色变化	pK_{HIn}	浓度及溶剂	用量(滴/10 mL 试液)
百里酚蓝	1.2~2.8	红~黄	1.7	0.1%的20%乙醇溶液	1~2
甲基黄	2.9~4.0	红~黄	3.3	0.1%的90%乙醇溶液	1
甲基橙	3.1~4.4	红~黄	3.4	0.05%的水溶液	1
溴酚蓝	3.0~4.6	黄~紫	4.1	0.1%的20%乙醇溶液或其钠盐水溶液	1
溴甲酚绿	4.0~5.6	黄~蓝	4.9	0.1%的60%乙醇溶液或其钠盐水溶液	1~3
甲基红	4.4~6.2	红~黄	5.0	0.1%的60%乙醇溶液或其钠盐水溶液	1
溴百里酚蓝	6.2~7.6	黄~蓝	7.3	0.1%的60%乙醇溶液或其钠盐水溶液	1
中性红	6.8~8.0	红~黄	7.4	0.1%的60%乙醇溶液	1
苯酚红	6.8~8.4	黄~红	8.0	0.1%的60%乙醇溶液或其钠盐水溶液	1
酚酞	8.0~10.0	无~红	9.1	0.1%的20%乙醇溶液	1~3
百里酚酞	9.4~10.6	无~蓝	10.0	0.1%的90%乙醇溶液	1~2

另外一种方法是两种指示剂的混合物,这种指示剂能在某一固定的 pH 值时产生颜色的显著变化,例如溴甲酚绿和甲基红混合指示剂于 pH=5.1 时,溶液由酒红色变为绿色,变色极为敏锐。表 4-2 列出了几种常用的酸碱混合指示剂。

表 4-2 常用酸碱混合指示剂

指示剂溶液组成	变色点 pH	颜色		备注
		酸色	碱色	
一份 0.1%甲基橙水溶液 一份 0.25%靛蓝二磺酸水溶液	4.1	紫	黄绿	

指示剂溶液组成	变色点 pH	颜色 酸色	颜色 碱色	备注
三份 0.1%溴甲酚绿酒精溶液 一份 0.2%甲基红酒精溶液	5.1	酒红	绿	
一份 0.1%溴甲酚绿钠盐水溶液 一份 0.1%氯酚红钠盐水溶液	6.1	黄绿	蓝紫	pH 5.4　蓝绿色 pH 5.8　蓝色 pH 6.0　蓝带紫 pH 6.2　蓝紫
一份 0.1%中性红酒精溶液 一份 0.1%次甲基蓝酒精溶液	7.0	蓝紫	绿	pH 7.0　蓝紫
一份 0.1%甲酚红钠盐水溶液 三份 0.1%百里酚蓝钠盐水溶液	8.3	黄	紫	pH 8.2　玫瑰红 pH 8.4　清晰的紫色
一份 0.1%百里酚蓝 50%酒精溶液 三份 0.1%酚酞 50%酒精溶液	9.0	黄	紫	从黄到绿,再到紫
二份 0.1%百里酚蓝酒精溶液 一份 0.1%茜素黄 R 酒精溶液	10.2	黄	紫	

四、酸碱滴定曲线及指示剂的选择

酸碱滴定有各种不同的类型。本节主要讨论强酸、强碱的滴定,一元弱酸、弱碱的滴定,多元酸和多元碱的滴定。

酸碱滴定过程可分为四个阶段:滴定以前,滴定开始至化学计量点前,化学计量点,化学计量点后。尤以化学计量点时溶液的 pH 值最为重要。

(一)强酸滴定强碱或强碱滴定强酸

例如,用 0.1000 mol/L HCl 溶液滴定 20.00 mL 0.1000 mol/L NaOH 为例,讨论强酸强碱滴定的滴定曲线和指示剂的选择。

滴定的反应式为 $HCl+NaOH \Longrightarrow NaCl+H_2O$,即

$$H^+ + OH^- \Longrightarrow H_2O$$

1. 滴定开始前

溶液的碱度由 NaOH 浓度计算($c_{NaOH}=0.1000$ mol/L),即

$$[OH^-]=0.1000 \text{ mol/L}$$

$pOH=1.00$,所以 $pH=14.00-1.00=13.00$。

2. 滴定开始至化学计量点前

溶液的碱度由剩余 NaOH 浓度来决定:

$$[OH^-]=0.1000 \times \frac{\text{剩余 NaOH 的体积}}{\text{溶液的总体积}}$$

如当滴入 HCl 溶液 18.00 mL(剩余 NaOH 2.00 mL)时,OH^- 浓度为

$$[OH^-]=\frac{0.1000 \times 2.00}{20.00+18.00}=5.263 \times 10^{-3} (\text{mol/L})$$

pOH = 2.28,所以 pH = 14 − 2.28 = 11.72。

当滴入 HCl 溶液 19.98 mL(剩余 NaOH 0.020 mL)时,OH⁻浓度为

$$[OH^-] = \frac{0.1000 \times 0.02}{20.00 + 19.98} = 5.00 \times 10^{-5} (mol/L)$$

pOH = 4.30,所以 pH = 14 − 4.30 = 9.70。

3. 化学计量点时

滴入 HCl 溶液 20.00 mL,溶液呈中性。这时 H⁺浓度为

$$[H^+] = [OH^-] = 1.00 \times 10^{-7} mol/L, \therefore pH = 7.00$$

4. 化学计量点以后

溶液的酸度取决于过量 HCl 的浓度,即

$$[H^+] = 0.1000 \times \frac{过量\ HCl\ 的体积}{溶液的总体积}$$

当滴入 HCl 溶液 20.02 mL(过量 HCl 0.020 mL)时,溶液的 H⁺浓度为

$$[H^+] = \frac{0.1000 \times 0.02}{20.00 + 20.02} = 5.00 \times 10^{-5} (mol/L)$$

如此逐一计算,将计算结果列于表 4-3 中。如果以 HCl 的加入体积(或中和百分数)为横坐标,以 pH 值的变化为纵坐标来绘制关系曲线,就称为酸碱滴定曲线,如图 4-3。

表 4-3 0.1000 mol/L HCl 滴定 20.00 mL 0.1000 mol/L NaOH

加入 HCl/ mL	剩余 NaOH/ mL	滴定百分数/ %	过量 HCl/ mL	pH 值
0.00	20.00	0.00		13.00
18.00	2.00	90.00		11.72
19.80	0.20	99.00		10.70
19.96	0.04	99.80		10.00
19.98	0.02	99.90		9.70
20.00	0.00	100.00		7.00
20.02		100.10	0.02	4.30
20.04		100.20	0.04	4.00
20.20		101.00	0.20	3.30
22.00		110.00	2.00	2.32
40.00		200.00	20.00	1.48

从表 4-3 和图 4-3 中可以看出,从滴定开始到加入 19.80 mL HCl 溶液时,溶液的 pH 值只改变 2.3 个 pH,曲线变化比较平坦,再滴入 0.18 mL HCl 溶液(共滴入 19.98 mL)时,溶液 pH 又变小 1 个 pH,曲线变化加快了,当继续滴入 0.02 mL(约半滴)共滴入 20.00 mL 时,正好是滴定的化学点,此时 pH 值迅速达到 7.00,再滴入 0.02 mL(共滴 20.02 mL),pH 值迅速减小到 4.30,溶液呈酸性了,此后再滴入过量 HCl 溶液所引起 pH 值变化就愈来愈小。

由此可见,在化学计量点前后,从剩余 NaOH 0.020 mL 到过量 HCl 0.02 mL(即滴定百分数从 99.90%~100.1%),总共不过是一滴之差(约 0.04 mL),但溶液 pH 值却从 9.70 突变到 4.30,改变了 5.4 个 pH,形成滴定曲线中的"突跃"部分。这种突跃部分所在的 pH 范围称为滴定突跃范围。

滴定突跃范围是选择酸碱指示剂的依据,最理想的指示剂应该恰好在化学计量点时变色。

凡是指示剂的变色点的 pH 处于滴定突跃范围之内均可选用。实际上指示剂变色的 pH 范围完全或基本上落在滴定突跃之内的指示剂,都可保证滴定的准确度。上述滴定突跃范围为 pH 9.70~4.30,因此,可选用酚酞(pH 8.0~10.0)、甲基红(pH 4.4~6.2),最理想是用中性红与次甲基蓝混合指示剂(变色点 pH 7.0),若以甲基橙为指示剂(pH 3.1~4.4),滴定终点是由黄色变到橙色,这时 pH≈4,HCl 就可能过量 0.04 mL 以上,因而,滴定误差将大于 0.2%。

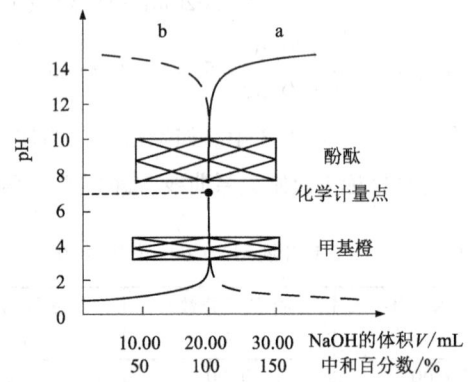

图 4-3 强碱滴定强酸滴定曲线(a)和强酸滴定强碱滴定曲线(b)

如果用 0.1000 mol/L NaOH 滴定 20.00 mL 0.1000 mol/L HCl,得到滴定曲线的形状与图 4-3 相反。滴定突跃范围 pH 为 4.30~9.70,因此,甲基红、酚酞、甲基橙都可作为指示剂,滴定误差不超过±0.1%,结果是十分满意的。

在酸碱滴定中,滴定突跃的大小还与溶液的浓度有关,酸碱的浓度越大,突跃范围越大;酸碱的浓度越小,突跃范围也就越小。如图 4-4 所示,用 1 mol/L HCl 滴定 1 mol/L NaOH,突跃范围 pH 为 10.7~3.3,比 0.1 mol/L HCl 滴定 0.1 mol/L NaOH 的突跃范围扩大 2 个 pH 单位;而用 0.01 mol/L HCl 滴定 0.01 mol/L NaOH,突跃范围 pH 为 8.7~5.3,其突跃范围相应减小 2 个单位,这时不能选用甲基橙作指示剂。

(二)强碱滴定一元弱酸

以 0.1000 mol/L NaOH 滴定 20.00 mL 0.1000 mol/L HAc 为例讨论。

1.滴定过程及滴定曲线

滴定反应式　　　　　　HAc+NaOH ⇌ NaAc+H$_2$O

滴定中 pH 值的变化情况如下:

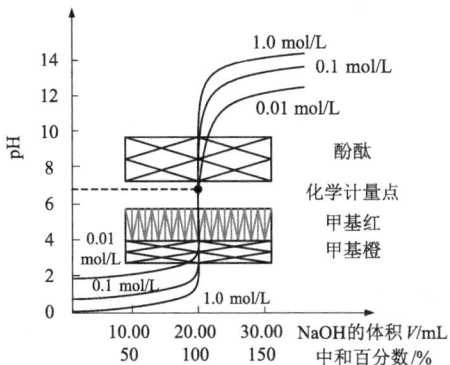

图 4-4 各种浓度强酸的滴定曲线

(1) 滴定开始前。

溶液是 0.1000 mol/L HAc, 其 H^+ 浓度为

$$[H^+] = \sqrt{cK_a} = \sqrt{0.1000 \times 1.8 \times 10^{-5}} = 1.34 \times 10^{-3} (mol \cdot L^{-1})$$

$$pH = 2.87$$

(2) 滴定开始至化学计量点前。

溶液中未反应的 HAc 和反应产物 Ac^- 同时存在, 形成一缓冲体系。溶液的 pH 值可按下式计算:

$$pH = pK_a + \lg \frac{[Ac^-]}{[HAc]}$$

例如, 当滴入 NaOH 溶液 19.98 mL(剩余 HAc 0.02 mL)时, 求得

$$[HAc] = 0.1000 \times \frac{0.02}{20.00 + 19.98} = 5.00 \times 10^{-5} (mol/L)$$

$$[Ac^-] = 0.1000 \times \frac{19.98}{20.00 + 19.98} = 5.00 \times 10^{-2} (mol/L)$$

$$pH = 4.74 + \lg \frac{5.00 \times 10^{-2}}{5.00 \times 10^{-5}} = 7.74$$

(3) 化学计量点时。

滴入 NaOH 20.00 mL, 全部 HAc 被中和成 NaAc, 由于溶液体积加倍, NaAc 的浓度减半, 即 $[Ac^-] = 0.05000$ mol/L, Ac^- 是弱碱, 这时溶液中 OH^- 的浓度为

$$[OH^-] = \sqrt{cK_b} = \sqrt{c\frac{K_w}{K_a}} = \sqrt{0.05000 \times \frac{10^{-14}}{1.8 \times 10^{-5}}} = 5.27 \times 10^{-6} (mol \cdot L^{-1})$$

$$pOH = -\lg[OH^-] = 5.28$$

$$pH = 14.00 - 5.28 = 8.72$$

可见, 用 NaOH 溶液滴定 HAc, 计量点时 pH 值大于 7, 溶液显碱性。

(4) 化学计量点后。

由于过量 NaOH 的存在抑制了 Ac^- 的解离, 溶液的 pH 值取决于过量的 NaOH 浓度,其计算方法与强碱滴定强酸相同。例如,当滴入 NaOH 20.02 mL(过量 0.02 mL)时,溶液中 OH⁻ 浓度为

$$[OH^-] = 0.1000 \times \frac{0.02}{20.00+20.02} = 5.00 \times 10^{-5} (\text{mol} \cdot \text{L}^{-1})$$

$$pOH = 4.30, pH = 9.70$$

如此逐一计算,将计算结果列于表 4-4 中,并绘制滴定曲线(图 4-5)。

表 4-4 0.1000 mol/L NaOH 滴定 20.00 mL 0.1000 mol/L HAc 或 HA

加入 NaOH/mL	剩余 HAc/mL	过量 NaOH/mL	pH HAc	pH HA($K_a = 10^{-7}$)
0.00	20.00		2.87	4.00
18.00	2.00		5.70	7.95
19.80	0.20		6.74	9.00
19.98	0.02		7.74	9.70
20.00	0.00		8.72	9.85
20.02		0.02	9.70	10.00
20.20		0.20	10.70	10.70
22.00		2.00	11.70	11.70
40.00		20.00	12.50	

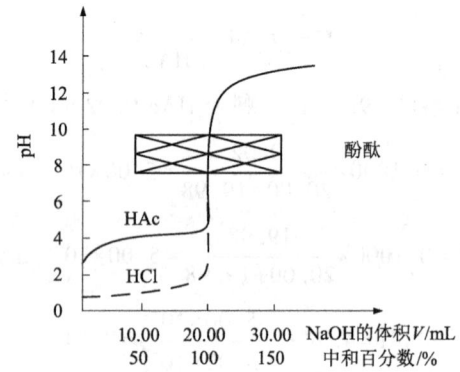

图 4-5 强碱滴定弱酸的滴定曲线

从表 4-4 和图 4-5 中,可以看出:

①滴定开始前:

0.1000 mol/L HAc 的 pH=2.87,比 0.1000 mol/L HCl 的 pH 值约大 2 个 pH,这是因为 HAc 比同浓度的 HCl 溶液的 H⁺ 浓度为小的缘故。

②滴定开始至化学计量点前:

滴定开始之后,HAc 比 HCl 的曲线坡度要陡一些,因为 HAc 的解离度很小,一旦滴入 NaOH 后,部分 HAc 被中和而生成 NaAc,由于 Ac⁻ 的同离子效应,使 HAc 的解离度变得更小,所以 H⁺ 浓度迅速降低,pH 值很快增大。当继续滴入 NaOH 时,NaAc 不断发生,形成 HAc-NaAc 缓冲体系,这时溶液的 pH 值增加缓慢,所以这一段曲线较为

平坦。当接近化学计量点时，HAc 的浓度很小，溶液的缓冲作用减弱，继续滴入 NaOH，溶液的 pH 值变化又逐渐加快。当滴入 NaOH 时，虽然还有 0.02 mL HAc 未被中和，但溶液已显碱性(pH=7.74)。

③化学计量点时：

HAc 的浓度急剧减少，生成了大量的 Ac^-，而 Ac^- 是碱，它在水溶液中解离后产生相当数量的 OH^-，因而使溶液的 pH 发生突变。化学计量点时，pH = 8.72，在碱性范围内。

④化学计量点后：

溶液 pH 值的变化规律与强碱滴定强酸时的情形相同。再比较一下化学计量点附近 pH 值的突跃情况，从剩余 0.02 mL HAc 到过量 0.02 mL NaOH，pH 从 7.74 增加到 9.70，变化仅约 2 个 pH，这个突跃范围(pH 7.74~9.70)比相同浓度的强碱强酸滴定要小得多。而且化学计量点在碱性范围内。因此，在酸性范围内变色的指示剂，如甲基橙、甲基红等都不能用作 NaOH 滴定 HAc 的指示剂，否则将会引起很大的滴定误差。酚酞的变色范围落在突跃范围之内，可用作这一类型滴定的指示剂。

2. 影响突跃范围大小的因素

(1)酸的强度。

图 4-6 是 0.1 mol/L NaOH 滴定 0.1 mol/L 不同强度的酸的滴定曲线。从中可以看出，当酸的浓度一定时，K_a 值愈大，突跃范围愈大；K_a 值愈小，突跃范围愈小。当 $K_a \leqslant 10^{-9}$ 时，没有明显的突跃，利用一般的酸碱指示剂无法确定滴定终点。

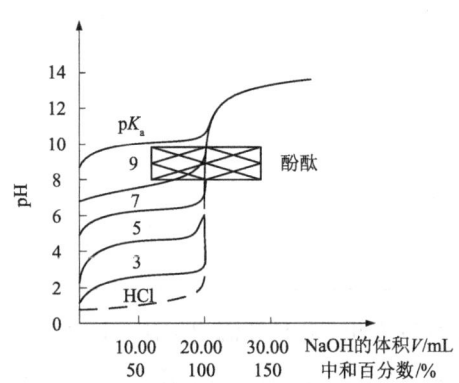

图 4-6 强碱滴定不同强度酸的滴定曲线

(2)酸的浓度。

当 K_a 值一定时，酸的浓度愈大，突跃范围愈大。反之，酸的浓度愈小，突跃范围愈小。由前表 4-4 可见，当滴定 0.1 mol/L 的 HA(其 $K_a = 10^{-7}$)弱酸时，化学计量点前后 0.1% 时 pH 变化是 9.70~10.00，滴定突跃仅 0.3pH 单位，即使能选到最理想指示剂(指示剂的变色点为 9.85)正好与化学计量点 pH 一致，但由于人眼观察滴定终点有 0.3pH 单位的出入，为使终点与化学计量点相差 ±0.3pH 单位(即滴定突跃为

0.6pH 单位),这时终点的 pH 将是 9.56~10.14,而达到的准确度是 ±0.2%(即半滴),所以,一般说来,当弱酸的浓度与其解离常数的乘积大于 10^{-8},即 $cK_a \geq 10^{-8}$ 时,才能获得较准确的滴定结果,滴定误差不大于 0.2%。这是作为判断弱酸能否准确进行滴定的界限。

(三)强酸滴定一元弱碱

例如,用 HCl 滴定 NH_3、乙胺和乙醇胺等,反应式为

$$NH_3 + H^+ \rightleftharpoons NH_4^+$$

$$C_2H_5NH_2 + H^+ \rightleftharpoons C_2H_5NH_3^+$$

$$HOCH_2CH_2NH_2 + H^+ \rightleftharpoons HOCH_2CH_2NH_3^+$$

这类型的滴定与强碱滴定一元弱酸非常相似,所不同的是溶液的 pH 是由大到小。滴定曲线的形状刚好相反。

现以 0.1000 mol/L HCl 滴定 20.00 mL 0.1000 mol/L NH_3 为例,说明滴定过程中溶液 pH 的变化及指示剂的选择。将各滴定点 pH 值的计算方法和 pH 值列于表 4-5,并绘制成滴定曲线(见图 4-7)。

表 4-5 0.1000 mol/L HCl 滴定 20.00 mL 0.1000 mol/L NH_3

加入 HCl/mL	滴定百分数/%	计算公式	pH
0	0	$[OH^-] = \sqrt{K_b c}$	11.12
10.00	50.0	$[OH^-] = K_b \dfrac{c_{NH_3}}{c_{NH_4^+}}$	9.25
18.00	90.0		8.30
19.80	99.0		7.25
19.98	99.9		6.25
20.00	100.0	$[H^+] = \sqrt{K_{a(NH_4^+)} c}$	5.28
20.02	100.1	$[H^+] = c_{HCl}$	4.30
20.20	101.1		3.30
22.00	110.0		2.32

由表 4-5 和图 4-7 可以看出,用 HCl 滴定 NH_3 时,化学计量点的 pH 为 5.28,突跃发生在酸性范围内,pH 为 6.25~4.30。因而必须选在酸性范围内变色的指示剂,选用甲基红或溴甲酚绿(变色范围 pH 为 3.8~5.4;其 $pK_{Hln} = 4.9$)是合适的指示剂。若用甲基橙作指示剂则终点出现略迟,滴定到橙色时(pH≈4),误差将会大于 +0.2%。与一元弱酸的滴定一样,一元弱碱的浓度(c)和其解离常数(K_b)都会影响滴定突跃的大小。当 $cK_b \geq 10^{-8}$ 时才能准确进行滴定。这是准确滴定一元弱碱的滴定界限。

(四)多元酸的滴定

常见的多元酸是弱酸,能否被强碱准确滴定的前提条件是 $cK_a \geq 10^{-8}$,其次是考

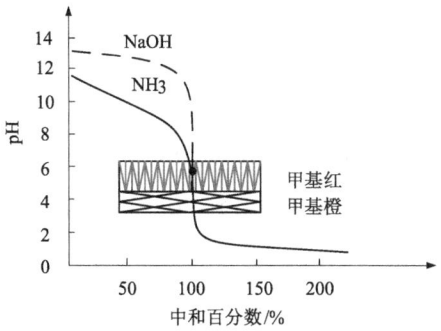

图 4-7　0.1000 mol/L HCl 滴定 0.1000 mol/L NH₃ 的滴定曲线

虑能否分步滴定,然后再考虑选择相应指示剂。下面讨论强碱 NaOH 滴定二元弱酸 H_2A 分步滴定的条件。

H_2A 在水溶液中分两级解离:

$$H_2A \rightleftharpoons H^+ + HA^-$$

$$K_{a_1} = \frac{[H^+][HA^-]}{[H_2A]} \tag{4-1}$$

$$HA^- \rightleftharpoons H^+ + A^{2-}$$

$$K_{a_2} = \frac{[H^+][A^{2-}]}{[HA^-]} \tag{4-2}$$

滴定中,随着 NaOH 的滴入,溶液中 $[H^+]$ 不断下降,这对式(4-1)和(4-2)两个平衡都有影响,即两个反应都在不同程度地进行着。

由式(4-1)得

$$\frac{[HA^-]}{[H_2A]} = \frac{K_{a_1}}{[H^+]} \tag{4-3}$$

由式(4-2)得

$$\frac{[A^{2-}]}{[HA^-]} = \frac{K_{a_2}}{[H^+]} \tag{4-4}$$

如果第一步反应进行得很彻底,设有 99.9% 的 H_2A 变为 HA^-,即

$$\frac{[HA^-]}{[H_2A]} = \frac{K_{a_1}}{[H^+]} = 999 \approx 1000$$

也即

$$[H^+] = \frac{K_{a_1}}{1000} \tag{A}$$

而第二步反应几乎还没有开始,设仅有 0.1% HA^- 生成 A^{2-},即

$$\frac{[A^{2-}]}{[HA^-]} = \frac{K_{a_2}}{[H^+]} = \frac{1}{999} \approx \frac{1}{1000}$$

也即

$$[H^+] = 1000 K_{a_2} \tag{B}$$

比较(A)、(B)两式可得

$$\frac{K_{a_1}}{K_{a_2}} = 10^6 \quad (C)$$

上式表明,当二元酸 K_{a_1} 和 K_{a_2} 之比不小于 10^6 时,可准确分步滴定(误差为0.1%)。但实际上,很多二元酸比值达不到 10^6,为此将误差范围放宽到 ≤3%,得出多元酸分步滴定的条件

$$\frac{K_{a_n}}{K_{a_{n+1}}} \geq 10^4 \quad (4-5)$$

下面以 NaOH 溶液滴定 H_3PO_4 为例分别讨论分步滴定的可能性、各级计量点的 pH 值以及各相应计量点指示剂的选择。

已知 H_3PO_4 的 $K_{a_1} = 7.6 \times 10^{-3}$,$K_{a_2} = 6.3 \times 10^{-8}$,$K_{a_3} = 4.4 \times 10^{-13}$。

由于 $K_{a_1}/K_{a_2} \geq 10^4$,可以分步滴定;$K_{a_2}$ 略小于 10^{-7},第二级突跃不太明显;$K_{a_3} \leq 10^{-7}$,无突跃,所以第三步滴定不能准确进行。

用 0.1000 mol/L NaOH 溶液滴定 20.00 mL 0.1000 mol/L H_3PO_4 溶液,分别计算第一计量点和第二计量点的 pH 值,并选择相应指示剂。

(1)第一计量点,此时产物是 NaH_2PO_4(两性物),浓度

$$c = \frac{0.1000}{2} = 0.05000 \text{ (mol/L)}$$

因为

$$cK_{a_2} = 0.050 \times 6.3 \times 10^{-8} = 10^{-8.5} > 20K_w$$

$$\frac{c}{K_{a_1}} = \frac{0.050}{7.6 \times 10^{-3}} = 6.6 < 20$$

所以,计算[H^+]只能用近似计算。

即

$$[H^+] = \sqrt{\frac{K_{a_2}}{1 + \frac{c}{K_{a_1}}}} = \sqrt{\frac{6.3 \times 10^{-8} \times 0.05}{1 + \frac{0.5}{7.6 \times 10^{-3}}}} = 10^{-4.69}$$

$$pH = 4.69$$

(2)第二计量点,此时产物是 Na_2HPO_4(两性物),浓度

$$c = \frac{0.1000}{3} = 0.03333 \text{ (mol/L)}$$

因为

$$cK_{a_3} = \frac{0.1000}{3} \times 4.4 \times 10^{-13} = 1.47 \times 10^{-14} < 20K_w$$

$$\frac{c}{K_{a_2}} = \frac{0.03333}{6.3 \times 10^{-8}} \gg 20$$

所以,[H^+]计算用另一近似式

$$[H^+] = \sqrt{\frac{cK_{a_3}+K_w}{\frac{c}{K_{a_2}}}} = \sqrt{\frac{0.03333\times 4.4\times 10^{-13}+10^{-14}}{0.03333/6.3\times 10^{-8}}} = 10^{-9.67}$$

$$pH = 9.67$$

滴定曲线如图 4-8 所示。

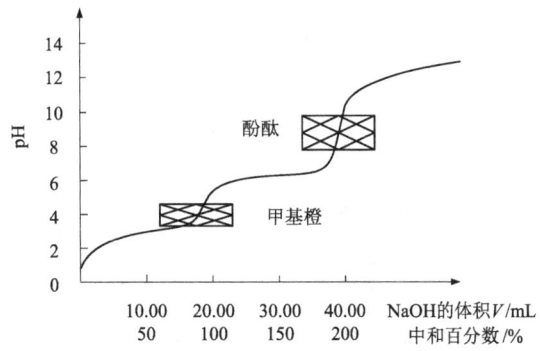

图 4-8 NaOH 溶液滴定 H_3PO_4 溶液的滴定曲线

从图 4-8 可以看到,两个突跃都比较小,终点误差较大。在第一计量点时,可选用甲基橙或甲基红指示剂;在第二计量点时,选用酚酞为指示剂,终点出现过早些,也可选用百里酚酞(pH 9.4~10.3)。

分析化学中,又将这种采用两种指示剂进行分步滴定的方法称为双指示剂法。

(五) 多元碱的滴定

用强酸滴定多元弱碱,能否分步滴定以及能否准确滴定的条件与多元酸相同,即准确滴定的条件是 $cK_b \geq 10^{-8}$,分步滴定的条件是 $\frac{K_{b_1}}{K_{b_2}} \geq 10^4$ 和 $\frac{K_{b_2}}{K_{b_3}} \geq 10^4$。

现以 HCl 对 Na_2CO_3 的滴定为例,进行具体分析讨论。

Na_2CO_3 是二元碱,可用 HCl 滴定。反应分两步进行:

第一步 $\qquad\qquad CO_3^{2-} + H^+ \rightleftharpoons HCO_3^-$

第二步 $\qquad\qquad HCO_3^- + H^+ \rightleftharpoons H_2CO_3$

$\qquad\qquad\qquad H_2CO_3 \rightleftharpoons CO_2 + H_2O$

$\frac{K_{b_1}}{K_{b_2}} = \frac{K_{a_1}}{K_{a_2}} \approx 10^4$(略小于 10^4),滴定到 HCO_3^- 这一步准确度不高。第一计量点的 pH 值可用最简式计算,即

$$[H^+] = \sqrt{K_{a_1}K_{a_2}} = \sqrt{4.2\times 10^{-7}\times 5.6\times 10^{-11}} = 10^{-8.31}$$

所以 $\qquad\qquad pH = 8.31$

第二步反应产物为 H_2CO_3,溶液中 H_2CO_3 的饱和浓度为 0.04 mol/L,第二计量点的 pH 值用一元弱酸的最简式计算:

$$[H^+] = \sqrt{cK_{a_1}} = \sqrt{4.2\times10^{-7}\times0.04} = 10^{-3.9}$$

所以 pH = 3.9

滴定曲线如图 4-9 所示。

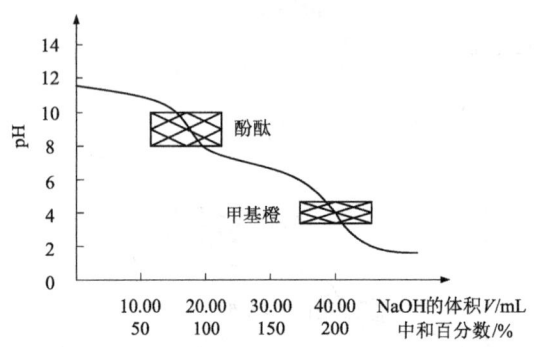

图 4-9 HCl 溶液滴定 Na_2CO_3 溶液的滴定曲线

从图中可见,由于为弱碱,K_{b_1}/K_{b_2} 略小于 10^4,且 cK_{a_1} 略大于 10^{-8}($10^{-7.8}$),所以两个突跃都比较小,终点误差较大。第一计量点可选用酚酞为指示剂;第二计量点可选用甲基橙为指示剂。

工业烧碱分析,一般要测定其中 NaOH 和 Na_2CO_3 的含量,测量方法主要采用上述双指示剂法。第一步是 HCl 滴定剂与 NaOH 反应生成 NaCl,与 Na_2CO_3 反应生成 $NaHCO_3$,以酚酞变色为终点,所消耗滴定剂 HCl 标准溶液的体积为 V_1(浓度为 c);第二步继续与 $NaHCO_3$ 反应生成 H_2CO_3,消耗 HCl 标液体积为 V_2,所称试样质量为 G,则 NaOH 和 Na_2CO_3 含量按下两式分别计算(c 为盐酸标准溶液浓度)。

$$NaOH\% = \frac{(V_1-V_2)c\times40.01}{1000G}\times100\%$$

$$Na_2CO_3\% = \frac{\frac{1}{2}\times2V_2c\times106.0}{1000G}\times100\%$$

上述测定过程中,$V_1 > V_2$。

工业纯碱 Na_2CO_3 中,含有部分 $NaHCO_3$。测定二者含量仍采用上述方法,这时 $V_1 < V_2$,计算式分别为

$$Na_2CO_3\% = \frac{\frac{1}{2}\times2V_1c\times106.0}{1000G}\times100\%$$

$$NaHCO_3\% = \frac{(V_2-V_1)c\times84.01}{1000G}\times100\%$$

式中的常数 40.01、106.0 和 84.01 分别为 NaOH、Na_2CO_3 和 $NaHCO_3$ 的摩尔质量。

五、非水溶液中的酸碱滴定

水是最常用的溶剂，酸碱滴定一般都在水溶液中进行。但是许多有机试样难溶于水；许多弱酸、弱碱，当它们的解离常数小于 10^{-8} 时，在水溶液中不能直接滴定；另外，当弱酸和弱碱并不很弱时，其共轭碱或共轭酸在水溶液中也不能直接滴定。为了解决这些问题，可以采用非水滴定。非水滴定法除可用作酸碱滴定外，还可用于氧化还原滴定、配位滴定和沉淀滴定等，但在酸碱滴定中应用较广。非水滴定在油品分析中应用广泛，如 GB-T 258-1977《汽油、煤油、柴油酸度测定法》，使用的溶液即为乙醇钠溶液。

(一) 溶剂的种类和性质

非水滴定中常用的溶剂种类很多，根据溶剂的酸碱性可以分成以下四类。

(1) 两性溶剂：这类溶剂既能给出质子，也能接受质子，最典型的两性溶剂是水，甲醇、乙醇和异丙醇也属于这一类。

(2) 酸性溶剂：这类溶剂也具有一定的两性，但是这类溶剂的酸性显著地较水强，较易给出质子，为疏质子溶剂。冰醋酸、醋酐、甲酸属于这一类。

(3) 碱性溶剂：这类溶剂也具有一定的两性，但这类溶剂的碱性较水强，对质子的亲和力比水大，易于接受质子，是亲质子溶剂。乙二胺、丁胺、二甲基甲酰胺属于这一类。吡啶也属于这一类，但吡啶只能接受质子，不能给出质子。

(4) 惰性溶剂：酸碱性都非常弱，给出质子或接受质子的能力都非常弱，或根本没有。在这类溶剂中质子的转移过程只发生在溶质分子之间，惰性溶剂不参与质子转移过程。苯、四氯化碳、氯仿、丙酮、甲基异丁酮属于这一类。

(二) 物质的酸碱性与溶剂的关系

在水溶液中质子的传递过程都通过水分子来实现。因此酸碱的解离过程必须结合水分子的作用加以考虑，即酸碱解离常数的大小和水分子的作用有关，或者说物质的酸碱性，不但和物质的本质有关，也和溶剂的性质有关。这种情况在非水溶液中就更为清楚了。

同一种酸，溶解在不同的溶剂中时，这种酸的强度将不相同。例如苯甲酸在水中是较弱的酸，而它在碱性溶剂乙二胺中就是较强的酸；又如苯酚在水中是极弱的酸，不能用标准碱溶液直接滴定，而在乙二胺中苯酚却是一种可以直接滴定的弱酸。在水中和乙二胺中苯甲酸和苯酚的滴定曲线分别如图 4-10 和 4-11 所示。这是由于乙二胺接受质子的能力较水强，因而在乙二胺中苯甲酸和苯酚容易给出质子，它们的酸度增强了。

同样，碱在溶液中的强度，不仅与碱的本质有关，也与溶剂的酸碱性有关。例如在水溶液中不能直接滴定的极弱碱，如吡啶、胺类、生物碱、各种醋酸盐等，在冰醋酸溶液中就都可以直接被滴定了。这是由于冰醋酸给出质子的能力比水强，因而在冰醋酸溶液中这些极弱的碱就容易获得质子,从而其碱性增强了。

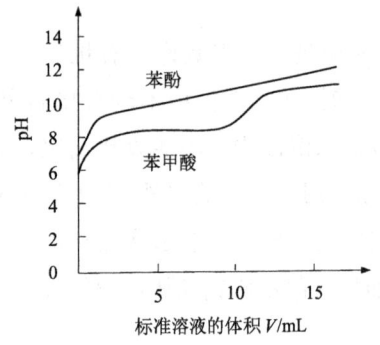

图 4-10　在水中用 NaOH 溶液滴定
苯甲酸和苯酚的滴定曲线

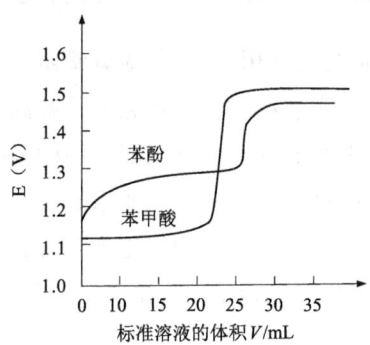

图 4-11　在乙二胺中用氨基乙醇钠
滴定苯甲酸和苯酚的滴定曲线

溶质的酸碱性不仅与溶剂的酸碱性有关,而且也与溶剂的介电常数有关,本书限于篇幅就不详细讨论了(可参阅:薛华编,《分析化学》,清华大学出版社,1986年,第95页)。

总之,极弱的酸在水溶液中不能直接滴定,但是通过选择碱性溶剂,增强极弱酸的酸性,就可以在碱性溶剂中直接滴定;同理,极弱的碱在水溶液中也不能直接滴定,但在酸性溶剂中可以直接滴定。

(三)拉平效应和区分效应

$HClO_4$、H_2SO_4、HCl 和 HNO_3 四种强酸,它们的强度是有区别的;可是在水中它们的强度却显示不出什么差异。这是由于水是两性溶剂,具有一定碱性,对质子有一定的亲和力。当这些强酸溶于水中时,只要它们的浓度不是太大,它们的质子将全部为水分子所夺取,即全部解离转化为 H_3O^+。

$$HClO_4 + H_2O \rightleftharpoons ClO_4^- + H_3O^+$$

$$H_2SO_4 + H_2O \rightleftharpoons HSO_4^- + H_3O^+$$

$$HCl + H_2O \rightleftharpoons Cl^- + H_3O^+$$

$$HNO_3 + H_2O \rightleftharpoons NO_3^- + H_3O^+$$

H_3O^+ 成了水溶液中能够存在的最强的酸的形式,从而使这四种强酸的酸度全部被拉平到水合质子 H_3O^+ 的强度水平。这就是拉平效应。具有这种拉平效应的溶剂称拉平溶剂。

如果把这四种强酸溶解到冰醋酸介质中,由于醋酸是一种酸性溶剂,对质子的亲和力较弱,这四种强酸就不能将其质子全部转移给 HAc 分子,并且在程度上有了差别:

$$HClO_4 + HAc \rightleftharpoons ClO_4^- + H_2Ac^+$$

$$H_2SO_4 + HAc \rightleftharpoons HSO_4^- + H_2Ac^+$$

$$HCl + HAc \rightleftharpoons Cl^- + H_2Ac^+$$

$$HNO_3 + HAc \rightleftharpoons NO_3^- + H_2Ac^+$$

实验证明，$HClO_4$ 的质子转移过程最为完全，从上到下，转移程度一次减弱。于是这四种酸的强度就得到区分：

$$HClO_4 > H_2SO_4 > HCl > HNO_3$$

这种能区分酸碱强度的作用称"区分效应"，这类溶剂称"区分溶剂"。

拉平效应和区分效应都是相对的。一般来讲，碱性溶剂对于酸具有拉平效应，对于碱就具有区分效应。水把四种强酸拉平了，但它却能使四种弱酸与醋酸区分开来；在碱性溶剂液氨中，醋酸也被拉平到和四种强酸一样。

酸性溶剂对酸具有区分效应，但对碱却具有拉平效应。

在非水滴定中，利用溶剂的拉平效应可以测定各种酸或碱的总浓度；利用溶剂的区分效应，可以分别测定各种酸或各种碱的含量。

惰性溶剂没有明显的酸碱性，不参加质子转移反应，因而没有拉平效应。正因为如此，当物质溶解在惰性溶剂中时，各种物质的酸碱性的差异得以保存，所以惰性溶剂具有良好的区分效应。

从以上的讨论可知，在非水滴定中溶剂的选择是十分重要的问题。

（四）标准溶液和确定滴定终点的方法

标准酸溶液：在非水滴定中测定碱常用冰醋酸作溶剂，配成 $HClO_4$ 的冰醋酸溶液作标准酸溶液。由于 $HClO_4$ 的浓溶液中仅含 $HClO_4$ 70%～72%，还含有不少的水分，因此可加入一定量的醋酐以除去水分，以免水分的存在影响质子转移过程，影响滴定终点的观察。

$HClO_4$ 的冰醋酸溶液，可用邻苯二甲酸氢钾作基准物，在冰醋酸溶液中进行标定，用甲基紫作指示剂。

标准碱溶液：最常用的是甲醇钠的苯-甲醇溶液。甲醇钠由金属与甲醇反应制得：

$$2CH_3OH + 2Na = 2CH_3ONa + H_2\uparrow$$

氢氧化四丁基铵 $(C_4H_9)_4N^+OH^-$ 的甲醇-甲苯溶液也常用。氢氧化四丁基铵碱性强，滴定产物易溶于有机溶剂中。

标准碱溶液的标定常用苯甲酸作基准物。以甲醇钠溶液为例，标定反应如下：

$$C_6H_5COOH + CH_3ONa = C_6H_5COO^- + Na^+ + CH_3OH$$

保存标准碱溶液时要注意防止吸收水分和 CO_2。

有机溶剂的体积膨胀系数较大，因此当温度改变时，要注意校正溶液的浓度。

滴定终点的确定：常用两种方法，一种是电位法，一种是指示剂法。电位法在电位分析法一章中将要讨论，这里简单介绍指示剂法。

非水滴定中所用指示剂通常用经验方法来确定，即在电位滴定的同时，观察指示剂颜色的变化,选取与电位滴定终点相符的指示剂。一般来讲,非水滴定用的指示剂随溶剂而异,表 4-6 所列可供参考。

表 4-6 非水溶液滴定中所用的指示剂

溶剂	指示剂
酸性溶剂(冰醋酸)	甲基紫,结晶紫,中性红等
碱性溶剂(乙二胺,二甲基甲酰胺等)	百里酚蓝,偶氮紫,领硝基苯氨,对羟基偶氮紫
惰性溶剂(氯仿,CCl_4,苯,甲苯等)	甲基红等

(五)非水滴定的应用范围

由于采用不同性质的溶剂,使一些酸碱的强度得到增强,提供了可以直接滴定的条件,因而非水滴定扩大了酸碱滴定的应用范围。

利用非水滴定可以测定一些酸类,如磺酸、羧酸、酚类、酰胺,某些含氮化物和不同的含硫化物。

非水滴定还可测定碱类,如脂肪族的伯胺、仲胺和叔胺、芳香胺类、环状结构中含有氮的化合物(如吡啶和吡唑)等。

此外非水滴定还可用于某些酸的混合物或碱的混合物的分别测定。

第三节 酸碱滴定法的应用

凡能与酸、碱直接或间接发生定量化学反应的物质都可用酸碱滴定法进行测定。因此,酸碱滴定法在生产和科研中应用很广泛。现按滴定方式的不同分直接滴定法和间接滴定法分别介绍。

一、直接滴定法

(1)各种强酸、强碱都可以用标准碱溶液或标准酸溶液直接进行滴定。

(2)无机弱酸或弱碱及能溶于水的有机弱酸或弱碱,只要其浓度和解离常数的乘积满足 $cK_a \geq 10^{-8}$ 或 $cK_b \geq 10^{-8}$,都可以用标准碱溶液或标准酸溶液直接滴定。但进行滴定时应注意选择合适的酸碱指示剂。

(3)多元弱酸,如果其 $cK_{a_1} \geq 10^{-8}$,$cK_{a_2} \geq 10^{-8}$,同时也满足 $K_{a_1}/K_{a_2} \geq 10^4$,就可用标准碱溶液进行分步滴定;多元弱碱的 $cK_{b_1} \geq 10^{-8}$,$cK_{b_2} \geq 10^{-8}$,同时也满足 $K_{b_1}/K_{b_2} \geq 10^4$,则也可用标准酸溶液进行分步滴定。进行多元弱酸或多元弱碱滴定时也应注意指示剂的选择。

二、返滴定法

有些物质虽具有酸碱性,但易挥发或难溶于水,某些反应速度较慢需加热或直接滴定找不到指示剂都可用返滴定法。返滴法是指在被测物质的溶液中,先加入一种过量的准确浓度的试液,待反应完全后,再用另一种标准溶液回滴的方法。

例 准确称取 2.500 g 石灰石试样溶于 50.00 mL 的浓度为 1.000 mol/L 的盐酸中,充分反应后,用 $c_{NaOH}=0.1000$ mol/L NaOH 标准溶液滴定反应剩余的 HCl,消耗 NaOH 溶液 30.00 mL。计算试样中 $CaCO_3$ 的含量。

解:
$$CaCO_3 + 2HCl = CaCl_2 + CO_2 \uparrow + H_2O$$
$$(剩余)HCl + NaOH = NaCl + H_2O$$

$CaCO_3$ 的质量为 $\frac{1}{2} \times (c_{HCl}V_{HCl} - c_{NaOH}V_{NaOH}) \times M_{CaCO_3}$。

$$\omega_{CaCO_3} = \frac{\frac{1}{2} \times (c_{HCl}V_{HCl} - c_{NaOH}V_{NaOH}) \times M_{CaCO_3}}{m_{试样}} \times 100\%$$
$$= \frac{(1.0000 \times 50.00 - 0.1000 \times 30.00) \times 100.08}{2 \times 2500} \times 100\%$$
$$= 94.08\%$$

三、间接滴定法

有些物质虽是酸或碱,但因其 $cK_a<10^{-8}$ 或 $cK_b<10^{-8}$,不能用碱或酸标准溶液直接滴定,如 H_3BO_3、NH_4Cl 等;还有些物质虽然本身不是碱或酸(如 SiO_2、矿石和钢中的 P),但是经过某些化学处理后能产生一定量的酸或碱,都可用间接法进行滴定。

例如,土壤及肥料中常常需要测定氮的含量,有机化合物也要求测定其中氮的含量,所以氮的测定在工农业生产中有着重要的意义。通常将试样经适当的化学处理后,可使各种含氮化合物中的氮转化为铵盐(NH_4^+),然后再进行铵的测定。由于 NH_4^+ 的酸性太弱($K_a=5.6 \times 10^{-10}$),不能用标准碱溶液直接滴定,常用的测定方法有两种。

1. 蒸馏法

把铵盐试样放入蒸馏瓶中,加入过量的 NaOH 使 NH_4^+ 转化为 NH_3,然后加热蒸馏,蒸出的 NH_3 用过量的 HCl 标准溶液吸收,然后再以 NaOH 标准溶液返滴过量的 HCl。

蒸馏反应 $NH_4^+ + OH^- = NH_3 + H_2O$

吸收反应 $HCl(过量) + NH_3 = NH_4Cl$

滴定反应 $HCl(剩余量) + NaOH = NaCl + H_2O$

虽然用 NaOH 溶液滴定过量 HCl,生成的产物是 NaCl 和 H_2O,但溶液中还有用 HCl 吸收 NH_3 时生成的 NH_4^+,从上节可知化学计量点时溶液 pH=5.28(假定氨离子浓度为 0.05 mol/L),可选用甲基红作指示剂。

2. 甲醛法

利用甲醛与铵盐反应生成 H^+ 和六次甲基四胺（$K_a = 7.1 \times 10^{-6}$）和 H_2O。

$$4NH_4^+ + 6HCHO = (CH_2)_6N_4H^+ + 3H^+ + 6H_2O$$

然后用标准碱溶液滴定。由于 $(CH_2)_6N_4H^+$ 是一种有机弱酸，在化学计量点时，溶液显微弱碱性，因此需用酚酞作指示剂。

习 题

1. 下列各种弱酸的 pK_a 已在括号内注明，求它们的共轭碱的 pK_b：
(1) HCN(9.21)；　　(2) HCOOH(3.74)；
(3) 苯酚(9.95)；　　(4) 苯甲酸(4.21)。

2. 已知 H_3PO_4 的 $pK_{a_1} = 2.12$，$pK_{a_2} = 7.20$，$pK_{a_3} = 12.36$。求其共轭碱 PO_4^{3-} 的 pK_{b_1}、HPO_4^{2-} 的 pK_{b_2} 和 $H_2PO_4^-$ 的 pK_{b_3}。

3. 已知琥珀酸 $(CH_2COOH)_2$（以 H_2A 表示）的 $pK_{a_1} = 4.19$，$pK_{a_2} = 5.57$。试计算在 pH 值为 4.88 和 5.0 时 H_2A、HA^- 和 A^{2-} 的分布系数 δ_1、δ_2、δ_0。若该酸的总浓度为 0.01 mol/L，求 pH = 4.88 时的三种形式的平衡浓度。

4. 已知 HAc 的 $pK_a = 4.74$，$NH_3 \cdot H_2O$ 的 $pK_b = 4.74$。计算下列各溶液的 pH：
(1) 0.10 mol/L HAc；
(2) 0.10 mol/L $NH_3 \cdot H_2O$；
(3) 0.15 mol/L NH_4Cl；
(4) 0.15 mol/L NaAc。

5. 下列三种缓冲溶液的 pH 各为多少？如分别加入 1 mL 6 mol/L HCl 溶液，它们的 pH 各变为多少？
(1) 100 mL 1.0 mol/L HAc 和 1.0 mol/L NaAc 溶液；
(2) 100 mL 0.050 mol/L HAc 和 1.0 mol/L NaAc 溶液；
(3) 100 mL 0.050 mol/L HAc 和 1.0 mol/L NaAc 溶液。

这些计算结果说明了什么问题？

6. 用 0.01000 mol/L HNO_3 溶液滴定 20.00 mL 0.01000 mol/L NaOH 溶液时，化学计量点时 pH 为多少？化学计量点附近的滴定突跃为多少？应选用何种指示剂指示终点？

7. 某弱酸的 $pK_a = 9.21$，现有其共轭碱 NaAc 溶液 20.00 mL，浓度为 0.1000 mol/L，当用 0.1000 mol/L HCl 溶液滴定时，化学计量点的 pH 为多少？化学计量点附近的滴定突跃为多少？应选用何种指示剂指示终点？

8. 如以 0.2000 mol/L NaOH 标准溶液滴定 0.2000 mol/L 邻苯二甲酸氢钾溶液，

化学计量点时的 pH 为多少？化学计量点附近滴定突跃为多少？应选用何种指示剂指示终点？

9. 用 0.1000 mol/L NaOH 溶液滴定 0.1000 mol/L 酒石酸溶液时，有几个滴定突跃？在第二化学计量点时 pH 为多少？应选用什么指示剂指示终点？

10. 标定 HCl 溶液时，以甲基橙为指示剂，用 Na_2CO_3 为基准物，称取 Na_2CO_3 0.6135 g，用去 HCl 溶液 24.96 mL，求 HCl 溶液的浓度。

11. 以硼砂为基准物，用甲基红指示终点，标定 HCl 溶液。称取硼砂 0.9854 g，用去 HCl 溶液 23.76 mL，求 HCl 溶液的浓度。

12. 标定 NaOH 溶液，用邻苯二甲酸氢钾基准物 0.5026 g，以酚酞为指示剂滴定至终点，用去 NaOH 溶液 21.88 mL。求 NaOH 溶液的浓度。

13. 称取浓磷酸试样 2.000 g，加入适量的水，用 0.8892 mol/L NaOH 溶液滴定至甲基橙变色时，消耗 NaOH 标准溶液 21.73 mL。计算试样中 H_3PO_4 的质量分数。若以 P_2O_5 表示，其质量分数为多少？

14. 称取混合碱试样 0.9476 g，加酚酞指示剂，用 0.2785 mol/L HCl 溶液滴定至终点，计耗去酸溶液 34.12 mL，再加甲基橙指示剂，滴定至终点，又耗去酸 23.66 mL。求试样中各组分的质量分数。

15. 称取混合碱试样 0.6524 g，以酚酞为指示剂，用 0.1992 mol/L HCl 标准溶液滴定至终点，用去酸溶液 21.76 mL。再加甲基橙指示剂，滴定至终点，又耗去酸溶液 27.15 mL。求试样中各组分的质量分数。

16. 一试样仅含 NaOH 和 Na_2CO_3，一份重 0.3515 g 的试样需 35.00 mL 0.1982 mol/L HCl 溶液滴定到酚酞变色，那么还需再加入多少毫升 0.1982 mol/L HCl 溶液可达到以甲基橙为指示剂的终点？并分别计算试样中 NaOH 和 Na_2CO_3 的质量分数。

17. 一瓶纯 KOH 吸收了 CO_2 和水，称取其混匀试样 1.186 g，溶于水，稀释至 500.0 mL，吸取 50.00 mL，以 25.00 mL 0.08717 mol/L HCl 处理，煮沸除去 CO_2，过量的酸用 0.02365 mol/L NaOH 溶液 10.09 mL 滴至酚酞变色。另取 50.00 mL 试样的稀释液，加入过量的中性 $BaCl_2$，滤去沉淀，滤液以 20.38 mL 上述酸溶液滴至酚酞终点。计算试样中 KOH、K_2CO_3 和 H_2O 的质量分数。

18. 有一 Na_3PO_4 试样，其中含有 Na_2HPO_4。称取 0.9974 g，以酚酞为指示剂，用 0.2648 mol/L HCl 溶液滴定至终点，用去 16.97 mL，再加入甲基橙指示剂，继续用 0.2648 mol/L HCl 溶液滴定至终点时，又用去 23.36 mL。求试样中 Na_3PO_4、Na_2HPO_4 的质量分数。

第五章 配位滴定法

配位滴定法是以配位反应为基础的滴定分析方法，又称络合滴定法。配位反应也是路易斯酸碱反应（金属离子是路易斯酸，可以接受路易斯碱提供的未成键电子对而形成化学键），所以配位滴定法与酸碱滴定法有很多相似之处，但其情况更为复杂。配位反应在分析化学中的应用非常广泛，除用于滴定外，还常用于显色、萃取、沉淀及掩蔽等，因此，基于配位反应的广泛性和配位滴定的选择性的有关理论和实践知识，是分析化学的重要内容之一。

第一节 概 述

最早用于配位滴定的是 $AgNO_3$ 溶液来滴定 CN^-，其反应如下

$$Ag^+ + 2CN^- \Longrightarrow [Ag(CN)_2]^-$$

计量点时，产物为 $[Ag(CN)_2]^-$，多加一滴 $AgNO_3$，与 $[Ag(CN)_2]^-$ 生成 $Ag[Ag(CN)_2]$ 白色沉淀，表示终点到达。

配位反应的完全程度是由络合物的稳定性决定的，稳定性的大小由其稳定常数表征。Ag^+ 与 CN^- 形成络合物的稳定常数为

$$K_{稳} = \frac{[Ag(CN)_2]^-}{[Ag^+][CN^-]^2}$$

在 18 ℃ 时，$K_{稳} = 10^{21.1}$。

NH_3 也能与 Ag^+ 形成络合物：

$$Ag^+ + 2NH_3 \Longrightarrow [Ag(NH_3)_2]^+$$

$$K_{稳} = \frac{[Ag(NH_3)_2]^+}{[Ag^+][NH_3]^2} = 10^{7.15} \quad (18℃)$$

可见，同一金属离子与不同络合剂反应，其稳定常数相差很大。如果在 CN^- 和 NH_3 的溶液中加入 Ag^+，先形成稳定的 $[Ag(CN)_2]^-$，反应完全后，剩余的 Ag^+ 才与 NH_3 生成 $[Ag(NH_3)_2]^+$。同样，同一种络合剂与不同金属离子形成络合物，稳定常数也不同，如 $Cd^{2+} + CN^- \Longrightarrow [Cd(CN)]^+$，$K_{稳} = 10^{5.48}$。在同一溶液中 CN^- 先与 Ag^+ 络合完全后，过量的 CN^- 才与 Cd^{2+} 反应。以上现象称为分步络合现象。

由于许多无机络合剂与金属离子形成的络合物不够稳定，并且络合过程中有逐

级络合现象产生,因此,无机络合剂能用于滴定分析法的不多。而有机络合剂特别是氨羧络合剂可与金属离子形成很稳定且组成一定的络合物,克服了无机络合剂的缺点,在分析化学中得到了广泛的应用。

氨羧络合剂的种类很多,其中最常用的是乙二胺四乙酸

$$\text{HOOCH}_2\text{C} \diagdown \overset{+}{\text{NH}} - \text{CH}_2 - \text{CH}_2 - \overset{+}{\text{NH}} \diagup \text{CH}_2\text{COO}^-$$
$$^-\text{OOCH}_2\text{C} \diagup \qquad \qquad \qquad \diagdown \text{CH}_2\text{COOH}$$

两个羧基上的 H^+ 转移到 N 原子上,形成双偶极离子。

乙二胺四乙酸(ethylene diamine tetraacetic acid)简称 EDTA 或 EDTA 酸,为简便计,用 H_4Y 表示其分子式。由于它在水中的溶解度很小(22 ℃时,每 100 mL 水中能溶解 0.02 g),故常用它的二钠盐($Na_2H_2Y \cdot 2H_2O$,相对分子质量 372.26),一般也简称 EDTA。后者溶解度较大(22 ℃时,每 100 mL 水中能溶解 11.1 g),其饱和水溶液的浓度约为 0.3 mol·L^{-1}。

当 H_4Y 溶解于酸度很高的溶液中时,它的两个羧基可再接受 H^+ 而形成 H_6Y^{2+},这样 EDTA 就相当于六元酸。

EDTA 能与大多数金属离子生成稳定、反应系数比为 1:1 的络合物,能用多种金属指示剂判断滴定终点,并可利用控制酸度和使用掩蔽剂等办法消除干扰离子的影响,这样就为配位滴定法的应用开辟了广阔的道路。

为讨论方便,金属离子与 EDTA 形成络合物的反应,可简写为

$$M + Y \Longleftrightarrow MY$$

其稳定常数为

$$K_{MY} = \frac{[MY]}{[M][Y]} \tag{5-1}$$

表 5-1 EDTA 与一些常见金属离子配合物的稳定常数

(溶液离子强度 I = 0.1 mol·L^{-1},温度 293 K)

阳离子	lgK_{MY}	阳离子	lgK_{MY}	阳离子	lgK_{MY}
Na^+	1.66	Ce^{4+}	15.98	Cu^{2+}	18.80
Li^+	2.79	Al^{3+}	16.3	Ga^{2+}	20.3
Ag^+	7.32	Co^{2+}	16.31	Ti^{3+}	21.3
Ba^{2+}	7.86	Pt^{2+}	16.31	Hg^{2+}	21.8
Mg^{2+}	8.69	Cd^{2+}	16.46	Sn^{2+}	22.1
Sr^{2+}	8.73	Zn^{2+}	16.50	Th^{4+}	23.2
Be^{2+}	9.20	Pb^{2+}	18.04	Cr^{3+}	23.4
Ca^{2+}	10.69	Y^{3+}	18.09	Fe^{3+}	25.1
Mn^{2+}	13.87	VO_2^+	18.1	U^{4+}	25.8
Fe^{2+}	14.33	Ni^{2+}	18.60	Bi^{3+}	27.94
La^{3+}	15.50	VO^{2+}	18.8	Co^{3+}	36.0

第二节 配位滴定法的原理

一、络合平衡

EDTA 与金属离子的反应,实际上不可能在理想化的条件下进行。有酸度、辅助络合剂、干扰离子等等的影响,将上述影响因素同时考虑在内,便构成如下的综合平衡式。

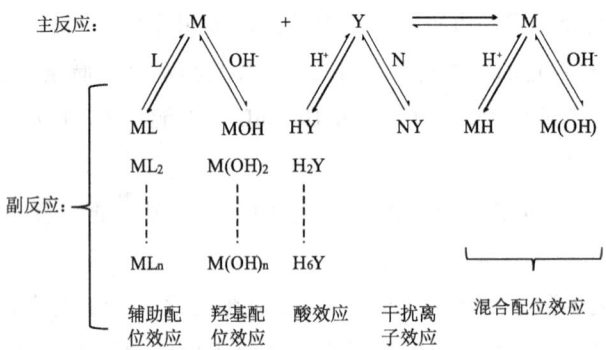

式中:L 为辅助配位剂;N 为干扰离子。

将 M 与 Y 络合生成 MY 称为主反应。外界条件影响使 M 或 Y 有效浓度降低(包括[MY]降低)的这些反应统称为副反应。各种副反应对主反应有着不同影响。下面将分别加以讨论。

(一) EDTA 的酸效应及酸效应系数 $\alpha_{Y(H)}$

1. EDTA 的解离平衡

H_4Y 的两个羧酸根可再接受 H^+ 形成 H_6Y^{2+},有 6 级解离平衡,有 6 个平衡常数。解离平衡常数分别为 $K_1 = 10^{-0.9}$、$K_2 = 10^{-1.6}$、$K_3 = 10^{-2.07}$、$K_4 = 10^{-2.75}$、$K_5 = 10^{-6.24}$、$K_6 = 10^{-10.34}$。

6 级解离平衡关系如下:

$$H_6Y^{2+} \underset{+H^+}{\overset{-H^+}{\rightleftharpoons}} H_5Y^+$$

$$H_5Y^+ \underset{+H^+}{\overset{-H^+}{\rightleftharpoons}} H_4Y$$

$$H_4Y \underset{+H^+}{\overset{-H^+}{\rightleftharpoons}} H_3Y^-$$

$$H_3Y^- \underset{+H^+}{\overset{-H^+}{\rightleftharpoons}} H_2Y^{2-}$$

$$H_2Y^{2-} \underset{+H^+}{\overset{-H^+}{\rightleftharpoons}} HY^{3-}$$

$$HY^{3-} \underset{+H^+}{\overset{-H^+}{\rightleftharpoons}} Y^{4-}$$

7种型体各自在不同酸度下的浓度是不同的。从解离平衡式可知,酸度越高,平衡向左移动;反之,酸度越低,平衡向右移动,$[Y^{4-}]$增大。不同 pH 值时 EDTA 各型体分布如图 5-1 所示。

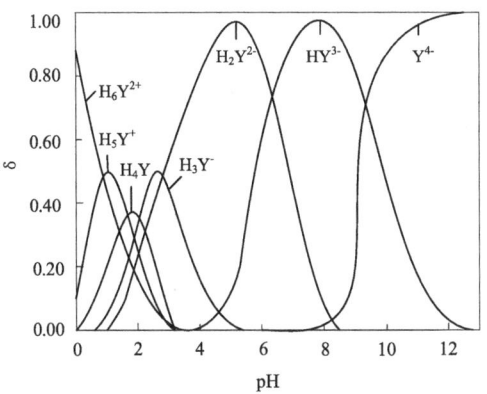

图 5-1 EDTA 各种存在形式在不同 pH 值时的分配

从图 5-1 可以看出,pH<1 时,EDTA 主要以 H_6Y^{2+} 形式存在;pH 为 1 至 1.6 时,主要以 H_5Y^+ 形式存在;pH 为 1.6 至 2.07 时,主要以 H_4Y 形式存在;pH 为 2.07 至 2.75 时,H_3Y^- 为主要存在形式;pH 为 2.75 至 6.26 时,H_2Y^{2-} 为主要存在形式;pH>10.34 时,Y^{4-} 为主要存在形式;pH>12 时,才几乎是 Y^{4-}。

2. EDTA 的酸效应及酸效应系数 $\alpha_{Y(H)}$

EDTA 与金属离子络合,主要是 Y^{4-} 与金属离子络合。Y^{4-} 的浓度称为 EDTA 的有效浓度,记作 $[Y]$。pH<12 时,EDTA 的总浓度 $[Y']$ 必然大于有效浓度 $[Y]$,即 $[Y']>[Y]$,络合能力下降。这种由于酸度影响,使 EDTA 有效浓度降低的现象称为 EDTA 的酸效应。总浓度 $[Y']$ 与有效浓度 $[Y]$ 的比值称为酸效应系数,记作 $\alpha_{Y(H)}$。

$$\alpha_{Y(H)} = \frac{[Y']}{[Y]} \tag{5-2}$$

由解离平衡式可推知

$$\begin{aligned}\alpha_{Y(H)} &= \frac{[Y']}{[Y]} = \frac{[Y^{4-}]+[HY^{3-}]+[H_2Y^{2-}]+[H_3Y^-]+\cdots+[H_6Y]^{2+}}{[Y^{4-}]} \\ &= 1+\frac{[HY^{3-}][H^+]}{[Y^{4-}][H^+]}+\frac{[HY^{3-}][H_2Y^{2-}][H^+]^2}{[Y^{4-}][H^+][HY^{3-}][H^+]}+\cdots \\ &= 1+\frac{[H]}{K_6}+\frac{[H^+]^2}{K_6K_5}+\frac{[H^+]^3}{K_6K_5K_4}+\frac{[H^+]^4}{K_6K_5K_4K_3}+\frac{[H^+]^5}{K_6K_5K_4K_3K_2}+\frac{[H^+]^6}{K_6K_5K_4K_3K_2K_1}\end{aligned}$$

很明显,$\alpha_{Y(H)}$ 仅是 $[H^+]$ 的函数。pH 增大,则 $\alpha_{Y(H)}$ 减小。一般情况下,$[Y']>[Y]$,即 $\alpha_{Y(H)}>1$,只有在 pH≥12 时,$\alpha_{Y(H)}=1$,不同 pH 值酸效应系数值列于表 5-2。

表 5-2 不同 pH 值时的 $\lg\alpha_{Y(H)}$

pH	$\lg\alpha_{Y(H)}$	pH	$\lg\alpha_{Y(H)}$	pH	$\lg\alpha_{Y(H)}$
0.0	23.64	3.4	9.70	6.8	3.55
0.4	21.32	3.8	8.85	7.0	3.40
0.8	19.08	4.0	8.76	7.5	2.78
1.0	18.01	4.4	7.64	8.0	2.30
1.4	16.02	4.8	6.84	8.5	1.77
1.8	14.27	5.0	6.60	9.0	1.40
2.0	13.51	5.4	5.69	9.5	0.83
2.4	12.19	5.8	4.98	10.0	0.50
2.8	11.09	6.0	4.80	11.0	0.10
3.0	10.80	6.4	4.06	12.0	0.00

将 $[Y] = \dfrac{[Y']}{\alpha_{Y(H)}}$ 代入式(5-1)中得

$$K_{MY} = \dfrac{[MY]}{[M][Y']/\alpha_{Y(H)}} \tag{5-3}$$

即

$$\dfrac{K_{MY}}{\alpha_{Y(H)}} = \dfrac{[MY]}{[M][Y']} = K_{MY'} \tag{5-4}$$

$K_{MY'}$ 是考虑酸效应以后的 EDTA 金属离子络合物的稳定常数,称为条件稳定常数,用对数形式表示为

$$\lg K_{MY'} = \lg K_{MY} - \lg \alpha_{Y(H)} \tag{5-5}$$

即金属离子与 EDTA 络合的条件稳定常数的对数值,等于其绝对稳定常数的对数值减去该酸度条件下酸效应系数的对数值。pH≥12 时,$\lg\alpha_{Y(H)} = 0$,即 $\lg K_{MY'} = \lg K_{MY}$。

例 1 求 pH=3.0 和 pH=8.0 时的 $\lg K_{CaY'}$ 值。

解:已知 $\lg K_{CaY} = 10.69$。

(1) pH=3.0 时

$$\lg\alpha_{Y(H)} = 10.60$$

所以,$\lg K_{CaY'} = 10.69 - 10.60 = 0.09$。

(2) pH=8.0 时

$$\lg\alpha_{Y(H)} = 2.26$$

所以,$\lg K_{CaY'} = 10.69 - 2.26 = 8.43$。

从上例可以看出,pH=3.0 时,EDTA 与 H^+ 的副反应相当严重,CaY 络合物很不稳定,$\lg K_{CaY'}$ 仅为 0.09。而当 pH=8.0 时,$\lg K_{CaY'} = 8.43$,CaY 络合物很稳定,配位反应进行完全。所以,在配位滴定中选择和控制酸度有着重要意义。

(二)配位反应的完全程度及允许最小 pH 值——林旁曲线

酸度对络合物稳定性有着很大影响。为使 EDTA 与金属离子配位反应完全并能用于滴定,需要弄清条件稳定常数最低允许值,从而根据式(5-5)求出各金属离子与 EDTA 完全络合允许的最低 pH 值。根据式(5-4)

$$K_{MY'} = \frac{[MY]}{[M][Y']} \tag{5-4a}$$

设 EDTA 和金属离子的分析浓度均为 c,即

$$c_{EDTA} = c_M = c$$

则终点时,络合物的平衡浓度为 c(为简便计,滴定过程中体积改变不予考虑)。如果允许误差 $\leq 0.1\%$,则终点时 M 与 EDTA 的平衡浓度为 $[M] \leq c \times 0.1\%$,$[Y'] \leq c \times 0.1\%$,代入(5-4a),

$$K_{MY'} = \frac{c}{c^2 \times 10^{-6}}$$

即

$$\lg cK_{MY'} \geq 6 \tag{5-6}$$

通常测定中,金属离子浓度为 10^{-2},式(5-6)变为

$$\lg K_{MY'} \geq 8 \tag{5-7}$$

式(5-7)表明,在配位滴定中,为使反应完全,允许误差 $\leq 0.1\%$,则条件稳定常数的对数值不能小于 8。如果外界影响因素仅只是酸度,那么,根据式(5-5)

$$\lg \alpha_{Y(H)} \leq \lg K_{MY} - 8 \tag{5-8}$$

即酸效应系数的对数值不能大于此种金属离子的稳定常数的对数值减 8。

将各种金属离子的 $\lg K_{MY}$ 代入式(5-8),即可求得允许的最大 $\lg \alpha_{Y(H)}$ 值,再从表 5-2 中查出准确滴定允许的最小 pH 值。式 $\lg cK_{MY} \geq 6$ 通常作为能否用配位滴定法测定单一金属离子的条件。

例 2 EDTA 准确滴定 Ca^{2+}、Zn^{2+}、Cu^{2+}、Fe^{3+} 四种金属离子,计算各允许最低 pH 值。

解:

(1) Ca^{2+},$\lg \alpha_{Y(H)} = 10.69 - 8 = 2.69$,所以 pH ≥ 8.0。

(2) Zn^{2+},$\lg \alpha_{Y(H)} = 16.5 - 8 = 8.50$,所以 pH ≥ 4.0。

(3) Cu^{2+},$\lg \alpha_{Y(H)} = 18.8 - 8 = 10.8$,所以 pH ≥ 3.0。

(4) Fe^{3+},$\lg \alpha_{Y(H)} = 25.1 - 8 = 17.1$,所以 pH ≥ 1.2。

将各种金属离子的 $\lg K_{MY}$ 值与允许最小 pH 值(或对应的 $\lg \alpha_{Y(H)}$ 值与最小 pH 值)绘成曲线,称为 EDTA 的酸效应曲线或林旁曲线。如图 5-2 所示,图中金属离子的位置所对应的 pH 值,即是 EDTA 准确滴定该金属离子时所允许的最低 pH 值。如滴定 Fe^{2+},允许最低 pH ≥ 5.0;滴定 Ti^{3+},允许最低 pH ≥ 2.0;滴定 Bi^{3+},pH ≥ 0.6;

等等。

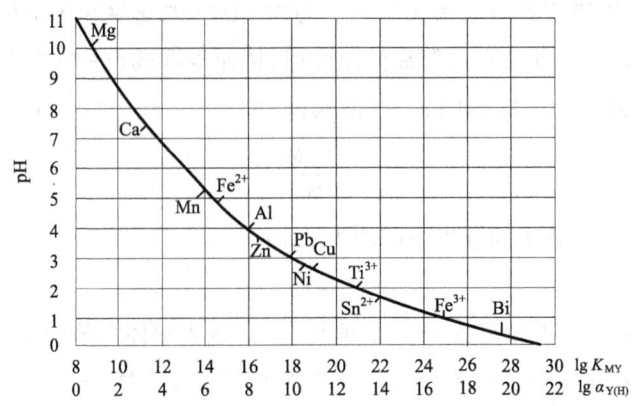

图 5-2　EDTA 的酸效应曲线（金属离子浓度 0.01 mol/L）

（三）金属离子的络合效应及其副反应系数 α_M

有些金属离子在水溶液中能生产各种羟基络离子，如 Fe^{3+} 在水溶液中能生成 $[Fe(OH)]^{2+}$、$[Fe(OH)_2]^+$ 等羟基络离子。另外，例如在 pH = 10 时用 EDTA 滴定 Zn^{2+}，加入氨性缓冲溶液，使 Zn^{2+} 生成稳定性较小的 $[Zn(NH_3)_4]^{2+}$，防止 Zn^{2+} 水解沉淀。在此，NH_3 称为辅助络合剂。上述几种情形，由于 OH^-、NH_3 等络合剂的影响，金属离子的有效浓度降低，这种现象称作金属离子的络合效应，也称金属离子的副反应。与 EDTA 的酸效应系数一样，金属离子副反应系数 α_M 等于金属离子的总浓度 [M′] 除以金属离子的有效浓度 [M]。即

$$\alpha_M = \frac{[M']}{[M]} \tag{5-9}$$

二、配位滴定曲线

配位滴定曲线表示滴定过程中配位滴定剂的量与待测金属离子浓度之间的变化关系。研究配位滴定曲线的目的首先是选择合适的滴定条件，其次是为指示剂的选择提供大致范围。

EDTA 作为滴定剂，在一定 pH 条件下，随着 EDTA 不断加入，金属离子浓度 pM 不断改变。将各点 pM 值与对应的 EDTA 体积标绘成线，就是配位滴定曲线。酸度是影响平衡的主要因素，因此必须首先确定在什么 pH 条件下，然后才能逐点计算。

以 0.01000 mol/L EDTA 滴定 20.00 mL 0.01000 mol/L Ca^{2+} 溶液为例，在 pH = 12 条件下，假定没有其他副反应存在，计算滴定曲线。滴定反应为

$$Ca^{2+} + Y^{4-} \Longrightarrow CaY^{2-}$$

查稳定常数表的 $K_{CaY} = 10^{10.69}$，当 pH = 12 时，$\lg\alpha_{Y(H)} = 0$，所以

$$K'_{CaY} = K_{CaY} = 10^{10.69}$$

1. 滴定开始至计量点前

(1) 滴定开始前 pCa,此时

$$[Ca^{2+}] = 0.01 \text{ mol/L}$$

所以,pCa = 2.0。

(2) 加入 EDTA 18.00 mL 时

$$[Ca^{2+}] = 0.01000 \times \frac{2.00}{38.00} = 5.3 \times 10^{-4} (\text{mol/L})$$

所以,pCa = 3.3。

(3) 加入 EDTA 19.98 mL 时,即突跃起点

$$[Ca^{2+}] = 0.01000 \times \frac{0.02}{39.98} = 5.0 \times 10^{-6} (\text{mol/L})$$

所以,pCa = 5.3。

2. 计量点时

此时加入 EDTA 20.00 mL,CaY 的浓度为 0.005000 mol/L,剩余微量 $[Ca^{2+}] = [Y^{4-}]$,设为 x,则根据平衡式

$$K_{CaY} = \frac{[CaY]}{x^2}$$

$$x = [Ca^{2+}] = \sqrt{\frac{[CaY]}{K_{CaY}}} = \sqrt{\frac{5 \times 10^{-3}}{10^{10.69}}} = 3.2 \times 10^{-7} (\text{mol/L})$$

所以,pCa = 6.5。

3. 计量点后

此时加入 EDTA 20.02 mL,即突跃终点时

$$[Y^{4-}] = 0.01000 \times \frac{0.02}{40.02} = 5.0 \times 10^{-6} (\text{mol/L})$$

根据

$$K_{CaY} = \frac{[CaY]}{[Ca^{2+}][Y^{4-}]}$$

则有

$$[Ca^{2+}] = \frac{5.0 \times 10^{-3}}{10^{10.69} \times 5.0 \times 10^{-6}} = 10^{-7.69} (\text{mol/L})$$

所以,pCa = 7.69。

用同样方法,计算得各点数据,列入表 5-3 中。

将表 5-3 的数据绘制成滴定曲线,如图 5-3 所示(图中 pH = 12)。

如果 pH 条件变化,应先查出相应的值,通过计算求出 $\lg K'_{CaY}$,再用相同的方法,计算各点的 pCa 值。

如 pH=9 时,$\lg a_{Y(H)}=1.29$,则 $K'_{CaY}=10^{9.40}$,按此数对计量点及以后的点进行计算得

表 5-3 pH=12 时,0.01000 mol/L EDTA 滴定 0.01000 mol/L Ca^{2+}(20.00 mL)的 pCa 变化

加入 EDTA 溶液		剩余 Ca^{2+} 溶液/mL	过量 NaOH /mL	pCa	
体积/mL	滴定度/%				
0.00	0.0	20.00		2.0	
18.00	90.0	2.00		3.3	
19.80	99.0	0.20		4.3	
19.98	99.9	0.02		5.3	滴定突跃
20.00	100.0	0.00		6.5	
20.02	100.1		0.02	7.69	
20.20	101.0		0.20	9.0	
22.00	110.0		2.00	10.0	
40.00	200.0		20.00	11.0	

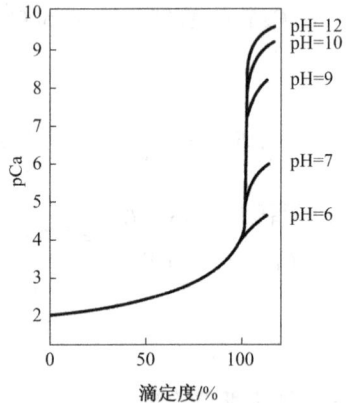

图 5-3 0.0100 mol/L EDTA 滴定 0.0100 mol/L Ca^{2+} 的滴定曲线

计量点时,pCa=5.85;

突跃终点时,pCa=6.4。

即 pH=9 时,滴定突跃 pCa 为 5.3~6.4;当 pH=8 时,计算得滴定突跃 pCa 为 5.3~5.43。随着 pH 降低,突跃越来越小。当 pH=7 时,就没有什么突跃了。

不同 pH 下的滴定曲线如图 5-3 所示。

和酸碱滴定的道理一样,滴定突跃的大小是决定配位滴定准确度的重要依据之一。影响配位滴定突跃大小的因素主要是稳定常数(条件稳定常数)的大小和金属离子浓度。浓度越大,突跃也越大。浓度一定时,稳定常数(条件稳定常数)越大,突跃也越大。而条件稳定常数的改变,直接与体系中是否存在副反应紧密相关。

从图 5-3 可以看出,EDTA 滴定同一金属离子,滴定突跃的大小随 pH 值大小不同而变化。这主要是 pH 改变引起条件稳定常数改变,最终导致突跃终点 pM 值的改变。从图中还应注意到,如果金属离子不发生副反应,曲线在计量点前部分不随 pH

的变化而变化。如果两种副反应同时存在,滴定曲线就要复杂一些。如果被滴定的是易络合的离子,当有辅助络合剂存在时,计量点前游离金属离子浓度受辅助络合剂的影响而发生变化。

三、金属指示剂

(一)金属指示剂的作用原理

在配位滴定中,常用金属指示剂确定终点,借以指示溶液中金属离子浓度的变化,这种指示剂为金属指示剂(以符号 In 表示)。它是一种显色剂,能与被滴定的金属离子(M)生成有色的配合物(MIn),而 MIn 与指示剂本身的颜色不同,并且 MIn 的稳定性稍低于金属-EDTA 配合物(MY)的稳定性。滴定开始时,溶液中的部分金属离子与指示剂形成金属-指示剂配合物:M+In ══ MIn,溶液呈现 MIn 的颜色。随着滴定剂(Y)的加入,M 与 Y 逐步生成 MY,直到化学计量点附近时,Y 就夺取 MIn 中的 M,使 In 游离出来,引起溶液颜色的改变:

$$MIn+Y \rightleftharpoons MY+In$$

作为金属指示剂应具备以下条件:

(1) In 的颜色与 MIn 的颜色应有显著的差别,终点颜色的变化才明显。

(2) MIn 应有适当的稳定性。如果稳定性太低,将会过早出现终点,而且变色不敏锐;如果稳定性太高,接近化学计量点时滴加 EDTA 不能夺取 MIn 中的 M,In 就游离不出来,甚至滴过了终点,也观察不到颜色的变化,失去了指示剂的作用,因此,MIn 的稳定性应低于 MY 的稳定性。

(3) 指示剂与金属离子的显色反应必须灵敏、迅速,且具有良好的变色可逆性,才能用于滴定。

1. 指示剂的封闭

配位滴定中,要求金属指示剂在化学计量点附近发生明显的颜色变化,才能正确判断终点。实际上有时指示剂在化学计量点附近并不变色,如果被滴溶液或试剂、蒸馏水中有干扰离子(N)存在,N 与指示剂形成很稳定的有色配合物(NIn),它的稳定性大于 NY,即使在化学计量点以后,加入过量的 EDTA 也不能使 NIn 中的 In 游离出来,溶液一直呈现 NIn 的颜色,无滴定终点颜色的突变,指示剂失去作用,这种现象称为指示剂的封闭现象。例如,在 pH = 10 时,以铬黑 T 为指示剂用 EDTA 滴定 Ca^{2+}、Mg^{2+} 总量时,微量的 Al^{3+}、Fe^{3+} 等会封闭铬黑 T。解决的办法是加入能与这些干扰离子形成更稳定的络合物的络合剂——掩蔽剂,从而使干扰离子不再与指示剂作用。例如,加入三乙醇胺可以掩蔽 Al^{3+}、Fe^{3+}。

2. 指示剂的僵化

有些金属指示剂配合物在水中溶解度太小,以致 EDTA 不能迅速夺取 MIn 中的 M,交换速度缓慢,终点拖长,这种现象称为指示剂的僵化现象。可以加入有机溶剂或加热以增大其溶解度。例如用 PAN 指示剂时,常加入乙醇或在加热下滴定,使其指示剂在终点时变色较明显。

3. 指示剂的氧化变质

金属指示剂大多为含双键的有色的有机物,易被日光、氧化剂、空气所氧化分解,在水溶液中多不稳定,日久变质,指示剂失效。

(二) 常用金属指示剂

金属指示剂的种类很多,结构比较复杂,颜色随 pH 而变化,因此,每种指示剂都有它适用的 pH 范围。下面介绍几种常用的金属指示剂。

1. 二甲酚橙

简写为 XO。在水溶液中的颜色与 pH 的关系是 pH<6.3(黄色),pH>6.3(红色),pH=6.3(红和黄的混合色)。它与金属离子形成的配合物都呈紫红色,因此,二甲酚橙只适用于 pH<6.3 的酸性溶液中使用。例如,在 pH 5~7 时,用 EDTA 可以直接滴定 Pb^{2+}、Zn^{2+}、Cd^{2+}、Hg^{2+} 等,终点由红色变为亮黄色。Al^{3+}、Fe^{3+}、Ni^{2+}、Ti^{4+} 等离子对二甲酚橙有封闭作用,可用氟化物掩蔽 Al^{3+}、Ti^{4+},抗坏血酸掩蔽 Fe^{3+},邻二氮杂菲掩蔽 Ni^{2+} 等。

2. 铬黑 T

简写为 EBT,它的水溶液随 pH 的不同而呈现不同的颜色:pH<6.3(紫红色),pH>11.5(橙色),pH 6.3~11.5(蓝色)。它与金属离子形成的配合物显红色,因此,只在 pH 6.3~11.5 时指示剂才有明显的颜色变化。根据实验,使用铬黑 T 的最佳酸度是 pH 9~10.5。例如,在 pH=10 的缓冲溶液中,用 EDTA 可以直接测定 Pb^{2+}、Zn^{2+}、Cd^{2+}、Mg^{2+} 和 Mn^{2+} 等,终点由红色变为蓝色。Al^{3+}、Fe^{3+}、Co^{2+}、Ni^{2+}、Cu^{2+}、Ti^{4+} 等离子对铬黑 T 有封闭作用。

铬黑 T 的水溶液不稳定,容易分解失效。若用干燥的 NaCl 或 KCl 作稀释剂把它配成固体混合物,则相当稳定,保存时间较长。

3. PAN

不溶于水,通常配成乙醇溶液使用。PAN 在 pH 1.9~12.2 范围内显黄色,它与金属离子形成的配合物显紫红色,能用于许多种金属离子的测定。

实际上常用 Cu-PAN 指示剂,它是 CuY 与 PAN 的混合溶液。在含有被测金属离子(M)的试液中,加入少量的 CuY,并滴加 PAN,此时 M 就置换出 CuY 中的 Cu^{2+},而 Cu^{2+} 与 PAN 形成 Cu-PAN,溶液显紫红色:

$$M+CuY+PAN \Longrightarrow MY+Cu\text{-}PAN$$
$$\text{(黄色)} \qquad \text{(紫红色)}$$

当滴加 EDTA 与 M 定量反应后,稍微过量的 EDTA 就夺取 Cu-PAN 中的 Cu^{2+} 使 PAN 游离出来,溶液由紫红色变为绿色(注意 CuY 为蓝色),表示到了滴定终点:

$$\text{Cu-PAN} + \text{Y} \rightleftharpoons \text{CuY} + \text{PAN}$$
（紫红色）　　　（蓝色）（黄色）
（绿色）

在滴定前后 CuY 的量没有变化，不影响测定结果。Cu-PAN 作指示剂使用范围广泛，可以测定多种金属离子，并可在同一溶液中进行连续滴定。但 Cu-PAN 与 EDTA 的置换反应比较缓慢，滴定时常需加热。Ni^{2+} 对 Cu-PAN 有封闭作用。

4. 钙指示剂

水溶液或乙醇溶液均不稳定，通常以干燥的 NaCl 或 KCl 作稀释剂把它配成固体混合物使用。钙指示剂在 pH 7.4~13.5 时显蓝色，它与 Ca^{2+} 形成稳定的配合物显红色，故用于 pH 12~13 时滴定钙的指示剂。Fe^{3+}、Al^{3+}、Ti^{4+}、Cu^{2+}、Co^{2+}、Ni^{2+} 等对钙指示剂有封闭作用，可用三乙醇胺或氰化钾消除它们的干扰。

5. 酸性铬蓝 K

在酸性溶液中显玫瑰红色，在碱性溶液中显蓝灰色。它在碱性溶液中能与 Ca^{2+}、Mg^{2+}、Zn^{2+}、Mn^{2+} 等形成玫瑰红色的配合物，即可用于测定 Ca^{2+}、Mg^{2+} 总量，也可用于单独测定 Ca^{2+} 的指示剂。酸性铬蓝 K 的水溶液不稳定，一般把它以固体 NaCl 或 KCl 稀释后使用。通常还将酸性铬蓝 K 与萘酚绿 B 混合使用，简称 K-B 指示剂。

四、提高配位滴定法的选择性

由于 EDTA 能和多种金属离子形成稳定的络合物，而实际的分析对象往往是多种金属离子共存的混合溶液，因此如何有选择地测定其中一种或分步测出其中几种金属离子，就涉及混合离子选择性滴定问题。下面将对如何进行选择性滴定进行讨论。

（一）控制酸度

控制酸度可以有选择地滴定某种金属离子，例如，在 pH≈10 时滴定 Zn^{2+}，Mg^{2+} 有干扰，若在 pH≈5 时滴定 Zn^{2+}，Mg^{2+} 就不干扰。对于 $\lg K_{MY}$ 值差别较大的配合物，控制酸度还可以连续滴定金属离子，例如，在含有 Fe^{3+}、Al^{3+}、Ca^{2+}、Mg^{2+} 的混合溶液中，先在 pH 1~2 时滴定 Fe^{3+}，而 Al^{3+}、Ca^{2+}、Mg^{2+} 不干扰，再在适当条件下，使 Al^{3+} 与 EDTA 络合完全，然后调节 pH 5~6，用 Zn^{2+} 标准溶液返滴过量的 EDTA，从而测得 Al^{3+} 的含量，Ca^{2+}、Mg^{2+} 不干扰。

在混合离子的滴定中，要在干扰离子 N 存在下准确滴定 M 离子，必须满足的条件是

$$\lg c_M K_{MY'} \geqslant 6 \text{ 且 } \frac{c_M K_{MY'}}{c_N K_{NY'}} \geqslant 10^5$$

（二）使用掩蔽剂

在被测离子溶液中有干扰物质存在时，加入能与干扰离子起反应的试剂（掩蔽剂）以降低其浓度，因而不影响被测离子滴定，这种消除干扰的方法称为掩蔽法。常用的掩蔽方法有配位掩蔽法、沉淀掩蔽法和氧化还原掩蔽法。

1. 配位掩蔽法

利用配位剂（掩蔽剂）与干扰离子生成稳定的配合物，降低了干扰离子的浓度，以致不影响被测离子的滴定，这就是配位掩蔽法，或称络合掩蔽法。例如，EDTA 滴定 Mg^{2+}（$pH \approx 5$）时，Zn^{2+} 的干扰可用 KCN 掩蔽；EDTA 滴定 Ca^{2+} 和 Mg^{2+}（$pH \approx 10$）时，Fe^{3+}、Al^{3+} 的干扰可用三乙醇胺掩蔽。

综合滴定中使用的掩蔽剂很多，下面介绍几种常用掩蔽剂。

(1) 氟化物：在 pH>4 时，F^- 可掩蔽 Fe^{3+}、Al^{3+}、Ti^{4+}、Zr^{4+} 等。

(2) 乙酰丙酮：在 pH 5~6 时，它可以掩蔽 Fe^{3+}、Al^{3+} 等。

(3) 邻二氮菲：在 pH 5~6 时，它可以掩蔽 Zn^{2+}、Cd^{2+}、Hg^{2+}、Cu^{2+}、Co^{2+}、Ni^{2+} 等。

(4) 三乙醇胺：在 $pH \approx 10$ 时，它可以掩蔽 Al^{3+}、Fe^{3+}、Ti^{4+}、Sn^{4+} 等。

(5) 氰化物：在 $pH \approx 10$ 时，CN^- 可以掩蔽 Zn^{2+}、Cd^{2+}、Cu^{2+}、Co^{2+}、Ni^{2+}、Fe^{2+} 等。

2. 沉淀掩蔽法

利用沉淀剂与干扰离子生成难溶性沉淀，降低了干扰离子的浓度，不需分离沉淀而直接滴定被测离子，这就是沉淀掩蔽法。例如，在 $pH \approx 10$ 时，以铬黑 T 作指示剂，用 EDTA 滴定 Ca^{2+}，则 Mg^{2+} 也被滴定。但在 $pH > 12~12.5$ 时，Mg^{2+} 可被沉淀为 $Mg(OH)_2$，残余的 Mg^{2+} 就不会显著影响 Ca^{2+} 的滴定了。

3. 氧化还原掩蔽法

利用氧化还原反应改变干扰物质的价态，则不影响被测物质的滴定，这种消除干扰的方法就是氧化还原掩蔽法。例如，用 EDTA 滴定 Hg^{2+} 时，Fe^{3+} 有干扰（$\lg K_{FeY^-} = 25.1$），若用盐酸羟氨或抗坏血酸将 Fe^{3+} 还原为 Fe^{2+}，由于 Fe^{2+}-EDTA 配合物的稳定性差（$\lg K_{FeY^{2-}} = 14.3$），此时就不干扰 Hg^{2+} 的滴定了。

(三) 选用其他滴定剂

在配位滴定中，主要是以 EDTA 作滴定剂，还有一些其他的滴定剂也能与金属离子形成稳定的配合物，EGTA（乙二醇二乙醚二胺四乙酸）就是其中的一种。它也能与 Ca^{2+}、Mg^{2+} 形成配合物，可用 EDTA 与 Ca^{2+}、Mg^{2+} 形成的配合物作一比较：

$$\lg K_{Ca-EGTA} = 11.9, \lg K_{Mg-EGTA} = 5.2$$

$$\lg K_{Ca-EDTA} = 10.7, \lg K_{Mg-EDTA} = 8.7$$

可见 Mg-EGTA 配合物的稳定性很差，而 Ca-EGTA 配合物仍很稳定，因此选用 EGTA 作滴定剂，有 Mg^{2+} 存在下可以滴定 Ca^{2+}。

第三节 配位滴定法的应用

配位滴定有各种滴定的方式，包括直接滴定、返滴定、置换滴定和间接滴定等。改变滴定方式，在某些情况下可以提高配位滴定的选择性。

一、直接滴定法

直接滴定法是配位滴定中常用的基本方法。若金属离子与 EDTA 反应能够满足滴定分析的要求就可以直接滴定。大多数金属离子(如 Fe^{3+}、Bi^{3+}、Th^{4+}、Cu^{2+}、Zn^{2+}、Cd^{2+}、Hg^{2+}、Pb^{2+}、Mg^{2+}、Ca^{2+} 等)都可用 EDTA 直接进行滴定。

如水的硬度的测定。常用 EDTA 直接滴定的方法:先在 pH=10 的氨性溶液中,以铬黑 T 为指示剂,用 EDTA 滴定,测定 Ca^{2+}、Mg^{2+} 的总量。另取同量试液,加入 NaOH 至 pH>12,此时 Mg^{2+} 以 $Mg(OH)_2$ 沉淀形式被掩蔽,选用钙指示剂用 EDTA 滴定 Ca^{2+}。前后两次测量之差即为镁含量。

表 5-4 直接滴定法应用实例

金属离子	pH	指示剂	其他主要滴定条件	终点颜色变化
Bi^{3+}	1	二甲酚橙	介质	紫红→黄
Ca^{2+}	12~13	钙指示剂		酒红→蓝
Cd^{2+}、Fe^{2+}、Pb^{2+}、Zn^{2+}	5~6	二甲酚橙	六亚甲基四胺	红紫→黄
Co^{2+}	5~6	二甲酚橙	六亚甲基四胺,加热至 80 ℃	红紫→黄
Cd^{2+}、Mg^{2+}、Zn^{2+}	9~10	铬黑 T	氨性缓冲液	红→蓝
Cu^{2+}	2.5~10	PAN	加热或加乙醇	红→黄绿
Fe^{3+}	1.5~2.5	磺基水杨酸	加热	红紫→黄
Mn^{2+}	9~10	铬黑 T	氨性缓冲液、抗坏血酸或酒石酸或 $NH_2OH \cdot HCl$	红→蓝
Ni^{2+}	9~10	紫脲酸铵	加热至 50~60 ℃	黄绿→紫红
Pb^{2+}	9~10	铬黑 T	氨性缓冲液,加酒石酸,并加热至 40~70 ℃	红→蓝
Th^{2+}	1.7~3.5	二甲酚橙	介质	紫红→黄

二、返滴定法

若被测离子与 EDTA 反应缓慢,被测离子在滴定的条件下发生水解等副反应,没有合适的指示剂或被测离子对指示剂有封闭作用,在上述情况下可采用返滴定法,即加入过量的 EDTA 标准溶液,使被测离子完全反应,然后用另一种金属离子的标准溶液返滴剩余的 EDTA,根据两种标准溶液的量(毫摩尔)之差,即可求得被测物质的含量。

例如,在 Al^{3+} 溶液中,pH=5~6,以二甲酚橙作指示剂,若用 EDTA 直接滴定 Al^{3+},将会遇到以下困难:Al^{3+} 与 EDTA 反应缓慢;Al^{3+} 会发生水解;Al^{3+} 对指示剂有封闭作用。因此 EDTA 不能直接滴定 Al^{3+}。为了解决上述问题可采用返滴定法。在含 Al^{3+} 的试液中,加入过量的 EDTA 标准溶液,于 pH 3~4 时,加热煮沸,使 Al^{3+} 与 EDTA 反应完全；Al^{3+}不会水解；由于有过量的EDTA存在，Al^{3+}浓度很小，对指示剂不产生封闭作用。再调节溶液的pH至5~6，加入二甲酚橙，然后用Zn^{2+}标准溶液进行返滴定，从而可以测得铝的含量。

表5-5 常用作返滴定剂的金属离子及其滴定条件

待测金属离子	pH	返滴定剂	指示剂	终点颜色变化
Al^{3+}、Ni^{2+}	5~6	Zn^{2+}	二甲酚橙	黄→紫红
Al^{3+}	5~6	Cu^{2+}	PAN	黄→蓝紫（或紫红）
Fe^{2+}	9	Zn^{2+}	铬黑T	蓝→红
Hg^{2+}	10	Mg^{2+}、Zn^{2+}	铬黑T	蓝→红
Sn^{4+}	2	Th^{4+}	二甲酚橙	黄→红

三、置换滴定法

利用置换反应，将与被测离子的量相当的另一种金属离子或EDTA置换出来，然后用EDTA标准溶液或金属盐的标准溶液进行滴定。例如，Ag^+与EDTA的配合物不稳定，EDTA不能直接滴定Ag^+。若在Ag^+试液中加入过量的$Ni(CN)_4^{2-}$，则发生下述置换反应：

$$2Ag^+ + Ni(CN)_4^{2-} \Longrightarrow 2Ag(CN)_2^- + Ni^{2+}$$

置换出来的Ni^{2+}，可在氨性缓冲溶液（pH≈10）中用EDTA滴定。

四、间接滴定法

有些金属离子（如Na^+，Li^{3+}等）与EDTA生成的配合物很不稳定，而非金属离子（如PO_4^{3-}，SO_4^{2-}等）不与EDTA形成配合物，如欲用配位滴定法测定这些离子，可采用间接滴定法。例如PO_4^{3-}，先加入一定量过量的$Bi(NO_3)_3$，使之生成$BiPO_4$沉淀，再用EDTA滴定剩余量的Bi^{3+}。

表5-6 常用的间接滴定法

待测离子	主要步骤
K^+	沉淀为$K_2Na[Co(NO_2)_6] \cdot 6H_2O$，经过滤、洗涤、溶解后测出其中的$Co^{3+}$
Na^+	沉淀为$NaZn(UO_2)_3Ac_9 \cdot 9H_2O$，经过滤、洗涤、溶解后测出其中的$Zn^{2+}$
PO_4^{3-}	沉淀为$MgNH_4PO_4 \cdot 6H_2O$，沉淀经过滤、洗涤、溶解，测定其中的Mg^{2+}，或测定滤液中过量的Mg^{2+}
S^{2-}	沉淀为CuS，测定滤液中过量的Cu^{2+}
SO_4^{2-}	沉淀为$BaSO_4$，测定滤液中过量的Ba^{2+}，用Mg-Y、铬黑T作指示剂
CN^-	加一定量并过量的Ni^{2+}，使形成$[Ni(CN)_4]^{2-}$，测定过量的Ni^{2+}
Cl^-、Br^-、I^-	沉淀为卤化银，过滤，滤液中过量的Ag^+与$[Ni(CN)_4]^{2-}$置换，测定置换出的Ni^{2+}

习 题

1. 计算 pH = 5 时 EDTA 的酸效应系数 $\alpha_{Y(H)}$。若此时 EDTA 各种存在形式的总浓度为 0.0200 mol/L，则 $[Y^{4-}]$ 为多少？

2. pH = 5 时，能否用 EDTA 标准溶液滴定 Zn^{2+}？

3. 假设 Mg^{2+} 和 EDTA 的浓度皆为 10^{-2} mol/L，在 pH = 6 时，镁与 EDTA 配合物的条件稳定常数是多少（不考虑羟基配位等副反应）？并说明在此 pH 条件下能否用 EDTA 标准溶液滴定 Mg^{2+}。如不能滴定，求其允许的最小 pH。

4. 试求以 EDTA 滴定浓度各为 0.01 mol/L 的 Fe^{3+} 和 Fe^{2+} 溶液时所允许的最小 pH。

5. 计算用 0.0200 mol/L EDTA 标准溶液滴定同浓度的 Cu^{2+} 离子溶液时的适宜酸度范围。

6. 称取 0.1005 g 纯 $CaCO_3$ 溶解后，用容量瓶配成 100 mL 溶液。吸取 25 mL，在 pH>12 时，用钙指示剂指示终点，用 EDTA 标准溶液滴定，用去 24.90 mL。试计算：

（1）EDTA 溶液的浓度；

（2）每毫升 EDTA 溶液相当于多少克 ZnO 和 Fe_2O_3。

7. 用配位滴定法测定氯化锌（$ZnCl_2$）的含量。称取 0.2500 g 试样，溶于水后，稀释至 250 mL，吸取 25.00 mL，在 pH = 5~6 时，用二甲酚橙作指示剂，用 0.01024 mol/L EDTA 标准溶液滴定，用去 17.61 mL。试计算试样中含 $ZnCl_2$ 的质量分数。

8. 称取 1.032 g 氧化铝试样，溶解后移入 250 mL 容量瓶，稀释至刻度。吸取 25.00 mL，加入 $T_{Al_2O_3}$ = 1.505 mg/mL 的 EDTA 标准溶液 10.00 mL，以二甲酚橙为指示剂，用 $Zn(OAc)_2$ 标准溶液进行返滴定，至红紫色终点，消耗 $Zn(OAc)_2$ 标准溶液 12.20 mL。已知 1 mL $Zn(OAc)_2$ 溶液相当于 0.6812 mL EDTA 溶液。求试样中 Al_2O_3 的质量分数。

9. 用 0.01060 mol/L EDTA 标准溶液滴定水中钙和镁的含量，取 100.0 mL 水样，以铬黑 T 为指示剂，在 pH = 10 时滴定，消耗 EDTA 31.30 mL。另取一份 100.0 mL 水样，加 NaOH 使呈强碱性，使 Mg^{2+} 转化为 $Mg(OH)_2$ 沉淀，用钙指示剂指示终点，继续用 EDTA 滴定，消耗 19.20 mL。计算：

（1）水的总硬度 [以 $CaCO_3$(mg/L)表示]。

（2）水中钙和镁的含量 [以 $CaCO_3$(mg/L) 和 $MgCO_3$(mg/L) 表示]。

10. 分析含铜、锌、镁合金时，称取 0.5000 g 试样，溶解后用容量瓶配成 100 mL 试液。吸取 25.00 mL，调至 pH = 6，用 PAN 作指示剂，用 0.05000 mol/L EDTA 标准溶液滴定铜和锌，用去 37.30 mL。另外又吸取 25.00 mL 试液，调至 pH = 10，加 KCN 以掩蔽铜和锌，用同浓度 EDTA 溶液滴定 Mg^{2+}，用去 4.10 mL，然后再滴加甲醛以解蔽锌，又用同浓度 EDTA 溶液滴定,用去 13.40 mL。计算试样中铜、锌、镁的质量分数。

11. 称取含 Fe_2O_3 和 Al_2O_3 的试样 0.2015 g,溶解后,在 pH = 2.0 时以磺基水杨酸为指示剂,加热至 50 ℃ 左右,以 0.02008 mol/L 的 EDTA 滴定至红色消失,消耗 EDTA 15.20 mL。然后加入上述 EDTA 标准溶液 25.00 mL,加热煮沸,调节 pH = 4.5,以 PAN 为指示剂,趁热用 0.02112 mol/L Cu^{2+} 标准溶液返滴定,用去 8.16 mL。计算试样中 Fe_2O_3 和 Al_2O_3 的质量分数。

12. 分析含铅、铋和镉的合金试样时,称取试样 1.936 g,溶于 HNO_3 溶液后,用容量瓶配成 100.0 mL 试液。吸取该试液 25.00 mL,调至 pH 为 1,以二甲酚橙为指示剂,用 0.02479 mol/L EDTA 溶液滴定,消耗 25.67 mL,然后加六亚甲基四胺缓冲溶液调节 pH = 5,继续用上述 EDTA 滴定,又消耗 EDTA 24.76 mL。加入邻二氮菲,置换出 EDTA 配合物中的 Cd^{2+},然后用 0.02174 mol/L $Pb(NO_3)_2$ 标准溶液滴定游离 EDTA,消耗 6.76 mL。计算合金中铅、铋和镉的质量分数。

13. 称取含锌、铝的试样 0.1200 g,溶解后调至 pH 为 3.5,加入 50.00 mL 0.02500 mol/L EDTA 溶液,加热煮沸,冷却后,加醋酸缓冲溶液,此时 pH 为 5.5,以二甲酚橙为指示剂,用 0.02000 mol/L 标准锌溶液滴定至红色,用去 5.08 mL。加足量 NH_4F,煮沸,再用上述锌标准溶液滴定,用去 20.70 mL。计算试样中锌、铝的质量分数。

14. 称取苯巴比妥钠($C_{12}H_{11}N_2O_3Na$,摩尔质量为 254.2 g/mol)试样 0.2014 g,溶于稀碱溶液中并加热(60 ℃)使之溶解,冷却后,加入醋酸酸化并移入 250 mL 容量瓶中,加入 0.03000 mol/L $Hg(ClO_4)_2$ 标准溶液 25.00 mL,稀释至刻度,放置待下述反应发生:

$$Hg^{2+} + 2C_{12}H_{11}N_2O_3^- \rightleftharpoons Hg(C_{12}H_{11}N_2O_3)_2$$

过滤弃去沉淀,滤液用干烧杯接收。吸取 25.00 mL 滤液,加入 10 mL 0.01 mol/L MgY 溶液,释放出的 Mg^{2+} 在 pH = 10 时以铬黑 T 为指示剂,用 0.0100 mol/L EDTA 滴定至终点,消耗 3.60 mL。计算试样中苯巴比妥钠的质量分数。

第六章 氧化还原滴定法

氧化还原滴定是利用氧化还原反应来进行分析的方法。通常可以采用适当的氧化剂作滴定剂来直接测定具有还原性物质的含量,或用适当的还原剂作滴定剂来测定具有氧化性物质的含量。例如,$KMnO_4$、$K_2Cr_2O_7$、MnO_2、Cl_2、Br_2、Cl_2、I_2、Cu^{2+}、Fe^{3+}、漂白粉等氧化性物质以及 Fe^{2+}、H_2S、SO_2、$H_2C_2O_4$、As_2O_3、$Na_2S_2O_3$ 和有机碳、酚类、醛类等还原性物质,都可以用氧化还原滴定法进行测定。有些元素本身没有变价,如 Al^{3+}、K^+ 等,也能用氧化还原滴定法间接地进行测定,如 Ca^{2+} 能与 $C_2O_4^{2-}$ 形成 CaC_2O_4 沉淀,用氧化还原法滴定 $C_2O_4^{2-}$ 后,就可以间接地求得钙的含量。在氧化还原滴定中,通常按照滴定剂种类,分为高锰酸钾法、重铬酸钾法、碘量法等方法。

第一节 概　述

氧化还原反应是电子转移的过程,情况比较复杂。氧化还原反应往往是分步进行的,速度快慢也不同,而主反应进行的同时,常伴有副反应。例如,在酸溶液中,I^- 能够被 $Cr_2O_7^{2-}$ 定量地氧化为 I_2:

$$Cr_2O_7^{2-}+6I^-+14H^+ \Longrightarrow 2Cr^{3+}+3I_2+7H_2O \text{(主反应)}$$

反应的速度较慢,若增大反应物的浓度,提高溶液的酸度,虽然可使反应的速度加快,但酸度太大时,I^- 也就更容易被空气中的氧气氧化:

$$4I^-+4H^++O_2 \Longrightarrow 2I_2+2H_2O \text{(副反应)}$$

产生这种副反应,就会使分析结果带来一定的误差。

对于氧化还原滴定的一般要求是:滴定剂和被滴定物电极电位要有足够大的差别,反应才可能完全;能够正确指示滴定的终点;滴定反应能够迅速地完成。为此,必须控制反应条件(主要是浓度、酸度和温度),才能得到较准确的分析结果。

对于速度缓慢的氧化还原反应,往往通过升高温度、加催化剂或改变酸度等办法来加快反应的速度。例如,$KMnO_4$ 在 H_2SO_4 介质中与 $Na_2C_2O_4$ 的反应,从电极电位来看,$E^{\ominus}_{MnO_4^-/Mn^{2+}} = +1.51$ V,$E^{\ominus}_{CO_2/C_2O_4^{2-}} = -0.94$ V,两者的差别相当大,反应是可能进行完全的,可是这个反应的速度很慢,必须采取升高温度的措施并利用催化剂的作用来加快反应的速度。但是有的反应速度缓慢,对分析却是有利的。例如,电对 O_2/O^- 的电极电位相当高($E^{\ominus} = +1.23$ V),照理可以氧化许多还原性物质,由于它的氧化速度很慢,对分析结果没有影响或影响不大,所以大多数氧化还原滴定能够在空气中进行。

第二节 氧化还原滴定法的原理

一、条件电极电位

对于可逆的氧化还原电子对(指能很快建立氧化还原平衡,其实际电位遵从Nerust方程)的电位可用Nernst方程式表示:

$$E_{M^{n+}/M} = E^{\ominus}_{M^{n+}/M} + \frac{RT}{nF}\ln\frac{\alpha_{Ox}}{\alpha_{Red}} \tag{6-1}$$

式中 α_{Ox}、α_{Red} 分别为氧化态和还原态的活度,$E^{\ominus}$ 是电对的标准电位,它随温度而变化。此式计算,仅适用于稀溶液。浓度增大或有其他强电解质存在时,计算结果与实测值会出现较大差异。例如二价铁、三价铁的标准电极电位为+0.77 V,但在1 mol/L $HClO_4$、1 mol/L HCl、1 mol/L H_2SO_4 和 1 mol/L HCl-0.25 mol/L H_3PO_4 溶液中,当 $c_{Fe(Ⅲ)} = c_{Fe(Ⅱ)} = 1$ mol/L 时,实测值分别为+0.74、+0.70、+0.68、+0.51(V)。

为了纠正这种偏差,在用浓度代替活度计算电位时,必须引入相应的活度系数 γ_{Ox}、γ_{Red} 和相应的副反应系数 α_{Ox}、α_{Red},此时

$$\alpha_{Ox} = [Ox] \times \gamma_{Ox} = c_{Ox}\gamma_{Ox}/\alpha_{Ox}$$

$$\alpha_{Red} = [Red] \times \gamma_{Red} = c_{Red}\gamma_{Red}/\alpha_{Red}$$

式中 c_{Ox} 和 c_{Red} 分别表示氧化态和还原态的分析浓度。将以上关系代入式(6-1)得

$$E = E^{\ominus} + \frac{0.059}{n}\lg\frac{\gamma_{Ox}\alpha_{Red}}{\gamma_{Red}\alpha_{Ox}} + \frac{0.059}{n}\lg\frac{c_{Ox}}{c_{Red}}$$

当 $c_{Ox} = c_{Red} = 1$ mol/L 时

$$E = E^{\ominus} + \frac{0.059}{n}\lg\frac{\gamma_{Ox}\alpha_{Red}}{\gamma_{Red}\alpha_{Ox}} \tag{6-2}$$

$E^{\ominus\prime}$ 称条件电极电位,它表示在一定介质条件下,氧化态和还原态的分析浓度均为 1 mol/L 时实际电位,在一定条件下为常数。$E^{\ominus}$ 和 $E^{\ominus\prime}$ 的关系,与配位反应的稳定常数 K 和 K' 的关系相似。条件电极电位大小,说明在外界因素影响下,氧化还原电对的实际氧化还原能力。因此应用 $E^{\ominus\prime}$ 比用 $E^{\ominus}$ 能更正确判断氧化还原反应的方向和反应完全的程度。在处理氧化还原反应的电位计算时,采用 $E^{\ominus\prime}$ 是较为合理的。因此应尽量用 $E^{\ominus\prime}$ 值计算。但由于目前 $E^{\ominus\prime}$ 数据还较少,若没有相同条件的 $E^{\ominus\prime}$,可采用条件相近的 $E^{\ominus\prime}$,对于没有 $E^{\ominus\prime}$ 的氧化还原电位,则只能采用 $E^{\ominus}$。

引入了 $E^{\ominus\prime}$ 后,Nernst方程式表示为

$$E = E^{\ominus\prime} + \frac{0.059}{n}\lg\frac{c_{Ox}}{c_{Red}} \tag{6-3}$$

式中氧化态和还原态均用其分析浓度 c 表示。

二、氧化还原反应的方向

氧化剂和还原剂的强弱,可用有关的电极电位来衡量。电对的电位越高,其氧化态的氧化能力越强;电对的电位越低,其还原态的还原能力越强。而且氧化还原反应是由较强的氧化剂与较强的还原剂相互作用转化为较弱的还原剂和较弱的氧化剂的过程。

由于氧化剂和还原剂的浓度、生成沉淀、形成络合物和溶液的酸度等对氧化还原电对的电极电位有影响,故它们可能影响反应进行的方向。

1. 氧化态和还原态的浓度

增大氧化态浓度或减少还原态的浓度会使电极电位增高;反之,将使电极电位降低。

2. 生成沉淀

在氧化还原反应中,当加入一种可与氧化态或还原态生成沉淀的沉淀剂时,就会改变电对的电位。氧化态生成沉淀使电对的电位降低;反之,还原态生成沉淀则使电对电位增高。例如用碘量法测定 Cu 的含量是基于如下反应:

$$2Cu^{2+} + 4I^- = 2CuI\downarrow + I_2$$

$$I_2 + 2S_2O_3^{2-} = 2I^- + S_4O_6^{2-}$$

而 $E^{\ominus}_{Cu^{2+}/Cu^+} = +0.17$ V, $E^{\ominus}_{I_2/I^-} = +0.54$ V。从 $E^{\ominus}$ 看,Cu^{2+} 不能氧化 I^-,但实际上 Cu^{2+} 氧化 I^- 的反应进行得很完全。其原因就在于生成了溶解度更小的 CuI 沉淀,使溶液中 Cu^+ 浓度大为降低,使 Cu^{2+}/Cu^+ 电对的电位显著增高,因而 Cu^{2+} 成为较强的还原剂。

3. 形成络合物

络合物的形成同样影响氧化还原反应的方向,因为络合物的形成,改变平衡体系中某种离子的浓度,从而改变有关氧化还原电对的电位或条件电极电位。一般的规律是氧化态形成的络合物更稳定,其结果是电位降低。例如,$E^{\ominus}_{Fe^{3+}/Fe^{2+}}$(0.77 V)高于 $E^{\ominus}_{I_2/I^-}$,Fe^{3+} 能氧化 I^-。在用碘量法测定 Cu^{2+} 的含量时,如果试样含有 Fe^{3+},将和 Cu^{2+} 一起氧化 I^-,从而干扰 Cu 的测定。如果在试液中加入 F^-,它与氧化态 Fe^{3+} 形成稳定的铁氟络合物,使溶液中 Fe^{3+} 的浓度大大降低,$E^{\ominus}_{Fe^{3+}/Fe^{2+}}$ 的电位也随之降低了,甚至比 $E^{\ominus}_{I_2/I^-}$ 电位小得多,这样 Fe^{3+} 就不能氧化 I^-,从而消除 Fe^{3+} 的干扰。

4. 溶液的酸度

许多有 H^+ 或 OH^- 参加的氧化还原反应,当溶液的酸度发生变化时,有可能改变反应的方向。

例 判断反应 $H_3AsO_4 + 2I^- + 2H^+ = H_3AsO_3 + I_2 + H_2O$ 当溶液的 $[H^+] = 1$ mol/L,$[H^+] = 10^{-8}$ mol/L 时,反应方向怎样。

解：
$$E = E^{\ominus}_{H_3AsO_4/H_3AsO_3} + \frac{0.059}{2}\lg\frac{c_{H_3AsO_4}c_{H^+}^2}{c_{H_3AsO_3}}$$

当溶液中[H^+] = 1 mol/L，[H_3AsO_4] = [H_3AsO_3] = 1 mol/L 时，电对的电位为条件电极电位，为+0.56 V。由于+0.56 V > +0.54 V，所以上述反应向正向进行。当溶液[H^+] = 10^{-8} mol/L，[H_3AsO_4] = [H_3AsO_3] = 1 mol/L，电对的电位为(计算中忽略酸度对 H_3AsO_4 和 H_3AsO_3 型体的影响)

$$E = E^{\ominus\prime}_{H_3AsO_4/H_3AsO_3} + \frac{0.059}{2}\lg[H^+]^2 = 0.56 + 0.059\lg 10^{-8} = +0.088 \text{ V}$$

由于+0.56 V > +0.088 V，所以该反应向反方向进行。因此在碘量法中可以利用间接碘量法测定 5 价砷和锑，或用直接碘量法测定 3 价砷和锑。

应当指出，酸度对反应方向的影响，只有当两个电对的 $E^{\ominus}$ (或 $E^{\ominus\prime}$) 值相差很小时才能实现，如上述反应中两电对 $E^{\ominus}$ 值相差 0.22 V，所以，只要改变溶液的 pH 值就可以改变反应进行的方向。但是，对下述反应

$$MnO_4^- + 5Fe^{3+} + 8H^+ \rightleftharpoons Mn^{2+} + 5Fe^{3+} + 4H_2O$$

由于 $E^{\ominus}_{MnO_4^-/MnO_2}$ = +1.5 V，$E^{\ominus}_{Fe^{3+}/Fe^{2+}}$ = +0.77 V，两者相差 0.73 V，故不能通过改变溶液的酸度来改变反应的方向。而且当降低溶液酸度时，会引起 Fe^{3+} 的水解，生成 $Fe(OH)_3$ 沉淀，同时 MnO_4^- 的还原产物是 MnO_2 而不是 Mn^{2+}。

三、氧化还原反应完全的程度

氧化还原反应的完全程度，可以用平衡常数的大小来判断。而平衡常数的大小，又同有关电对的电极电位有关，可以通过能斯特方程式求得。

例如在 1 mol/L H_2SO_4 溶液中，用 Ce^{4+} 滴定 Fe^{2+} 时，反应式为

$$Ce^{4+} + Fe^{2+} \rightleftharpoons Ce^{3+} + Fe^{3+}$$

根据能斯特方程，两电对的电位是

$$E_{Ce^{4+}/Ce^{3+}} = E^{\ominus\prime}_{Ce^{4+}/Ce^{3+}} + 0.059\lg\frac{c_{Ce^{4+}}}{c_{Ce^{3+}}} \tag{6-4}$$

$$E_{Fe^{3+}/Fe^{2+}} = E^{\ominus\prime}_{Fe^{3+}/Fe^{2+}} + 0.059\lg\frac{c_{Fe^{3+}}}{c_{Fe^{2+}}} \tag{6-5}$$

在滴定过程中，随着 Ce^{4+} 标准溶液的不断加入，溶液中 Fe^{2+} 的浓度不断减小，而 Fe^{3+} 和 Ce^{3+} 的浓度不断增加，导致 $E_{Ce^{4+}/Ce^{3+}}$ 逐渐减小和 $E_{Fe^{3+}/Fe^{2+}}$ 逐渐增大，最后两个电对的电位相等，即反应达到平衡。此时

$$E_{Ce^{4+}/Ce^{3+}} = E_{Fe^{3+}/Fe^{2+}} \tag{6-6}$$

当反应达到平衡时，则有

$$K = \frac{[Ce^{3+}][Fe^{3+}]}{[Ce^{4+}][Fe^{2+}]}$$

或
$$K' = \frac{c_{Ce^{3+}} c_{Fe^{3+}}}{c_{Ce^{4+}} c_{Fe^{2+}}} \tag{6-7}$$

式中 K 为平衡常数，K' 为条件平衡常数。将式(6-4)和式(6-5)代入式(6-6)中，得

$$E^{\ominus'}_{Ce^{4+}/Ce^{3+}} + 0.059\lg\frac{c_{Ce^{4+}}}{c_{Ce^{3+}}} = E^{\ominus'}_{Fe^{3+}/Fe^{2+}} + 0.059\lg\frac{c_{Fe^{3+}}}{c_{Fe^{2+}}}$$

$$E^{\ominus'}_{Ce^{4+}/Ce^{3+}} - E^{\ominus'}_{Fe^{3+}/Fe^{2+}} = 0.059\lg\frac{c_{Ce^{3+}} c_{Fe^{3+}}}{c_{Ce^{4+}} c_{Fe^{2+}}} \tag{6-8}$$

将式(6-7)代入，得

$$E^{\ominus'}_{Ce^{4+}/Ce^{3+}} - E^{\ominus'}_{Fe^{3+}/Fe^{2+}} = 0.059\lg K'$$

或

$$\lg K' = \frac{E^{\ominus'}_1 - E^{\ominus'}_2}{0.059} \tag{6-9}$$

式中 $E^{\ominus'}_1$ 表示氧化剂电对的条件电极电位，即此例中的铈电对条件电极电位；$E^{\ominus'}_2$ 表示还原剂（即此例中铁）电对的条件电极电位。在 1 mol/L H_2SO_4 条件下

$$E^{\ominus'}_{Ce^{4+}/Ce^{3+}} = 1.44 \text{ V} \quad E^{\ominus'}_{Fe^{3+}/Fe^{2+}} = 0.68 \text{ V}$$

代入式(6-9)中，则

$$\lg K' = \frac{1.44 - 0.68}{0.059} = 12.9$$

即
$$K' = 8.0 \times 10^{12}$$

可见，这一反应进行得很完全。

把上述过程推广到一般氧化还原反应：

$$n_2 Ox_1 + n_1 Red_2 \rightleftharpoons n_2 Red_1 + n_1 Ox_2$$

两电对的半反应及相应的能斯特方程式为

$$Ox_1 + n_1 e = Red_1 \quad E_1 = E^{\ominus'}_1 + \frac{0.059}{n_1}\lg\frac{c_{Ox_1}}{c_{Red_1}}$$

$$Ox_2 + n_2 e = Red_2 \quad E_2 = E^{\ominus'}_2 + \frac{0.059}{n_2}\lg\frac{c_{Ox_2}}{c_{Red_2}}$$

反应达平衡时，$E_1 = E_2$，即

$$E^{\ominus'}_1 + \frac{0.059}{n_1}\lg\frac{c_{Ox_1}}{c_{Red_1}} = E^{\ominus'}_2 + \frac{0.059}{n_2}\lg\frac{c_{Ox_2}}{c_{Red_2}}$$

整理后得

$$E^{\ominus'}_1 - E^{\ominus'}_2 = \frac{0.059}{n_1 n_2}\lg\left[\left(\frac{c_{Ox_1}}{c_{Red_1}}\right)^{n_2}\left(\frac{c_{Ox_2}}{c_{Red_2}}\right)^{n_1}\right]$$

即

$$E_1^{\ominus}{'} - E_2^{\ominus}{'} = \frac{0.059}{n}\lg K'$$

式中 $n = n_1 n_2$，即 n 为两电对得失电子数的最小公倍数，也就是反应式中的电子转移数。上式也可表示为

$$\lg K' = \frac{n(E_1^{\ominus}{'} - E_2^{\ominus}{'})}{0.059} \tag{6-10}$$

如果用标准电极电位表示，则上式转换为

$$\lg K = \frac{E_1^{\ominus} - E_2^{\ominus}}{0.059}$$

从式(6-10)可以看出氧化还原反应的平衡常数 K'(或 K)值的大小是由氧化剂和还原剂两电对的电极电位 $E^{\ominus}{'}$(或 $E^{\ominus}$)之差决定的。差值越大，K 值越大，反应进行得越完全；差值小，反应也就不完全。那么，两电对的差值为多大时，反应才算完全？

已知滴定分析的允许误差小于0.1%，即终点时

$$\frac{c_{\text{Red}_1}}{c_{\text{Ox}_1}} \geqslant 10^3 \qquad \frac{c_{\text{Ox}_2}}{c_{\text{Red}_2}} \geqslant 10^3$$

(1) 当 $n_1 = n_2 = 1$ 时，因

$$K' = \frac{c_{\text{Red}_1}}{c_{\text{Ox}_1}} \times \frac{c_{\text{Ox}_2}}{c_{\text{Red}_2}} \geqslant 10^6$$

所以

$$E_1^{\ominus}{'} - E_2^{\ominus}{'} = 0.059 \lg K' \geqslant 0.059 \times 6$$

即

$$E_1^{\ominus}{'} - E_2^{\ominus}{'} = 0.36 \text{ V}$$

(2) 当 $n_1 = 1, n_2 = 2$ 时，因

$$K' = \left(\frac{c_{\text{Red}_1}}{c_{\text{Ox}_1}}\right)^2 \left(\frac{c_{\text{Ox}_2}}{c_{\text{Red}_2}}\right) \geqslant 10^9$$

所以

$$E_1^{\ominus}{'} - E_2^{\ominus}{'} = \frac{0.059}{2}\lg K' \geqslant \frac{0.059}{2} \times 9$$

即

$$E_1^{\ominus}{'} - E_2^{\ominus}{'} = 0.27 \text{ V}$$

(3) 当 $n_1 = 2, n_2 = 3$ 时，因

$$K' = \left(\frac{c_{\text{Red}_1}}{c_{\text{Ox}_1}}\right)^3 \left(\frac{c_{\text{Ox}_2}}{c_{\text{Red}_2}}\right)^2 \geqslant 10^{15}$$

所以

$$E_1^{\ominus\prime}-E_2^{\ominus\prime}=\frac{0.059}{6}\lg K'\geqslant\frac{0.059}{6}\times15$$

即

$$E_1^{\ominus\prime}-E_2^{\ominus\prime}=0.15\text{ V}$$

一般来说，两电对的电位之差大于 0.4 V，氧化还原反应就能定量进行，就可用于滴定分析，当外界条件改变，电对的 $E^{\ominus\prime}$ 值是可以改变。因此，只要创造适当的外界条件，使两电对的差值 $E^{\ominus\prime}$ 超过 0.4 V，就能满足滴定分析的要求。

四、影响氧化还原反应速度的因素

上面讨论了对于 $n_1=n_2=1$ 的反应，只要 $\lg K'\geqslant6$，即 $K'\geqslant10^6$，反应即符合滴定分析的要求。而且 K' 越大，反应便越完全。但是这只是说明反应发生的可能性而已。如果反应速度很慢，该反应就不能直接用于滴定。例如反应（在稀 H_2SO_4）

$$H_3AsO_3+2Ce^{4+}+H_2O \Longrightarrow H_3AsO_4+2Ce^{3+}+2H^+$$

$$E^{\ominus\prime}_{H_3AsO_4/H_3AsO_3}=0.56\text{ V} \quad E^{\ominus\prime}_{Ce^{4+}/Ce^{3+}}=1.44\text{ V}$$

$$\lg K=\frac{2\times(1.44-0.56)}{0.059}\approx30$$

$$K=10^{30}$$

从平衡常数看，该反应可以进行得非常完全，可是其反应速度却很慢，如不加催化剂，滴定就无法实现。对于一个氧化还原反应，能否直接用于滴定分析，反应速度是一个重要因素。当然，在大多数情况下，总是希望反应能快速进行。如果其反应速度很慢，则必须创造条件加快反应速度。影响反应速度的因素有反应物浓度、溶液的温度、催化剂和诱导反应等。

1. 反应物浓度

根据质量作用定律，反应速度与反应物浓度的乘积成正比。一般说，反应物浓度越大，反应速度越快，对于有 H^+ 参加的反应，提高酸度也能加快反应速度。如 $K_2Cr_2O_7$ 在酸性溶液中与 KI 的反应：

$$Cr_2O_7^{2-}+6I^-+14H^+ \Longrightarrow 2Cr^{3+}+3I_2+7H_2O$$

此反应速度较慢，提高 I^- 和 H^+ 的浓度，可加速反应。KI 过量 5 倍，在 0.4M 酸度下，放置 5 min 反应即可进行完全。但必须指出，许多氧化还原反应是分步进行的，整个反应的速度是由最慢一步决定的，所以不能笼统地按总的氧化还原方程式中各反应物的系数来判断其浓度对速度的影响程度。同时还必须注意，用增加反应物浓度来加快反应速度的方法，只适用于滴定前的一些反应。在直接滴定时不能用此法来加快反应速度。

2. 溶液温度

升高溶液的温度可以加快反应速度，当温度升高 10 ℃时，反应速度一般可以提

高 2~3 倍。例如在酸性溶液中 MnO_4^- 与 $C_2O_4^{2-}$ 反应为

$$2MnO_4^- + 5C_2O_4^{2-} + 16H^+ =\!=\!= 2Mn^{2+} + 10CO_2 + 8H_2O$$

此反应速度较慢。当用 $KMnO_4$ 去滴定 $H_2C_2O_4$,接近计量点时,由于剩余 $H_2C_2O_4$ 很少,反应速度更慢,会影响终点的观察。如果将溶液加热至 80 ℃ 左右,反应速度就大大加快,滴定就可顺利进行。

但是,必须注意,用提高温度来加快反应速度并非都是适用的。如上述 $K_2Cr_2O_7$ 与 KI 反应,加热,则生成的 I_2 挥发而损失。又如 $H_2C_2O_4$ 溶液加热温度过高,时间过长,$H_2C_2O_4$ 分解。再如 Fe^{2+}、Sn^{2+} 等还原性物质,也会因热更易被空气中氧所氧化。在这种情况下,就得采用其他办法提高反应速度。

3. 催化剂的影响

加入催化剂也是加快反应速度的有效方法。如前述及的 H_3AsO_3 与 Ce^{4+} 的反应速度很慢,但如果加入 KI 或者 KIO_3 作催化剂(微量 I^- 存在催化作用),反应就很快进行。并可用 Ce^{4+} 直接滴定 H_3AsO_3。又如上述的 MnO_4^- 与 $C_2O_4^{2-}$ 反应,即使温度升至 80 ℃ 左右,在滴定的最初阶段,MnO_4^- 褪色仍很慢,但如果加入少许 Mn^{2+},反应就能迅速进行。这里的 Mn^{2+} 就起了催化剂的作用。MnO_4^- 与 $C_2O_4^{2-}$ 反应的机理比较复杂,其中有一种解释认为反应可能分下列三步进行。

第一步:$2MnO_4^- + 3Mn^{2+} + 2H_2O =\!=\!= 5MnO_2 + 4H^+$

第二步:$2MnO_2 + C_2O_4^{2-} + 8H^+ =\!=\!= 2Mn^{3+} + 2CO_2 + 4H_2O$

第三步:$2Mn^{3+} + C_2O_4 =\!=\!= 2Mn^{2+} + 2CO_2$

总反应:$2MnO_4^- + 5C_2O_4^{2-} + 16H^+ =\!=\!= 2Mn^{2+} + 10CO_2 + 8H_2O$

由于第一步的反应速度较慢,增加 Mn^{2+} 的浓度,就会加速第一步的反应速度,从而使整个反应速度加快。

如果不加入 Mn^{2+},而是利用反应产物之一的微量 Mn^{2+} 作催化剂,反应也是可以加速的。这种由生成物本身就起催化作用的反应叫作自动催化反应。

4. 诱导反应的影响

有些氧化还原反应在通常情况下不发生或进行极慢,但在另一反应进行时,会促进这一反应的发生,例如

$$2MnO_4^- + 10Cl^- + 16H^+ =\!=\!= 2Mn^{2+} + 5Cl_2 + 8H_2O \tag{6-11}$$

通常该反应进行得很慢,但如有另一反应发生,即

$$MnO_4^- + 5Fe^{2+} + 8H^+ =\!=\!= Mn^{2+} + 5Fe^{3+} + 4H_2O \tag{6-12}$$

将诱导引起式(6-11)反应的进行。这种现象,称为诱导作用或诱导反应。在这两个反应中,式(6-12)的反应称为主反应,式(6-11)的反应称为受诱反应。而 MnO_4^- 称为作用体,Fe^{2+} 称诱导体,Cl^- 称受诱体。

应该指出的是,诱导反应与催化反应不同。前者诱导体和受诱体参加反应后变

成了其他物质。而后者催化剂参加反应后恢复了其原来状态。

如果主反应是滴定反应,诱导反应将增加作用体的消耗而给分析带来误差。例如在 HCl 溶液中用 $KMnO_4$ 滴定 Fe^{2+},$KMnO_4$ 的消耗量会增多,引起正误差。

诱导反应的发生,一般认为是反应过程中形成了具有更强的氧化能力的不稳定中间产物所致。例如反应(6-12)诱导了 Cl^- 的氧化,是由于 MnO_4^- 氧化 Fe^{2+} 过程中形成了一系列锰的中间产物 Mn(Ⅵ)、Mn(Ⅴ)、Mn(Ⅳ)、Mn(Ⅲ),均能氧化 Cl^-,因而出现了诱导反应。若加入大量的 Mn^{2+},可使这些中间体迅速变成 Mn(Ⅲ)。在大量 Mn^{2+} 存在下,若又有 H_3PO_4 络合 Mn(Ⅲ),则 Mn(Ⅲ)/Mn(Ⅱ) 电对的电位降低,Mn(Ⅲ) 就不能氧化 Cl^-。因此在 HCl 介质中用 $KMnO_4$ 测定 Fe^{2+},只要溶液中加入 $MnSO_4$-H_3PO_4-H_2SO_4 混合溶液(称防止溶液)就能准确进行测定,消除了正误差的引入。

五、氧化还原滴定曲线

氧化还原滴定过程中,随着标准溶液的加入,氧化态和还原态的相对浓度不断变化,引起电极电位的变化。这种电位的变化情况和酸碱滴定、配位滴定相似,可以用相关滴定曲线来表示。各个滴定点的电位可以用实验的方法测量得到,也可以根据 Nernst 方程式计算得到,以滴定剂加入的百分数为横坐标,以电对电位 E 为纵坐标作图,可得到滴定曲线。现以 0.1000 mol/L $Ce(SO_4)_2$ 溶液滴定 20.00 mL 0.1000 mol/L Fe^{2+}(1 mol/L H_2SO_4 中)溶液为例,计算不同滴定阶段时的电位。

滴定反应为

$$Ce^{4+}+Fe^{2+}\Longrightarrow Ce^{3+}+Fe^{3+}$$

在 1 mol/L H_2SO_4 中,$E^{\ominus\prime}_{Ce^{4+}/Ce^{3+}} = +1.44$ V,$E^{\ominus\prime}_{Fe^{3+}/Fe^{2+}} = +0.68$ V。

需要注意的是,滴定前为 Fe^{2+} 溶液,根据 Nernst 方程式,当 $c_{Fe^{3+}}=0$,电位为负无穷大,实际上这是不可能的。溶液中或多或少总会存在痕量 Fe^{3+},但由于其浓度不知道,所以滴定前的电位无法计算,在滴定曲线上这一点也无法绘出来。

1. 滴定开始至计量点前电位

计量点前,Fe^{2+} 过量,可根据 Fe^{3+}/Fe^{2+} 电对的电极电位变化来计算。

(1) 当加入 10.00 mL Ce^{4+} 溶液时,有 50% Fe^{2+} 被氧化成 Fe^{3+}。此时

$$c_{Fe^{3+}} = c_{Fe^{2+}},$$

所以,$E = E^{\ominus\prime}_{Fe^{3+}/Fe^{2+}}+0.059\lg 1 = 0.68+0 = +0.68(\text{V})$。

(2) 当加入 19.98 mL Ce^{4+} 溶液时,有 99.9% Fe^{2+} 被氧化。此时

$$c_{Fe^{3+}}/c_{Fe^{2+}} = 99.9\%/0.1\% = 999$$

所以,$E = E^{\ominus\prime}_{Fe^{3+}/Fe^{2+}}+0.059\lg 999 = 0.68+0.18 = +0.86(\text{V})$。

2. 计量点的电位

此时加入 20.00 mL Ce^{4+} 溶液。反应到达计量点,两电对的电位相等,即

$$E_{计} = E_{Ce^{4+}/Ce^{3+}} = E_{Fe^{3+}/Fe^{2+}}$$

而

$$E_{Ce^{4+}/Ce^{3+}} = E_{Ce^{4+}/Ce^{3+}}^{\ominus\prime} + 0.059\lg\frac{c_{Ce^{4+}}}{c_{Ce^{3+}}} \tag{6-13}$$

$$E_{Fe^{3+}/Fe^{2+}} = E_{Fe^{3+}/Fe^{2+}}^{\ominus\prime} + 0.059\lg\frac{c_{Fe^{3+}}}{c_{Fe^{2+}}} \tag{6-14}$$

将式(6-13)和式(6-14)相加得

$$2E_{计} = E_{Fe^{3+}/Fe^{2+}}^{\ominus\prime} + E_{Ce^{4+}/Ce^{3+}}^{\ominus\prime} + 0.059\lg\frac{c_{Fe^{3+}}}{c_{Fe^{2+}}} \times \frac{c_{Ce^{4+}}}{c_{Ce^{3+}}}$$

由滴定反应可知,在计量点时,$c_{Ce^{4+}} = c_{Fe^{2+}}$,$c_{Ce^{3+}} = c_{Fe^{3+}}$,所以

$$\lg\frac{c_{Ce^{4+}}c_{Fe^{3+}}}{c_{Ce^{3+}}c_{Fe^{2+}}} = 0$$

所以,$E_{计} = 1.06$ V。

3. 计量点后电位

因 Ce^{4+} 过量,可用 Ce^{4+}/Ce^{3+} 电对来计算。当加入 20.02 mL Ce^{4+} 溶液时,$c_{Ce^{4+}}/c_{Ce^{3+}} = 0.02/20.00 = 1/1000$,所以

$$E_{Ce^{4+}/Ce^{3+}} = E_{Ce^{4+}/Ce^{3+}}^{\ominus\prime} + 0.059\lg\frac{1}{1000} = 1.26(V)$$

将不同滴定点 E 值计算结果列于表 6-1,并绘制成滴定曲线如图 6-1。氧化还原滴定突跃的大小与氧化剂和还原剂两电对的 $E^{\ominus\prime}$(或 $E^{\ominus}$)差值大小有关。差值越大,滴定突跃范围越大,反之就越小,而与氧化剂和还原剂的浓度基本无关。

表 6-1　用 $Ce(SO_4)_2$ 滴定 Fe^{2+} 的电位变化

Ce^{4+} 溶液加入量/mL	Fe^{2+} 滴定百分数/%	$\dfrac{c_{Fe^{3+}}}{c_{Fe^{2+}}}$	$\dfrac{c_{Ce^{4+}}}{c_{Ce^{3+}}}$	E/V	
2.00	10	1/9		0.62	
10.00	50	1		0.68	
18.00	90	9		0.74	
19.80	99	99		0.80	
19.98	99.9	999		0.86	⎫
20.00	100.0			1.06	⎬ 滴定突跃
20.02	100.1		1/1000	1.26	⎭
20.20	101.1		1/100	1.32	
22.00	110.0		1/10	1.38	
40.00	200.0		1	1.44	

将表 6-1 数据作图作滴定曲线。

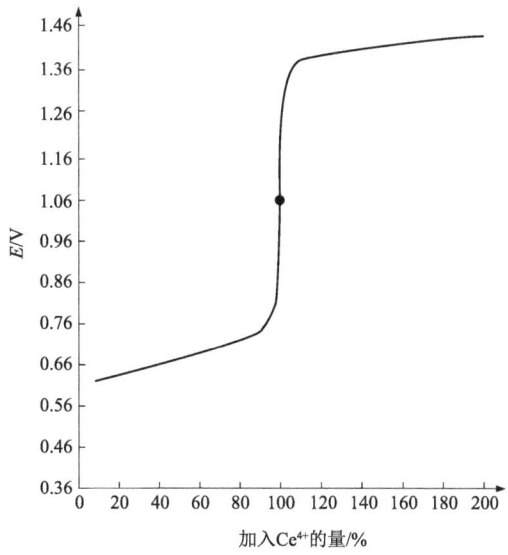

图 6-1 Ce^{4+} 滴定 Fe^{2+} 曲线

对于 Ce^{4+} 滴定 Fe^{2+},滴定突跃范围为 0.86~1.26 V,正好处于突跃中间。计量点前后,曲线基本上是对称的,因为反应中得、失电子数均为 1。对于 $n_1 \ne n_2$ 氧化还原反应,滴定曲线在计量点附近是不对称的,计量点 E 值不在滴定突跃中间,而是偏向得/失电子数较多的一方。如 KMnO$_4$ 滴定 Fe^{2+} 的反应(1 mol/L HClO$_4$):

$$MnO_4^- + 5Fe^{2+} + 8H^+ = Mn^{2+} + 5Fe^{3+} + 4H_2O$$

$$E^{\ominus\prime}_{MnO_4^{2-}/Mn^{2+}} = 1.45 \text{ V} \qquad E^{\ominus\prime}_{Fe^{3+}/Fe^{2+}} = 0.77 \text{ V}$$

计量点电位

$$E_{计} = \frac{5E^{\ominus\prime}_{MnO_4^{2-}/Mn^{2+}} + E^{\ominus\prime}_{Fe^{3+}/Fe^{2+}}}{6}$$

$$= \frac{5 \times 1.45 + 0.77}{6}$$

$$= 1.34 \text{ (V)} \text{ (偏向 MnO}_4^-/Mn^{2+}\text{电对的一方)}$$

n_1 和 n_2 相差越大,计量点越偏向得/失电子数较多(即 n 较大)的一方。在选择氧化还原指示剂时应注意计量点在滴定突跃中的位置。

对于一般氧化还原滴定而言,计量点电位可用下式计算:

$$E_{计} = \frac{n_1 E^{\ominus\prime}_1 + n_2 E^{\ominus\prime}_2}{n_1 + n_2} \tag{6-15}$$

式中 n_1,n_2 分别为氧化剂和还原剂得/失电子数。$E^{\ominus\prime}_1$、$E^{\ominus\prime}_2$ 分别为氧化剂和还原剂的条件电极电位(如查不到 $E^{\ominus\prime}$ 可用 $E^{\ominus}$ 代替)。此式仅适用于同一物质在反应前后反应系数相等的情况。如果系数不相等,例如

$$Cr_2O_7^{2-} + 6Fe^{2+} + 14H^+ = 2Cr^{3+} + 6Fe^{3+} + 7H_2O$$

$$E_{计} = \frac{1}{7}\left(6 \times E^{\ominus\prime}_{Cr_2O_7^{2-}/2Cr^{3+}} + 1 \times E^{\ominus\prime}_{Fe^{3+}/Fe^{2+}} + 0.0591 \lg \frac{1}{2c_{Cr^{3+}}}\right)$$

式(6-15)就不适用了。

还应注意,氧化还原滴定曲线,常因介质不同而改变曲线位置和滴定突跃的长短。例如图 6-2 是用 $KMnO_4$ 在不同介质中滴定 Fe^{2+} 的滴定曲线。

曲线说明,计量点前曲线位置决定于 $E^{\ominus\prime}_{Fe^{3+}/Fe^{2+}}$,其大小与 Fe^{3+} 和介质阴离子的络合作用有关。由于 PO_4^{3-} 和 Fe^{3+} 形成稳定的无色 $[Fe(HPO_4)]^+$ 络离子而使 Fe^{3+}/Fe^{2+} 的条件电极电位降低。在 0.5 mol/L HCl 介质中,$E^{\ominus\prime}_{Fe^{3+}/Fe^{2+}} = 0.71$ V,在 2 mol/L H_3PO_4 和 HCl 介质中,滴定 Fe^{2+} 的曲线起点位置最低,滴定突跃最长,从 0.46 V 开始。因此无论用 $Ce(SO_4)_2$、$KMnO_4$ 还是 $K_2Cr_2O_7$ 标准溶液滴定 Fe^{2+},在 H_3PO_4 和 HCl 溶液中,终点时颜色变化都较敏锐。计量点后,曲线位置决定于 $E^{\ominus\prime}_{MnO_4^{2-}/Mn^{2+}}$,其值大小主要与溶液 H^+ 浓度有关。

$$E = E^{\ominus\prime}_{MnO_4^{2-}/Mn^{2+}} + \frac{0.059}{5}\lg\frac{[MnO_4^{2-}][H^+]^8}{[Mn^{2+}]}$$

由于 $HClO_4$ 最强,而且与 Fe^{3+} 形成络合物的趋向很小,所以在 $HClO_4$ 介质中用 $KMnO_4$ 滴定 Fe^{2+},计量点后曲线位置最高。

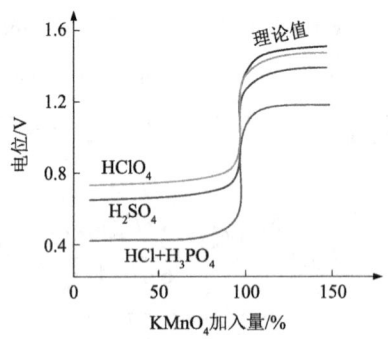

图 6-2 $KMnO_4$ 在不同介质中滴定 Fe^{2+} 的滴定曲线

六、氧化还原滴定中的指示剂

在氧化还原滴定法中,可以用电位法确定终点,也可以根据所使用的标准溶液的不同,选用不同类型的指示剂来确定滴定终点。后者的指示剂有以下三类:

1. 自身指示剂

如果标准溶液本身有很深的颜色,而滴定产物为无色或颜色很浅,这样可以利用计量点稍有过量的标准溶液来指示终点。例如 $KMnO_4$ 具有很深的紫红色,用它来滴定 Fe^{2+}、$C_2O_4^{2-}$ 溶液时,反应产物 Mn^{2+}、Fe^{3+}、CO_2 颜色很浅或是无色的。滴定到计量点后,只要有很少过量的 MnO_4^- 就使溶液呈现淡紫红色,指示滴定终点的到达。

2. 专属指示剂

这种指示剂,本身不具有氧化还原性,但它能与标准溶液或产物产生特殊的颜色,因而可指示滴定终点。例如可溶性淀粉与 I_2 生成深蓝色吸附化合物,反应灵敏,蓝色的出现或消失指示终点。又如用 Fe^{3+} 滴定 Sn^{2+},可用 KSCN 为指示剂,当溶液出现红色即为终点。

3. 氧化还原指示剂

这类指示剂本身具有氧化还原性质,它的氧化态和还原态具有不同的颜色。在滴定中,因被氧化或还原而发生颜色变化指示终点。

若以 $In_{(Ox)}$ 和 In_{Red} 分别表示指示剂的氧化态和还原态,则其氧化还原半反应和指示剂电对的电位为

$$In_{(Ox)} + ne^- = In_{(Red)}$$

$$E = E^{\ominus\prime}_{In_{(Ox)}/In_{(Red)}} + \frac{0.059}{n} \lg \frac{c_{In_{(Ox)}}}{c_{In_{(Red)}}}$$

$E^{\ominus\prime}_{In_{(Ox)}/In_{(Red)}}$ 表示指示剂的条件电极电位,如果 $In_{(Ox)}$ 和 $In_{(Red)}$ 的颜色强度相差不大,当 $c_{In_{(Ox)}}/c_{In_{(Red)}}$ 从 $\frac{10}{1}$ 变到 $\frac{1}{10}$ 时,指示剂从氧化态颜色变为还原态颜色,相应的指示剂变色的单位范围是

$$E^{\ominus\prime}_{In_{(Ox)}/In_{(Red)}} \pm \frac{0.059}{n} (V)$$

选择指示剂的原则是指示剂的变色点电位在滴定突跃电位范围内。

一些常用的氧化还原指示剂列于表 6-2 中。这类指示剂应用比前两类广泛,因为它们不只是对某种离子有特效,而且对氧化还原反应普遍适用。

表 6-2 常用的氧化还原指示剂

指示剂	分子式	颜色变化		$E^{\ominus\prime}_{In_{(Ox)}/In_{(Red)}}/V$
		氧化型	还原型	$[H^+] = 1$
二苯胺	$C_{12}H_{11}N$	紫	无色	+0.76
二苯胺磺酸钠	$C_{12}H_{10}O_3NSNa$	紫红	无色	+0.85
邻苯氨基苯甲酸	$C_{12}H_{11}ON_2$	紫红	无色	+0.89
邻二氮菲	$C_{12}H_8N_2 \cdot H_2O$	浅蓝	红	+1.06

例如,在 1 mol/L H_2SO_4 溶液中,用 Ce^{4+} 滴定 Fe^{2+},前已计算出滴定突跃电位范围是 0.86~1.26 V,显然选择邻苯氨基苯甲酸($E^{\ominus\prime}_{In_{(Ox)}/In_{(Red)}}$ = 0.89 V)和邻二氮菲($E^{\ominus\prime}_{In_{(Ox)}/In_{(Red)}}$ = 1.06 V)为指示剂是合适的。

第三节 氧化还原滴定法的应用

根据所用标准溶液的不同,氧化还原滴定法常分为高锰酸钾法、重铬酸钾法、碘量法和溴酸盐法等。各种方法都有其特点和应用范围,可根据实际测定情况选用。

一、高锰酸钾法

(一)概述

$KMnO_4$ 是强氧化剂,氧化作用与酸度有关。强酸介质中半反应为

$$MnO_4^- + 8H^+ + 5e^- = Mn^{2+} + 4H_2O \qquad E^{\ominus\prime}_{MnO_4^-/Mn^{2+}} = 1.51 \text{ V}$$

在中性或酸性或中等碱性介质中半反应为

$$MnO_4^- + 2H_2O + 3e^- = MnO_2 + 4OH^- \qquad E^{\ominus\prime}_{MnO_4^-/MnO_2} = 0.59 \text{ V}$$

在强碱性介质中

$$MnO_4^- + e^- = MnO_4^{2-} \qquad E^{\ominus\prime}_{MnO_4^-/MnO_4^{2-}} = 0.56 \text{ V}$$

从上述 $KMnO_4$ 的 $E^{\ominus}$ 看,$KMnO_4$ 在强酸介质中,氧化能力最强。因此,一般在强酸介质中测定还原性物质。但若用于测定有机物,宜在碱性溶液中进行,因为在碱性介质中反应快。

$KMnO_4$ 法可以直接测定 I^-、Br^-、H_2S、Fe^{2+}、Sn^{2+}、As^{3+}、H_2O_2、NO_2^-、SCN^-、CN^-、$S_2O_3^{2-}$、SO_3^{2-} 等还原性物质;也可以测定草酸、脂肪酸、芳香酸的有机物和某些醇、醛、酚和一些含氮有机物。某些非氧化还原性物质也可以用 $KMnO_4$ 法间接进行测定。如利用 $C_2O_4^{2-}$ 来沉淀 Ca^{2+},将沉淀的 CaC_2O_4 溶于稀 H_2SO_4 后,再用 $KMnO_4$ 滴定 $C_2O_4^{2-}$,间接求出 Ca^{2+} 的含量。

本法的优点是氧化能力强,应用广泛,自身指示剂。缺点为 $KMnO_4$ 杂质含量较多,为非基准物质,间接法配制标准溶液;而且标准溶液不够稳定,浓度易变化;另外滴定的选择性较差。

(二)标准溶液的配制与标定

市售的 $KMnO_4$ 纯度一般为 99%~99.5%,含有 Cl^-、SO_4^{2-}、NO_3^- 等杂质。必须采用间接法配制。配制好的标准溶液,置于带玻璃塞的棕色瓶中,放置暗处 2~3 天,再用玻璃砂蕊漏斗滤去析出的 MnO_2 沉淀,然后标定后备用。标定 $KMnO_4$ 溶液的基准物质有 $H_2C_2O_4$、$Na_2C_2O_4$、As_2O_3、$(NH_4)_2SO_4$、$FeSO_4 \cdot 6H_2O$ 及 KI、纯电解铁等。一般用易于制纯且性质稳定的 $Na_2C_2O_4$ 来标定。在 105~110 ℃烘干无水 $Na_2C_2O_4$ 2 小时,冷却后即可在 H_2SO_4 溶液中进行标定。反应为

$$2MnO_4^- + 5C_2O_4^{2-} + 16H^+ = 2Mn^{2+} + 10CO_2 + 8H_2O$$

为使反应定量进行,应注意以下滴定条件:

(1) 需加热至 70~80 ℃。温度低,反应速度慢,但高于 90 ℃,则 $H_2C_2O_4$ 部分分解:$H_2C_2O_4 =\!=\!= CO_2+CO+H_2O$,导致结果偏高。

(2) 在 H_2SO_4 介质中进行。滴定开始酸度约为 1 mol/L。不用 HCl 介质是为防止诱导氧化 Cl^- 的反应发生,酸度过低,MnO_4^- 会部分被还原成 MnO_2;酸度过高,会使 $H_2C_2O_4$ 分解。

(3) 滴定速度应慢—快—慢。若不外加 Mn^{2+} 作自动催化,则开始滴定速度应特别慢。加一滴 $KMnO_4$ 后,等溶液中 $KMnO_4$ 褪色后再加第二滴。第二滴褪色后再加第三滴。溶液中有了较多的 Mn^{2+} 后,滴定速度可以适当快些。近终点时,$KMnO_4$ 褪色较慢,滴定速度也要慢,滴至刚好不褪色即为终点。

(三) 应用示例

过氧化氢的测定:在酸性溶液中,H_2O_2 与 $KMnO_4$ 反应为

$$2MnO_4^- + 5H_2O_2 + 6H^+ =\!=\!= 2Mn^{2+} + 5O_2 + 8H_2O$$

反应在室温下进行。滴定开始时反应较慢,随着 Mn^{2+} 的生成而加速。也可加入少量 $MnSO_4$ 为催化剂。若 H_2O_2 含有有机物,会使测定结果偏高,因有机物也消耗 $KMnO_4$,改用碘量法为好。

二、重铬酸钾法

(一) 概述

在酸性介质中,$K_2Cr_2O_7$ 也是一种相当强的氧化剂,半反应为

$$Cr_2O_7^{2-} + 14H^+ + 6e^- =\!=\!= 2Cr^{3+} + 7H_2O \qquad E^{\ominus'}_{Cr_2O_7^{2-}/Cr^{3+}} = 1.33 \text{ V}$$

可测定 Fe^{2+} 及 H_2SO_3 等无机物和对苯二酚、乙二醇、苯甲酸等有机物。

该法优点是 $K_2Cr_2O_7$ 易制纯,为基准物质,可用直接法配制标准溶液,无须标定;标准溶液很稳定,可长期保存;在稀 HCl 中不与 Cl^- 反应可在 HCl 介质中测定还原性物质。缺点为 $K_2Cr_2O_7$ 有毒,废液会污染环境。

(二) 应用示例

铁矿石含铁的测定:其方法为试样用热浓 HCl 溶解,趁热用 $SnCl_2$ 还原 Fe^{3+} 为 Fe^{2+}。冷却后,过量的 $SnCl_2$ 用 $HgCl_2$ 氧化。然后加水稀释,并加入 H_2SO_4 和 H_3PO_4 及二苯氨磺酸钠指示剂,立即用 $K_2Cr_2O_7$ 标准溶液滴定至溶液由绿色(Cr^{3+})变为紫红色(指示剂的氧化型颜色)。

此测定中各试剂的作用为:HCl 为溶剂,溶解试样;$SnCl_2$ 将 Fe^{3+} 还原为 Fe^{2+},$HgCl_2$ 除去过量的 $SnCl_2$;H_2SO_4 使溶液呈一定的酸度;H_3PO_4 降低 Fe^{3+}/Fe^{2+} 电对的电位,使指示剂的条件电极电位落在滴定突跃电位范围内,还可与 Fe^{3+} 反应生成无色的 $Fe(HPO_4)_2^-$,消除了 Fe^{3+} 的黄色影响,有利于终点的观察。

此法简便快捷而准确。但因试剂 $HgCl_2$ 毒性大,会引起严重的环境污染。目前

已出现了"无汞滴定法",即试样分解后,先用 $SnCl_2$ 还原大部分的 Fe^{3+},再用钨酸钠作指示剂,滴加 $TiCl_3$ 还原剩余的 Fe^{3+} 后,稍过量的 $TiCl_3$ 还原 $Na_2WO_4(VI)$ 生成 $W(V)$,出现蓝色的钨蓝表示 Fe^{3+} 已定量还原。然后用水稀释溶液,过量的 Ti^{3+},利用空气或滴加 $K_2Cr_2O_7$ 氧化至蓝色褪去。其后的测定步骤与单独使用 $SnCl_2$ 还原相同。

三、碘量法

(一)概述

碘量法基于 I_2 的氧化性和 I^- 的还原性进行测定。半反应为

$$I_2 + 2e^- = 2I^- \quad E^{\ominus}_{I_2/I^-} = 0.54 \text{ V}$$

由于 I_2 是较弱的氧化剂,只能与较强的还原剂反应;而 I^- 为中强的还原剂,能与较多的氧化剂反应。因此,碘量法可用直接和间接两种方式进行。直接碘量法是用 I_2 标准溶液直接滴定 $S_2O_3^{2-}$、As^{3+}、SO_3^{2-}、Sn^{2+}、SO_2 等物质。间接碘量法是用 $Na_2S_2O_3$ 标准溶液滴定由 I^- 与氧化性物质作用所析出的 I_2,可间接测定 MnO_4^-、$K_2Cr_2O_7$、Cu^{2+}、Fe^{3+}、H_2O_2 等物质。后者比前者具有更广泛的应用。

碘量法的指示剂为淀粉,其灵敏度甚高,I_2 的浓度为 1×10^{-5} mol/L,显蓝色(直接碘量法)或蓝色消失(间接碘量法)即为终点。

碘量法不仅适用于酸性介质,而且可在中性或弱碱性介质中滴定,而且又有灵敏度高的淀粉作通用指示剂,因此该法是一个应用十分广泛的滴定法。

I_2 的挥发和 I^- 被空气氧化,是碘量法中两个主要误差来源,应采取措施减小其影响。如加入过量 KI 与 I_2 形成较难挥发的 I_3^-,反应在低温下进行,滴定时不剧烈摇动溶液,用碘量瓶进行滴定,I_2 标准溶液贮藏于棕色瓶中,反应析出的 I_2,立即用 $Na_2S_2O_3$ 标准溶液滴定,滴定速度可适当快些等。

(二)标准溶液的配制与标定

碘量法标准溶液分别是 I_2 和 $Na_2S_2O_3$。前者为直接碘量法,后者为间接碘量法。

1. I_2 标准溶液的配制与标定

I_2 挥发性强,准确称量较困难,因此一般用间接法配制。先将一定量的 I_2 溶于 KI 溶液中,然后稀释至一定体积,溶液贮于棕色瓶中。为了避免浓度发生变化,应防止遇热和与有机物接触。碘液的标定,可用已知准确浓度的 $Na_2S_2O_3$ 标定,也可用 As_2O_3 基准物质标定。As_2O_3 难溶于水而可溶于碱。其反应为

$$As_2O_3 + 6OH^- = 2AsO_3^{3-} + 3H_2O$$

在 pH 8~9,I_2 与 AsO_3^{3-} 快速定量反应:

$$I_2 + AsO_3^{3-} + H_2O = AsO_4^{3-} + 2I^- + 2H^+$$

标定时先酸化试液,再加入 $NaHCO_3$ 调节溶液的 pH 为 8~9。说明一下,升华的碘,纯度高,也可用直接法(要快速称取)配制 I_2 标准溶液。

2. $Na_2S_2O_3$ 标准溶液的配制与标定

$Na_2S_2O_3 \cdot 5H_2O$ 含有少量杂质（S、NaCl、Na_2SO_4、Na_2CO_3 等），不能作基准物质，采用间接法配制标准溶液。而且其浓度在放置过程中易发生变化。其原因是：

(1) 被酸分解。

当 pH<4.6 时，会形成很不稳定的 $H_2S_2O_3$，而分解为 HSO_3^- 及 S。当溶液含有 CO_2 时，会促其分解。反应为

$$S_2O_3^{2-} + CO_2 + H_2O = HSO_3^- + HCO_3^- + S\downarrow$$

(2) 空气的氧化作用。

$$2Na_2S_2O_3 + O_2 = 2Na_2SO_4 + 2S\downarrow$$

少量 Cu^{2+} 杂质能加速此反应。

(3) 微生物的作用。

空气中细菌吸收硫，促使 $S_2O_3^{2-} \rightarrow SO_3^{2-} + S$ 的反应，所生成的 SO_3^{2-} 又被空气氧化成 SO_4^{2-}。

因此配制 $Na_2S_2O_3$ 标准溶液时，应当用新煮沸并冷却的蒸馏水，以除去水中溶解的 CO_2 和 O_2 并杀死细菌；并加入少量的 Na_2CO_3 使溶液呈弱碱性以抑制细菌生长；溶液贮于棕色瓶中，置于暗处，经一段时间后溶液达稳定，再用基准物质标定其浓度。若溶液出现浑浊，即有 S 析出，则必须重新配制。

标定 $Na_2S_2O_3$ 的基准物质可用 $K_2Cr_2O_7$、KIO_3、$KBrO_3$ 等，但都采用间接法标定。称取一定量的氧化物，在酸性溶液中与过量 KI 反应，析出的 I_2 加淀粉指示剂，用 $Na_2S_2O_3$ 溶液滴定。例如以 $K_2Cr_2O_7$ 作基准物质，反应为

$$Cr_2O_7^{2-} + 6I^- + 14H^+ = 2Cr^{3+} + 3I_2 + 7H_2O$$
$$I_2 + 2S_2O_3^{2-} = 2I^- + S_4O_6^{2-}$$

为了加速反应，需加入过量 KI，并提高酸度。但酸度过高，I^- 易被空气氧化。一般酸度控制在 0.4 mol/L 左右，并放在暗处 5 min，以使反应完成。滴定前，要稀释溶液，这是为了使溶液的酸度降低，减少空气氧化 I^- 和使 Cr^{3+} 绿色减弱，以利终点观察。

(三) 应用示例

1. 钢铁中硫的测定——直接碘量法

将试样与金属锡（作助溶剂）置于瓷盘中。放入 1300 ℃ 的管式炉中，并通入空气使硫氧化成 SO_2，用水吸收，以淀粉为指示剂，用 I_2 标准溶液滴定。

2. 硫酸铜中铜的测定——间接碘量法

该法基于 Cu^{2+} 与过量 KI 反应定量地析出 I_2，以淀粉为指示剂，用 $Na_2S_2O_3$ 标准溶液滴定。有关反应为

$$2Cu^{2+} + 4I^- = 2CuI\downarrow + I_2$$
$$I_2 + 2S_2O_3^{2-} = 2I^- + S_4O_6^{2-}$$

CuI 沉淀表面会吸附一些 I_2 导致结果偏低,但可加入 KSCN,使 CuI 沉淀转化为溶解度更小的 CuSCN 沉淀,而释放出被吸收的 I_2,以提高测定的准确度。反应为

$$CuI+SCN^- = CuSCN\downarrow +I^-$$

必须注意,KSCN 应当在接近终点时加入,否则,SCN^- 会直接还原 Cu^{2+} 导致结果偏低。反应为

$$6Cu^{2+}+7SCN^-+4H_2O = 6CuSCN\downarrow +SO_4^{2-}+HCN+7H^+$$

矿石或合金中的铜,也可用该法测定。但必须设法消除其他能氧化 I^- 的离子以避免干扰,如 Fe^{3+}、As(Ⅴ)和 Sb(Ⅴ)。

3. 石油产品中水分的测定——卡尔·费休法

石油产品的水分对石油产品的质量有重要影响,石油产品中水分蒸发时要吸收热量,会使油品发热量降低,石油产品中水会溶解新加入的抗氧化剂,加速油品的生胶过程,影响燃料油的安全性。另外,水分也会占有油品的体积,影响油品的价格消耗、不必要的运输和储存设备的空间,因此需对石油产品中的水分加以测定和限制。

卡尔·费休法简称费休法,是 1935 年卡尔·费休提出的测定水分的容量分析方法,对水分的测定具有专属性,适用于许多无机化合物和有机化合物中含水量的测定,可快速测定液体、固体、气体中的水分含量,是最专一、最准确的化学方法。

此方法的测定原理是:根据 I_2 和 SO_2 在吡啶和甲醇溶液中能与 H_2O 定量反应,从而测定 H_2O 的含量。

总反应为

$$I_2+SO_2+3C_5H_5N+CH_3OH+H_2O \rightarrow 2C_5H_5NHI+C_5H_5NHOSO_3CH_3$$

其中吡啶和甲醇的存在能防止副反应,使反应定量向右进行。滴定终点可根据溶液由浅黄色变为红棕色来判断(I_2 自身指示剂法),最好用永停滴定法来指示。反应物中的碘、无水吡啶、无水甲醇和二氧化硫通称为费休氏试剂。费休氏试剂不稳定,组分间易发生反应也易吸水,所以往往将其分成两种溶液:一种是碘的甲醇溶液,该溶液较稳定,作为滴定剂使用;另一种由吡啶、甲醇和二氧化硫组成,试样引入此溶液中滴定。

四、其他氧化还原滴定法

(一)铈量法

Ce^{4+} 在 1 mol/L H_2SO_4 中的 $E^{\ominus\prime}_{Ce^{4+}/Ce^{3+}} = +1.44$ V,是强氧化剂,其氧化性与 $KMnO_4$ 差不多。凡 $KMnO_4$ 能测定的物质,几乎都能用该法测定。

标准溶液可用 $Ce(SO_4)_2 \cdot 2(NH_4)_2SO_4 \cdot 2H_2O$ 基准物质用直接法配制,也可用纯度较差的铈(Ⅳ)盐用间接法配制,再用 As_2O_3 或 $Na_2C_2O_4$ 基准物质标定其浓度。Ce^{4+} 标准溶液相当稳定,又能在较浓的 HCl 溶液中滴定,且反应简单,副反应少。但

铈盐价贵,实际应用不多。

(二)溴酸钾法

$KBrO_3$ 在酸性溶液中是强氧化剂,可以直接测定 As(Ⅲ)、Sn(Ⅱ)等还原性物质。利用溴酸钾在酸性溶液中与溴化物作用生成游离溴,反应为 $BrO_3^- + 5Br^- + 6H^+ \Longrightarrow 3Br_2 + 3H_2O$,生成的 Br_2 又能与有机物发生反应,从而可测定有机物。

习 题

1. 在 1 mol/L HCl 溶液中用 Fe^{3+} 溶液滴定 Sn^{2+} 时,计算:
   (1) 此氧化还原反应的平衡常数及化学计量点时反应进行的程度;
   (2) 滴定的电位突跃范围。

在此滴定中应选用什么指示剂,用所选指示剂时滴定终点是否和化学计量点一致?

2. 在酸性溶液中用高锰酸钾法测定 Fe^{2+} 时,$KMnO_4$ 溶液的浓度是 0.02484 mol/L,求用(1) Fe;(2) Fe_2O_3;(3) $FeSO_4 \cdot 7H_2O$ 表示的滴定度。

3. 称取软锰矿试样 0.5000 g,在酸性溶液中将试样与 0.6700 g 纯 $Na_2C_2O_4$ 充分反应,最后以 0.02000 mol/L $KMnO_4$ 溶液滴定剩余的 $Na_2C_2O_4$,至终点时消耗 30.00 mL。计算试样中 MnO_2 的质量分数。

4. 称取褐铁矿试样 0.4000 g,用 HCl 溶解后,将 Fe^{3+} 还原为 Fe^{2+},用 $K_2Cr_2O_7$ 标准溶液滴定。若所用 $K_2Cr_2O_7$ 溶液的体积(以 mL 为单位)与试样中 Fe_2O_3 的质量分数相等。求 $K_2Cr_2O_7$ 溶液对铁的滴定度。

5. 盐酸羟氨($NH_2OH \cdot HCl$)可用溴酸钾法和碘量法测定。量取 20.00 mL $KBrO_3$ 溶液与 KI 反应,析出的 I_2 用 0.1020 mol/L 溶液滴定,需用 19.61 mL。1 mL $KBrO_3$ 溶液相当于多少毫克的 $NH_2OH \cdot HCl$?

6. 称取含 KI 的试样 1.000 g 溶于水。加 10 mL 0.05000 mol/L KIO_3 溶液处理,反应后煮沸驱尽所生成的 I_2,冷却后,加入过量 KI 溶液与剩余的 KIO_3 反应。析出的 I_2 需用 21.14 mL 0.1008 mol/L $Na_2S_2O_3$ 溶液滴定。计算试样中 KI 的质量分数。

7. 将 1.000 g 钢样中的铬氧化成 $Cr_2O_7^{2-}$,加入 25.00 mL 0.1000 mol/L $FeSO_4$ 标准溶液,然后用 0.0180 mol/L $KMnO_4$ 标准溶液 7.00 mL 回滴剩余的 $FeSO_4$ 溶液。计算钢样中铬的质量分数。

8. 10.00 mL 市售 H_2O_2(相对密度 1.010)需用 36.82 mL 0.02400 mol/L $KMnO_4$ 溶液滴定,计算试液中 H_2O_2 的质量分数。

9. 称取铜矿试样 0.6000 g,用酸溶解后,控制溶液的 pH 为 3~4,用 20.00 mL $Na_2S_2O_3$ 溶液滴定至终点。1 mL $Na_2S_2O_3$ 溶液相当于 0.004175 g $KBrO_3$。计算

$Na_2S_2O_3$ 溶液的准确浓度及试样中 Cu_2O 的质量分数。

10. 现有硅酸盐试样 1.000 g,用重量法测定其中铁及铝时,得到 Fe_2O_3 和 Al_2O_3 沉淀共重 0.5000 g。将沉淀溶于酸并将 Fe^{3+} 还原成 Fe^{2+} 后,用 0.03333 mol/L $K_2Cr_2O_7$ 溶液滴定至终点时用去 25.00 mL。试样中 FeO 及 Al_2O_3 的质量分数各为多少?

11. 称取含有 As_2O_3 与 As_2O_5 的试样 1.500 g,处理为含 AsO_3^{3-} 和 AsO_4^{3-} 的溶液。将溶液调节为弱碱性,以 0.05000 mol/L 碘溶液滴定至终点,消耗 30.00 mL。将此溶液用盐酸调节至酸性并加入过量 KI 溶液,释放出的 I_2 再用 0.3000 mol·L^{-1} $Na_2S_2O_3$ 溶液滴定至终点,消耗 30.00 mL。计算试样中 As_2O_3 与 As_2O_5 的质量分数。

12. 漂白粉中的"有效氯"可用亚砷酸钠法测定,现有含"有效氯"29.00%的试样 0.3000 g,用 25.00 mL Na_3AsO_3 溶液恰能与之作用。每毫升 Na_3AsO_3 溶液含多少克的砷? 又同样质量的试样用碘法测定,需要 $Na_2S_2O_3$ 标准溶液(1 mL 相当于 0.01250 g $CuSO_4·5H_2O$)多少毫升?

13. 化学耗氧量(COD)测定。今取废水样 100.0 mL 用 H_2SO_4 酸化后,加入 25.00 mL 0.01667 mol/L $K_2Cr_2O_7$ 溶液,以 Ag_2SO_4 为催化剂,煮沸一定时间,待水样中还原性物质较完全地氧化后,以邻二氮杂菲-亚铁为指示剂,用 0.1000 mol/L $FeSO_4$ 溶液滴定剩余的 $K_2Cr_2O_7$,用去 15.00 mL。计算废水样中化学耗氧量,以 mg/L 表示。

第七章 沉淀滴定法

沉淀滴定法是基于滴定剂与被测物定量生成沉淀或微溶盐的反应,并且反应能很快达到平衡和有适合指示剂指示化学反应计量点,但不要有如共沉淀、吸附和外来离子包藏等干扰情况发生。由于很多沉淀的形成速率太慢、反应不够完全,所以可用于沉淀滴定的反应十分少,主要为生成难溶性银盐化合物类反应。

第一节 概 述

沉淀滴定是利用沉淀反应来进行滴定分析的方法。例如,利用生成 AgCl 沉淀的反应,以 $AgNO_3$ 溶液滴定 Cl^-,可测得试样中氯的含量。用于沉淀滴定的反应,应该具备下列条件:

(1)沉淀有固定的组成,反应物之间有准确的计量关系。
(2)沉淀溶解度小,反应完全。
(3)沉淀吸附杂质少。
(4)反应速度快,并容易指示终点。

这些要求不易同时满足,故能用于沉淀滴定的反应不多。常用的是生成难溶性银盐的反应,例如,利用生成 AgCl、AgBr、AgI 和 AgCNS 沉淀的反应,可以测定 Cl^-、Br^-、I^-、CNS^- 和 Ag^+ 等离子,这种方法称为银量法,对于海、湖、井、矿盐和卤水以及电解液的分析和含氯有机物的测定,都有实际意义。

第二节 沉淀滴定法的原理

一、溶度积

若将晶体 AgCl 放入水中,晶体表面的 Ag^+ 和 Cl^- 离子受到极性水分子的作用,有部分 Ag^+ 和 Cl^- 脱离晶体表面而进入溶液,这一过程就是溶解;与此同时,随着溶液中 Ag^+ 和 Cl^- 离子浓度逐渐增加,它们又受晶体表面的正负离子吸引,重新沉积到晶体表面,这就是沉淀过程。在一定温度下,当沉淀和溶解速率相等时,就达到沉淀溶解平衡,所得溶液即为该温度下 AgCl 的饱和溶液。AgCl 虽然难溶,但溶解部分却完全电离。沉淀溶解平衡属多相离子平衡，平衡的一方（沉淀）为固相，另一方（离子）在溶液相中。

$$AgCl(s) \rightleftharpoons Ag^+(aq) + Cl^-(aq)$$

$$K^{\ominus} = [Ag^+][Cl^-] = 1.77 \times 10^{-10}$$

$$(a_{AgCl} = 1)$$

以上各表达式中每个浓度项的方次即沉淀反应中各物质前的计算系数。设沉淀溶解平衡为

$$A_mB_n(s) \rightleftharpoons mA^{n+}(aq) + nB^{m-}(aq)$$

则平衡时

$$K_{sp} = [A^{n+}]^m[B^{m-}]^n$$

一定温度下，难溶电解质在其饱和溶液中各离子浓度幂的乘积是一个常数。这个常数称该难溶电解质的溶度积常数。用符号 $K_{sp}^{\ominus}$ 表示，也常简写为 K_{sp}。它与其他平衡常数一样，只与难溶电解质的本性和温度有关，而与沉淀的量和溶液中的离子浓度的变化无关。离子浓度变化只使平衡发生移动，但不改变溶度积常数。

有些难溶电解质的 K_{sp} 值，还可通过直接测定饱和溶液中相应的离子浓度来求算。例如，实验测得 $SrSO_4$ 在 25 ℃时的溶解度为 7.35×10^{-4} mol/L，根据下列沉淀平衡式可知，纯水中每溶解 1 mol $SrSO_4$，就生成 1 mol Sr^{2+} 和 1 mol SO_4^{2-}，即

$$SrSO_4(s) \rightleftharpoons Sr^{2+}(aq) + SO_4^{2-}(aq)$$

平衡浓度（mol/L）　　　　　　　　　7.35×10^{-4}　7.35×10^{-4}

得（298K）$K_{sp} = [Sr^{2+}][SO_4^{2-}] = (7.35 \times 10^{-4})^2 = 5.40 \times 10^{-7}$。

严格地说，难溶电解质饱和溶液中离子活度（a）幂的乘积才等于常数。但在一般计算中，由于难溶电解质溶解度很小，离子平均活度系数近似为1，离子活度近似等于浓度，离子浓度幂的乘积与离子活度幂的乘积近似相等。

二、溶度积与溶解度的关系

溶度积是指一定温度下，难溶电解质在其饱和溶液中各离子浓度幂的乘积。而溶解度是指一定温度、压力下，一定量饱和溶液中溶质的浓度。两者有一定的联系，若溶解度的单位用 mol/L 表示，则溶度积 K_{sp} 和溶解度 S 之间可直接进行换算。

例1 已知室温下 AgBr 和 $Mg(OH)_2$ 的溶度积分别为 5.35×10^{-13} 和 5.61×10^{-12}，求它们的溶解度 S。

解：（1）　　　　　　　$AgBr \rightleftharpoons Ag^+(aq) + Br^-(aq)$

饱和浓度（mol/L）　　　　　　　　　S　　　S

$$K_{sp} = [Ag^+][Br^-] = (S)^2 = 5.35 \times 10^{-13}$$

$$S = \sqrt{5.35 \times 10^{-13}} = 7.31 \times 10^{-7} (\text{mol/L})$$

（2）
$$Mg(OH)_2(s) \rightleftharpoons Mg^{2+}(aq) + 2OH^-(aq)$$

饱和浓度/(mol/L)　　　　　　　　　　　S　　　　$2S$

$$K_{sp} = [Mg^{2+}][OH^-]^2 = S(2S)^2 = 5.61 \times 10^{-12}$$

$$S = \sqrt[3]{5.61 \times 10^{-12}/4} = 1.12 \times 10^{-4} \text{ mol/L}$$

由上例的计算可见，AgBr 和 $Mg(OH)_2$ 分别属于 MA 型和 MA_2 型难溶电解质，它们的溶解度 S 与溶度积 K_{sp} 的互相转换的关系式是不同的。

$$MA(s) \rightleftharpoons M^{n+}(aq) + A^{n-}(aq)$$

MA 型
$$K_{sp} = [M^{n+}][A^{n-}] = S^2$$

$$S = \sqrt{K_{sp}}$$

$$MA_2(s) \rightleftharpoons M^{2n+}(aq) + 2A^{n-}(aq)$$

MA_2 型
$$K_{sp} = [M^{2n+}][A^{n-}]^2 = S(2S)^2$$

$$S = \sqrt[3]{K_{sp}/4}$$

$$MA_3(s) \rightleftharpoons M^{3n+}(aq) + 3A^{n-}(aq)$$

MA_3 型
$$K_{sp} = [M^{3n+}][A^{n-}]^3 = S(3S)^2$$

$$S = \sqrt[4]{K_{sp}/27}$$

必须指出，上述各式的换算必须满足以下条件：

（1）仅适用于离子强度较小，浓度可以代替活度的纯难溶电解质饱和溶液。若难溶电解质的溶解度相对较大（如 $CaSO_4$、$CaCrO_4$ 等），上述换算关系将产生较大误差。

（2）难溶电解质的离子在溶液中不发生任何化学反应。有一些难溶电解质的阳阴离子在溶液中可能发生副反应，例如一些过渡金属阳离子的某些难溶硫化物、碳酸盐，它们相应的阴离子具碱性，在水中能与 H_2O 发生质子反应。还有些阳离子（如 Fe^{3+}、Al^{3+}）能发生聚合反应。在这种情况下按简单公式进行 S 与 K_{sp} 换算会产生较大的误差。

（3）难溶电解质的溶解部分要一步完全解离。对某些共价性较强的难溶弱电解质（如 Hg_2Cl_2、Hg_2I_2），或在水溶液中分步解离的难溶电解质[如 $Fe(OH)_3$]，采用简单的换算关系会产生较大误差。

最后还需指出：对于符合上述条件同类型化合物而言，溶度积越大，溶解度也越大；而对于不同类型的化合物，则不能直接根据溶度积来比较溶解度的大小。

三、溶度积规则

根据平衡移动原理及溶液中离子浓度与溶度积关系，可以对沉淀的生成、溶解及沉淀间相互转化等问题作出判断。例如：对任一沉淀平衡

$$A_mB_n(s) \rightleftharpoons mA^{n+}(aq) + nB^{m-}(aq)$$

若用 [ ] 代表任意浓度，则可能出现三种情况：

(1) $[A^{n+}]^m[B^{m-}]^n = K_{sp}$ 称饱和溶液,即沉淀与溶解处于平衡状态(即离子积=溶度积)。

(2) $[A^{n+}]^m[B^{m-}]^n > K_{sp}$ 称过饱和溶液,体系暂时处于非平衡状态,将有 $A_mB_n(s)$ 从溶液中沉淀出来,直至达到新的平衡为止(即离子积>溶度积)。

(3) $[A^{n+}]^m[B^{m-}]^n < K_{sp}$ 称不饱和溶液,体系暂时处于非平衡状态,没有 $A_mB_n(s)$ 从溶液中沉淀出来(即离子积<溶度积)。

以上结论统称为溶度积规则,运用这个规则可以判断沉淀溶解平衡移动的方向,或通过控制离子浓度,使反应向人们需要的方向进行。

四、银量法滴定终点的确定

(一)用铬酸钾作指示剂(莫尔法)

1. 方法原理

在含有 Cl^- 的中性或弱碱性溶液中,以 K_2CrO_4 作指示剂,用 $AgNO_3$ 溶液滴定,这种直接滴定的方法通常称为莫尔法。此法测定 Cl^- 是根据分步沉淀的原理。25 ℃时,AgCl 沉淀的溶解度($1.4×10^{-5}$ mol/L)小于 Ag_2CrO_4 沉淀的溶解度($6.5×10^{-5}$ mol/L),AgCl 开始沉淀比 Ag_2CrO_4 开始沉淀所需的 Ag^+ 浓度更小,所以当滴加 $AgNO_3$ 溶液时,首先析出 AgCl 沉淀,然后才是 Ag_2CrO_4 沉淀,这种先后沉淀的现象叫作分步沉淀。

$$Ag^+ + Cl^- \Longrightarrow AgCl\downarrow(白色)$$
$$2Ag^+ + CrO_4^{2-} \Longrightarrow Ag_2CrO_4\downarrow(砖红色)$$

滴定的关键在于:当 Cl^- 沉淀完毕后,稍微过量的 Ag^+ 就与 K_2CrO_4 生成 Ag_2CrO_4 沉淀,变色要及时、明显,这样才能正确指示滴定终点。

2. 滴定条件

莫尔法的滴定条件主要是控制 K_2CrO_4 溶液的浓度和溶液的酸度。

(1) K_2CrO_4 溶液的浓度。

因为 K_2CrO_4 溶液浓度的大小,会使 Ag_2CrO_4 沉淀或早或迟地出现,影响终点的正确判断。根据溶度积原理,AgCl 和 Ag_2CrO_4 沉淀的溶度积为

$$[Ag^+][Cl^-] = 1.56×10^{-10}$$
$$[Ag^+]^2[CrO_4^{2-}] = 9.0×10^{-12}$$
$$[Ag^+] = [Cl^-], 即[Ag^+]^2 = 1.56×10^{-10}$$

化学计量点时

$$[CrO_4^{2-}] = \frac{9.0×10^{-12}}{[Ag^+]^2} = \frac{9.0×10^{-12}}{1.56×10^{-10}} = 5.8×10^{-2}(mol/L)$$

由此可见,在化学计量点时,正好生成 Ag_2CrO_4 沉淀所需 CrO_4^{2-} 的浓度应为 $5.8×10^{-2}$ mol/L。如果 K_2CrO_4 浓度太小,终点会延迟到达;如果 K_2CrO_4 浓度太大,终点会

提前出现。实验证明,滴定终点时,K_2CrO_4 的浓度大约为 0.005 mol/L 时较为适宜。

(2)溶液的酸度。

用 $AgNO_3$ 溶液滴定 Cl^- 时,反应需在 pH 6.5~10.5 中进行。因为在酸性溶液中,不生成 Ag_2CrO_4 沉淀。

$$Ag_2CrO_4 + H^+ \rightleftharpoons 2Ag^+ + HCrO_4^-$$

强碱性或氨性溶液中,滴定剂会被碱分解或与氨生成配合物:

$$2Ag^+ + 2OH^- \rightleftharpoons Ag_2O\downarrow + H_2O$$

$$Ag^+ + 2NH_3 \rightleftharpoons Ag(NH_3)_2^+$$

$$AgCl\downarrow + 2NH_3 \rightleftharpoons Ag(NH_3)_2^+ + Cl^-$$

所以,如果试液显酸性,应该先用 $Na_2B_4O_7 \cdot 10H_2O$、$NaHCO_3$、$CaCO_3$ 或 MgO 中和;如果试液显强碱性,先用 HNO_3 中和,然后进行滴定。

(3)滴定操作。

滴定时要充分摇荡,在化学计量点前,Cl^- 还没有滴完,这小部分的 Cl^- 被 AgCl 沉淀吸附,使 Ag_2CrO_4 沉淀过早出现,误认为是终点。为了减免这种误差,滴定时必须将 AgCl 沉淀的悬浊液充分摇荡,使被沉淀的 Cl^- 释放出来。

3.应用范围

(1)莫尔法主要应用于测定氯化物中的 Cl^- 或溴化物中的 Br^-,当 Cl^- 和 Br^- 共同存在时,测得的是它们的总量。

(2)莫尔法不适于测定碘化物和硫氰酸盐。因为 AgI 沉淀会强烈吸附 I^-。AgSCN 沉淀会强烈吸附 SCN^-,使终点过早出现。

(3)凡能与 Ag^+ 生成沉淀的阴离子(如 PO_4^{3-}、AsO_4^{3-}、S^{2-}、F^- 等)和能与 CrO_4^{2-} 生成沉淀的阳离子(如 Ba^{2+}、Pb^{2+}、Hg^{2+} 等)以及能与 Ag^+ 形成配合物的物质(如 EDTA、NH_3、KCN 等)都对测定有干扰。

(4)莫尔法是用 Ag^+ 滴定 Cl^-,而不适宜用 Cl^- 滴定 Ag^+,因为 Ag^+ 与 CrO_4^{2-} 在滴定前会生成沉淀,而 Ag_2CrO_4 沉淀转化为 AgCl 沉淀的速度很慢。

(二)用铁铵矾作指示剂(佛尔哈德法)

1.方法原理

用铁铵矾作指示剂的沉淀滴定法叫作佛尔哈德法。按照滴定方式的不同,佛尔哈德法有直接滴定法和返滴定法两种。

(1)直接滴定法。

在含有 Ag^+ 的硝酸溶液中,以铁铵矾 $(NH_4)Fe(SO_4)_2$ 作指示剂,用 NH_4SCN(或 KSCN、NaSCN)溶液进行滴定,产生 AgSCN 沉淀。在化学计量点后,稍微过量的 SCN^- 就与 Fe^{3+} 生成红色的 $Fe(SCN)^{2+}$,以指示终点。用直接滴定法可测定银。

$$Ag^+ + SCN^- \rightleftharpoons AgSCN\downarrow (白色)$$

$$Fe^{3+} + SCN^- = Fe(SCN)^{2+} (红色)$$

（2）返滴定法。

用铁铵矾作指示剂，只能指示用 SCN^- 滴定的终点。如果要用 Ag^+ 滴定 Cl^-、Br^-，就要先加入过量的 $AgNO_3$ 标准溶液，以铁铵矾作指示剂，再用 NH_4SCN 标准溶液返滴定。

$$Ag^+ + Cl^- = AgCl \downarrow$$
（过量）
$$Ag^+ + SCN^- = AgSCN \downarrow$$
（剩余量）
$$Fe^{3+} + SCN^- = Fe(SCN)^{2+}$$

因此，用返滴定法可以测定 Cl^-、Br^-、I^- 等。

2. 滴定条件

（1）溶液的酸度。

在中性或碱性介质中，指示剂 Fe^{3+} 会发生水解而析出沉淀；Ag^+ 在碱性溶液中会生成 Ag_2O 沉淀或 $Ag(NH_3)_2^+$，所以滴定反应要在 HNO_3 溶液中进行，HNO_3 的浓度以 $0.2 \sim 0.5$ mol/L 较为适宜。

（2）铁铵矾溶液的浓度。

一般在 50 mL HNO_3 溶液（$0.2 \sim 0.5$ mol/L）中，加入 $1 \sim 2$ mL 40%铁铵矾溶液，只需半滴（约 0.02 mL）0.1 mol/L NH_4SCN 就可以看到红色。

（3）滴定操作。

用 NH_4SCN 溶液直接滴定 Ag^+ 时要充分摇荡。AgSCN 沉淀对 Ag^+ 具有强烈的吸附性，以致在化学计量点前溶液中的 Ag^+ 还没有滴完时，SCN^- 就与 Fe^{3+} 显色，误认为到了终点。为了减免这种误差，滴定时必须将含 AgSCN 沉淀的悬浊液充分摇荡，使被沉淀吸附的 Ag^+ 释放出来，防止终点过早出现。

（4）沉淀转换控制。

用返滴定法测定 Cl^- 时需加有机溶剂或滤去 AgCl 沉淀。用直接滴定法测定 Ag^+ 时，溶液中只有一种 AgSCN 沉淀，利用摇荡的办法，可以使被沉淀吸附的 Ag^+ 释放出来。但用返滴定 Cl^- 时，则有 AgCl 和 AgSCN 两种沉淀，在化学计量点前，为防止 Ag^+ 被沉淀吸附，需要充分摇荡，但在化学计量点以后，如果再用力摇荡，溶液的红色就会消失，使终点不好判断。产生这种现象的原因：当溶液中剩余的 Ag^+ 被滴定之后，稍微过量的 SCN^-，一方面与 Fe^{3+} 生成红色的 $Fe(SCN)^{2+}$，另一方面将 AgCl 转化为溶解度更小的 AgSCN 沉淀。

$$Fe^{3+} + SCN^- = Fe(SCN)^{2+}$$
$$AgCl + SCN^- = AgSCN + Cl^-$$

这时若剧烈摇荡，就会促使沉淀转化，破坏 $Fe(SCN)^{2+}$，溶液红色因而消失。

$$AgCl + Fe(SCN)^{2+} = AgSCN + Fe^{3+} + Cl^-$$

要想得到持久的红色,必须多加 NH₄SCN 溶液,这样就会造成较大的分析误差。为了避免这种误差,较简便的办法是加入有机溶剂(如硝基苯),用力摇动,使 AgCl 沉淀进入硝基苯层,而与被滴定的溶液隔离,然后在轻轻摇动下,用 NH₄SCN 溶液滴定至终点。另一种办法是,分离 AgCl 沉淀,即将含 AgCl 沉淀的溶液煮沸,滤去沉淀,然后用 NH₄SCN 标准溶液滴定滤液中剩余的 Ag^+。

用返滴定法测量溴化物或碘化物时,AgBr、AgI 沉淀的溶解度小于 AgSCN 沉淀的溶解度,不会发生上述沉淀的转化反应,则在用 NH₄SCN 标准溶液滴定剩余 Ag^+ 之前,不必加入有机溶剂或滤去沉淀。测定 I^- 时,应加入过量 AgNO₃ 标准溶液之后再加指示剂。否则,Fe^{3+} 将与 I^- 作用析出 I_2,影响分析结果的准确度。

3. 应用范围

(1) 佛尔哈德法是在 HNO₃ 介质中进行滴定的,许多阴离子(如 PO_4^{3-}、AsO_4^{3-}、CrO_4^{2-} 等)都不会与 Ag^+ 生成沉淀,所以此法的选择性比莫尔法高,可用来测定 Cl^-、Br^-、I^- 等等。

(2) 强氧化剂、铜盐、汞盐都能与 SCN^- 作用,对测定有干扰,必须预先除去。

(三) 采用吸附指示剂(法扬司法)

用 AgNO₃ 溶液滴定 Cl^- 时,以荧光黄作指示剂,化学计量点后,溶液由黄绿色转变为粉红色,可以指示终点。AgCl 沉淀具有吸附性质,在化学计量点以前,溶液中有剩余的 Cl^-,这时 AgCl 粒子吸附 Cl^- 而带负电荷,形成 $(AgCl)Cl^-$,荧光黄的阴离子 In^-(黄绿色)不被吸附。化学计量点以后,溶液中有多余的 Ag^+,AgCl 粒子吸附 Ag^+ 而带正电荷,形成 $(AgCl)Ag^+$,这时它就能吸附荧光黄的阴离子,指示剂的结构发生了变化,溶液由黄绿色转变为粉红色。这一过程可用下面的简式表示

$$(AgCl)Ag^+ + In^- \rightleftharpoons (AgCl)Ag-In$$
(黄绿色)　　　　(粉红色)

如果再加入 Cl^-,则可将沉淀表面吸附的指示剂阴离子置换出来,溶液又恢复到指示剂本身的颜色。因此,终点颜色的转变是可逆的。用 AgNO₃ 作滴定剂时,几种吸附指示剂的使用条件如表 7-1 所示。

表 7-1　常用的吸附指示剂

指示剂名称	被测定离子	滴定剂	适用的 pH 范围
荧光黄	Cl^-	Ag^+	7~10
二氯荧光黄	Cl^-	Ag^+	4~6
曙红	Br^-、I^-、SCN^-	Ag^+	2~10
甲基紫	SO_4^{2-}、Ag^+	Ba^{2+}、Cl^-	1.5~3.5
氨基苯磺酸	Cl^-、I^-	Ag^+	微酸性
二甲基二碘荧光黄	I^-	Ag^+	中性

使用吸附指示剂时,为了让 AgCl 保持较强的吸附能力,应使部分沉淀保持胶溶状态,可将溶液适当稀释,加入可溶性淀粉溶液作保护剂,这样终点颜色的转变就比较明显。

第三节　沉淀滴定法的应用

一、标准溶液的配制

银量法中常用的标准溶液是 $AgNO_3$ 和 NH_4SCN(或 KSCN)溶液。

1. $AgNO_3$ 标准溶液的配制

硝酸银标准溶液一般采用间接法配置,即将化学纯 $AgNO_3$ 先配成近似浓度的溶液,然后用基准物质进行标定。配制 $AgNO_3$ 溶液所用的蒸馏水中应不含 Cl^-。$AgNO_3$ 溶液见光或遇还原性有机物质时会逐渐分解,故应保存在棕色试剂瓶中。

标定 $AgNO_3$ 溶液最常用的基准物质是 NaCl,使用前应将 NaCl 放在坩埚中加热至 500~600 ℃,直至不再发生爆烈声为止,然后转到干燥器内保存。

2. NH_4SCN 标准溶液的配制

市售 NH_4SCN 不符合基准物质的要求,不能直接称量配制标准溶液,要先配成近似浓度的溶液,然后进行标定。可以用 NaCl 作基准物质,如采用返滴定的方法,操作和计算都比较麻烦。最简便的方法是量取一定体积的 $AgNO_3$ 标准溶液,用 NH_4SCN 溶液直接滴定。

二、应用示例

岩盐中可溶性氯离子的测定,参看莫尔法。

银的测定,例如,银合金试样,用硝酸溶解并除去氮的氧化物之后,以铁铵矾作指示剂,用标准溶液直接进行滴定,即可求得银的含量。

习　题

1. 有纯的 AgCl 和 AgBr 混合试样,质量为 0.8132 g,在 Cl_2 气流中加热,使 AgBr 转化为 AgCl,则原试样的质量减轻了 0.1450 g,计算原试样中氯的质量分数。

2. 将 30.00 mL $AgNO_3$ 溶液作用于 0.1357 g NaCl,过量的银离子需用 2.50 mL NH_4SCN 滴定至终点。预先知道滴定 20.00 mL AgN_3 溶液需要 19.85 mL NH_4SCN 溶液。试计算:(1)$AgNO_3$ 溶液的浓度;(2)NH_4SCN 溶液的浓度。

3. 将 0.1159 mol/L $AgNO_3$ 溶液 30.00 mL 加入含有氯化物试样 0.2255 g 的溶液

中,然后用 3.16 mL 0.1033 mol/L NH$_4$SCN 溶液滴定过量的 AgNO$_3$。计算试样中氯的质量分数。

4. 仅含有纯 NaCl 及纯 KCl 的试样 0.1325 g,用 0.1032 mol/L AgNO$_3$ 标准溶液滴定,用去 AgNO$_3$ 溶液 21.84 mL。试求试样中 NaCl 及 KCl 的质量分数。

5. 已知试样中含 Cl$^-$ 25%~40%,欲使滴定时耗去 0.1008 mol/L AgNO$_3$ 溶液的体积为 30 mL,试求应称取的试样量范围。

6. 称取一定量的约含 52% NaCl 和 44% KCl 的试样。将试样溶于水后,加入 0.1128 mol/L AgNO$_3$ 溶液 30.00 mL。过量的 AgNO$_3$ 需用 10.00 mL 标准 NH$_4$SCN 溶液滴定。已知 1.00 mL 标准 NH$_4$SCN 相当于 1.15 mL AgNO$_3$。应称取试样多少克?

7. 称取含有 NaCl 和 NaBr 的试样 0.5776 g,用重量法测定,得到二者的银盐沉淀为 0.4403 g;另取同样质量的试样,用沉淀滴定法滴定,消耗 0.1074 mol/L AgNO$_3$ 溶液 25.25 mL。求 NaCl 和 NaBr 的质量分数。

8. 某混合物仅含 NaCl 和 NaBr,称取该混合物 0.3177 g,以 0.1085 g mol/L AgNO$_3$ 溶液滴定,用去 38.76 mL,求混合物的组成。

9. 0.2018 g MCl$_2$ 试样溶于水,以 28.78 mL 0.1473 mol/L AgNO$_3$ 溶液滴定,试推断 M 为何元素。

第八章　重量分析法

重量分析法是定量分析方法之一,它是通过称量物质的质量进行的。测定时一般是使被测组分从试样中先分离出来,转化为一定的称量形式,然后用称量的方法测定该组分的含量。

第一节　概　述

一、重量分析法的分类和特点

根据被测组分与其他组分分离方法的不同,重量分析法可分为挥发法、电解法和沉淀法等方法。本书着重讨论沉淀法。

1. 挥发法

利用物质的挥发性质,通过加热或其他方法使被测组分从试样中挥发逸出,以求其含量。方法有二,一是根据试样减轻来求得含量,例如试样中湿存水或结晶水的测定,可将试样烘干至"恒重",试样减轻的质量即为所含水的质量;二是根据吸收剂质量的增加来求得其含量。例如 CO_2 的测定,用碱石灰吸收 CO_2,碱石灰质量的增加即为所含 CO_2 的质量。

2. 电解法

该方法是使被测金属离子在电极上还原析出,电极增加的质量即为测定金属的质量。

3. 沉淀法

利用沉淀反应,将被测组分以难溶化合物的形式沉淀出来,再使之转化为称量形式称量,以求其含量。该法是这三类方法中的主要方法。

重量分析法直接通过称量方法求得分析结果,不用基准物质,无须配制标准溶液。其准确度较高,相对误差一般为 0.1%~0.2%。但与滴定分析法比较,它流程长,费时多。目前该法主要用于含量不太低的 Si、S、P、Ni 等元素的精确测定。

二、沉淀重量法的分析过程和对沉淀的要求

在试液中,加入过量的沉淀剂,使被测组分以难溶化合物沉淀出来,称为沉淀形式(或沉淀形)。沉淀经过滤、洗涤、烘干或灼烧,转化为称量形,然后称量,再计算其

含量。沉淀形和称量形可能相同也可能不同。具体情况,具体分析。例如以 Ba^{2+} 和 Fe^{3+} 的测定为例,

$$Ba^{2+} + SO_4^{2-} = BaSO_4(沉淀形) \xrightarrow[灼烧,灰化]{过滤,洗涤} BaSO_4(称量形)$$

$$Fe^{3+} + 3NH_3 \cdot H_2O = Fe(OH)_3(沉淀形) + 3NH_4^+ \xrightarrow[灼烧,灰化]{过滤,洗涤} Fe_2O_3(称量形)$$

在 Ba^{2+} 测定中,沉淀形和称量形均为 $BaSO_4$,两者相同;而 Fe^{3+} 的测定中,沉淀形是 $Fe(OH)_3$,而称量形是 Fe_2O_3,两者不相同。

为了保证测定有足够的准确度并便于操作,对沉淀形和称量形分别有一定的要求。

(一) 对沉淀形的要求

(1) 沉淀的溶解度必须很小,以确保被测组分沉淀完全。沉淀的溶解损失不应超过分析天平的称量误差,即 0.2 mg。

(2) 沉淀要便于过滤和洗涤,要求得到沉淀颗粒较大。

(3) 沉淀必须纯净,力求避免沾污。

(4) 沉淀要便于转化为合适的称量形。

(二) 对称量形的要求

(1) 必须有确定的化学组成,否则无法计算结果。

(2) 必须有足够的化学稳定性,不受空气中水分、CO_2 和 O_2 等影响。

(3) 分子量要大,以增加称量形的质量,减少称量误差。

(三) 沉淀重量法分析结果的计算

前已述及,沉淀的沉淀形和称量形有相同的,也有不同的,而多数情况则属于后者。这就需要将称量形的质量换算成被测组分的质量。而被测组分的质量等于称量形的质量与重量因数(或称换算因数)的乘积。因此,应用重量因数,即可从称得的沉淀质量和试样质量计算出被测组分的百分含量。

所谓重量因素,即是被测组分的原子量(或分子量)与称量形分子量之比,常用 f 表示,如

被测组分	称量形	重量因数
S	$BaSO_4$	$f = S/BaSO_4 = 0.1374$
Fe	Fe_2O_3	$f = 2Fe/Fe_2O_3 = 0.6994$

务必注意,在计算重量因数时,必须在被测组分的原子量(或分子量)或称量形分子量上乘以适当的倍数,使分子、分母的某一被测元素的原子数目相等。

知道了重量因数,被测组分的百分含量就可以计算。如组分的百分含量为 x,则有

$$x\% = \frac{m \times f}{G}$$

式中 m 表示称量形质量(g);f 表示重量因数;G 表示试样质量(g)。

例1 测定黄铁矿中硫的含量,称取试样 0.3853 g,最后得到 $BaSO_4$ 沉淀质量为 1.021 g,计算试样中 S%。

解:
$$S\% = \frac{1.021 \times S/BaSO_4}{0.3853} \times 100\%$$

$$= \frac{1.021 \times 32.06/233.4}{0.3853} \times 100\%$$

$$= 36.40\%$$

例2 测定某铁矿石中铁的含量时,称取试样 0.2500 g,经处理后其沉淀形为 $Fe(OH)_3$,然后灼烧为 Fe_2O_3,其质量为 0.2490 g。求此铁矿石中铁的百分含量。若以 Fe_3O_4 表示结果,其百分含量又为多少?

解:$Fe\% = \dfrac{0.2490 \times \dfrac{2Fe}{Fe_2O_3}}{0.2500} \times 100\% = \dfrac{0.2490 \times 2 \times 55.85/159.7}{0.2500} \times 100\% = 69.66\%$

$Fe_3O_4\% = \dfrac{0.2490 \times \dfrac{2Fe_3O_4}{3Fe_2O_3}}{0.2500} \times 100\% = \dfrac{0.2490 \times (2 \times 231.6)/(3 \times 159.7)}{0.2500} \times 100\% = 96.29\%$

第二节 重量分析法的原理

一、影响沉淀溶解度的因素

同离子效应、盐效应、酸效应和络合效应等均能影响沉淀的溶解度。

(一)同离子效应

在沉淀法中,常加入过量的沉淀剂,利用同离子效应降低沉淀的溶解度。因同离子作用,使沉淀溶解度降低的现象叫同离子效应。

例3 用 $BaSO_4$ 重量法测定 Ba 含量,试计算:

(1)加入 SO_4^{2-} 的量正好与 Ba^{2+} 的量(摩)相等;

(2)加入 SO_4^{2-} 过量至 0.01 mol/L,$BaSO_4$ 的溶解损失各为多少?(设溶液总体积为 200 mL)

解:

(1)
$$[Ba^{2+}][SO_4^{2-}] = 0.87 \times 10^{-10}$$

$$[Ba^{2+}] = [SO_4^{2-}] = \sqrt{0.87 \times 10^{-10}} = 0.93 \times 10^{-5} (mol/L)$$

故 $BaSO_4$ 的溶解损失为 $0.93 \times 10^{-5} \times 200 \times 10^{-3} \times 233.4 = 0.4$ (mg)。

(2) 设 $BaSO_4$ 溶解度为 S,此时

$[SO_4^{2-}] = 0.01 + S \approx 0.01$ mol/L,则 $S = [Ba^{2+}] = \dfrac{K_{sp}}{[SO_4^{2-}]} = 0.87 \times 10^{-8}$ mol/L,所以 $BaSO_4$ 的溶解损失为 $0.87 \times 10^{-8} \times 200 \times 10^{-3} \times 233.4 = 0.0004$ (mg)。

由计算可知,由于加入过量 SO_4^{2-},使 $BaSO_4$ 的沉淀溶解损失远小于重量分析允许的溶解损失量 0.2 mg,因此为了使沉淀完全,常常加入过量的沉淀剂。但是,必须注意,并非加入沉淀剂越多越好。沉淀剂过量太多,往往会发生盐效应或其他副反应,反而会使沉淀的溶解度损失增大。一般过量 50%~100% 即已足够。对于灼烧时不易挥发除去的沉淀剂以过量 20%~30% 较为合适,以免影响沉淀的纯度。

(二)盐效应

当溶液中有强电解质存在时,沉淀的溶解度会随强电解质浓度的增大而增大的现象叫盐效应。如上所述,过量太多的沉淀剂,反而会产生沉淀溶解度增大的盐效应等其他效应。例如,测定 Pb^{2+} 时,用 Na_2SO_4 作沉淀剂,生成 $PbSO_4$ 沉淀,在不同浓度的 Na_2SO_4 溶液中,$PbSO_4$ 的溶解度变化情况如表 8-1 所示。

表 8-1 $PbSO_4$ 在 Na_2SO_4 溶液中的溶解度

Na_2SO_4/(mol/L)	0	0.001	0.010	0.020	0.040	0.100	0.200
$PbSO_4$/(mol/L)	0.15	0.024	0.016	0.014	0.013	0.016	0.023

由表 8-1 可看出,当 Na_2SO_4 浓度小于 0.04 mol/L 以前,同离子效应占优势,当 Na_2SO_4 浓度大于 0.04 mol/L 以后,随着 Na_2SO_4 浓度增大,$PbSO_4$ 溶解度反而增大,说明此时盐效应起了主导作用。所以当溶液中离子强度很大且沉淀的溶解度本来就较大时,就要考虑盐效应了。而一般情况下,则无须考虑盐效应。

(三)酸效应

溶液的酸度使沉淀溶解度增大的现象,称为酸效应。当酸度增大时,组成沉淀的阴离子如 $C_2O_4^{2-}$、CO_3^{2-}、PO_4^{3-} 等与 H^+ 结合,降低了阴离子的浓度;当酸度降低时,组成的金属离子可能发生水解,形成带电荷的氢氧化物如 $Fe(OH)^{2+}$、$Al(OH)^{2+}$ 等,降低了阳离子的浓度。而两者均使沉淀的溶解度增大。

(四)络合效应

由于形成络合物,使沉淀溶解度增大的现象称络合效应。形成的络合物愈稳定,络合物的浓度愈大,溶解度增加的愈多。例如 Cl^- 和 Ag^+ 反应生成 $AgCl$ 沉淀,若溶液中有氨存在,同样 Ag^+ 由于生成 $Ag(NH_3)_2^+$ 络离子而使 $AgCl$ 的溶解度增大。平衡向正方向移动,增大 $AgCl$ 的溶解度。

从以上理论可知,同离子效应是降低沉淀溶解度的有利因素,在进行沉淀时必须

尽量利用同离子效应以达到沉淀完全的要求。而盐效应、酸效应、络合效应是影响沉淀完全的不利因素,在进行沉淀时,应注意消除其影响。总之,必须根据具体情况,采取适当措施,以保证分析结果的准确度。

(五)影响沉淀溶解度的其他因素

1. 温度

大多数沉淀的溶解度都随温度的升高而增大,但不同的沉淀增大的程度并不相同。因此在热溶液中溶解度较大,CaC_2O_4 和 $MgNH_4PO_4 \cdot 6H_2O$ 等,必须冷到室温后再进行过滤等操作。$Fe_2O_3 \cdot nH_2O$,温度对其影响很小,采用热过滤、热洗涤。

2. 溶剂

有机溶剂存在时,大多数沉淀的溶解度都降低。例如从含有乙醇溶液中析出 K_2PtCl_6 沉淀使 K^+ 与 Na^+ 分离,就是利用乙醇降低了 K_2PtCl_6 沉淀的溶解度。

3. 沉淀颗粒

对同种沉淀而言,颗粒越小,溶解度越大。因此当沉淀完成后,将沉淀与母液一起放置一段时间,即进行陈化,此时小晶体能逐渐转化为大晶体,可减少溶解损失。例如对 $BaSO_4$ 沉淀,就要用陈化来降低溶解度。

对上述因素的影响,在进行沉淀时,也必须加以注意。

二、沉淀形成与沉淀的条件

沉淀的类型一般分为晶型沉淀(如细晶型 $BaSO_4$、粗晶型 $MgNH_4PO_4 \cdot 6H_2O$)和无定型沉淀(如 $Fe_2O_3 \cdot nH_2O$)两种。介于两者之间的是凝乳状沉淀(如 $AgCl$)。它们之间主要差别是颗粒的大小不同,而沉淀颗粒的大小和性质,取决于沉淀形成时的条件、物质的特性和沉淀后的处理。因此,了解各种类型沉淀的沉淀过程,以及如何控制好沉淀条件是很重要的。

(一)沉淀的形成

沉淀的形成,包括晶核的生成和沉淀颗粒的生长两个过程,大致如下:

$$\text{构晶离子} \xrightarrow{\text{成核作用}} \text{晶核} \xrightarrow{\text{长大过程}} \text{沉淀颗粒} \begin{array}{c} \xrightarrow{\text{凝聚}} \text{无定型沉淀} \\ \xrightarrow[\text{定向排列}]{\text{成长}} \text{晶型沉淀} \end{array}$$

当溶液呈过饱和状态时,构晶离子是由于静电作用而缔合起来形成的晶核,一般认为由 4~8 个构晶离子组成。例如 $BaSO_4$ 的晶核由 8 个构晶离子组成,$AgCl$ 和 Ag_2CrO_4 的晶核由 6 个构晶离子组成等。

(二)沉淀的形状

溶液中有了晶核以后,过饱和的溶质就可以在晶核上沉积出来,晶核逐渐成长为颗粒。沉淀颗粒的大小是由晶核形成过程和晶核成长速度的相对大小所决定的。如果晶核形成的速度小于晶核成长的速度,则获得较大的沉淀颗粒,且能定向排列成为晶型沉淀;如果晶核形成的速度大于晶核成长速度,只能得到无定型沉淀。冯·韦曼(Von·Weimarn)提出了一个经验公式,认为沉淀的初始速度(即晶核形成速度)与溶液的相对过饱和度成正比。

$$V(沉淀初始速度) = K \times \frac{Q-S}{S}$$

式中 Q 表示开始瞬间溶质的总浓度;S 表示晶核的溶解度;$Q-S$ 为过饱和度;$(Q-S)/S$ 为相对过饱和度;K 为常数,它与沉淀的性质、温度、介质等有关。溶液的相对过饱和度越小,则晶核形成的速度越慢,可得到大颗粒沉淀。对于相同浓度的溶液,如果生成沉淀的溶解度越大,则相对过饱和度越小,从而易于形成晶型沉淀;反之,则易生成无定型沉淀。

(三)沉淀的条件

为了获得纯净而易于过滤和洗涤的沉淀,应根据不同类型沉淀的特点,采取不同的沉淀条件。

1. 晶型沉淀

对于晶型沉淀,主要考虑是如何获得较大的沉淀颗粒,以便过滤和洗涤,其条件一般为:

(1)沉淀应在稀溶液中进行,在不断搅拌下慢慢加入稀沉淀剂。这样在沉淀作用开始时,溶液的过饱和度不致太小,晶核生长不太多,利于形成大颗粒的晶型沉淀。

(2)沉淀作用应在热溶液中进行,可使沉淀的溶解度略增,还可增加离子的扩散速度,从而有助于沉淀颗粒的成长,同时也可减少杂质的吸附作用。

(3)必须进行陈化。当沉淀完成后,让沉淀和母液在一起放置一段时间,可使沉淀晶体完整、纯净而又粗大,这个过程叫陈化。在陈化时,晶体中不完整部分的离子重新进入溶液,而在溶液中的离子又不断回到晶体表面,使结晶趋于完整。在陈化过程中,晶体的完整化是主要的。此外由于小晶体比大晶体的溶解度大,在同一溶液中对小晶体是未饱和,对大晶体是过饱和,这样小晶体不断溶解,大晶体继续长大。

2. 无定型沉淀

对于无定型沉淀,主要考虑如何加速沉淀的凝聚,获得聚集紧密的沉淀,减少杂质吸附和防止胶体溶液的生成。其沉淀条件为:

(1)沉淀作用应在较浓溶液中进行,加入沉淀剂的速度可适当快些。在浓溶液中离子的水化程度较少,因此得到的沉淀结构紧密而含水量少,容易聚沉。但在沉淀作用完成后,应立即加入大量热水冲稀并搅拌,使在浓溶液中吸附较多的杂质转入溶液。

(2)沉淀作用应在热溶液中进行,以利于防止胶体溶液的生成,减少杂质的吸附。

（3）溶液中加入适当的电解质，目的在于使带电荷的胶体粒子互相凝聚、沉降。但加入的电解质应该是灼烧时易挥发除去的，如 NH_4Cl，NH_4NO_3 等铵盐类物质。

三、影响沉淀纯度的因素

沉淀沾污的原因主要有共沉淀和后沉淀两类。

（一）共沉淀

在进行沉淀反应时，某些可溶性杂质同时沉淀下来的现象，叫共沉淀。产生共沉淀现象的原因是由于表面吸附、吸留、生成混晶等造成。

1. 表面吸附

表面吸附是沉淀表面上吸附了杂质。产生这种现象的原因，是由于晶体表面上离子电荷的不完全等衡所引起的。例如在测定含有 Ba^{2+}、Fe^{3+} 溶液中的 Ba^{2+} 时加入沉淀剂稀 H_2SO_4，即生成 $BaSO_4$ 晶形沉淀。如图 8-1 所示。

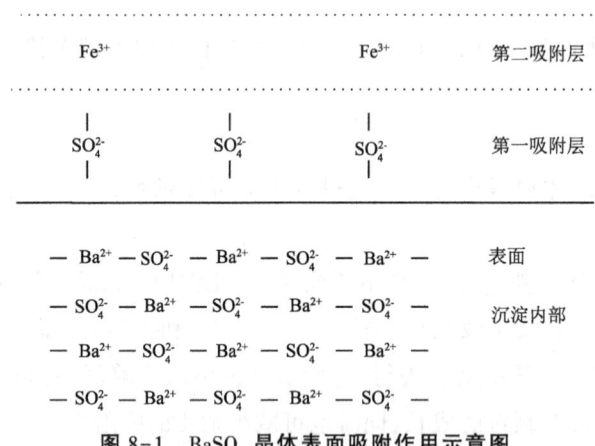

图 8-1 $BaSO_4$ 晶体表面吸附作用示意图

从图 8-1 可看出，晶体内部的每一个 Ba^{2+} 的上、下、左、右、前、后被 6 个 SO_4^{2-} 所包围（图上还有两个与纸面垂直的离子未画出来），而每个 SO_4^{2-} 也被 6 个 Ba^{2+} 包围，因此在晶体内部处于电平衡状态。可是晶体表面上的离子却只为 5 个带相反电荷的离子所包围，因此表面上离子的静电引力未被平衡，特别是棱角的离子更为显著。于是在晶体表面上便由于静电引力而吸附溶液中带相反电荷的离子。在过量沉淀剂稀 H_2SO_4 存在下，表面上 Ba^{2+} 便吸附溶液中的 SO_4^{2-}，形成第一吸附层，结果使 $BaSO_4$ 沉淀带负电荷。在沉淀表面上的第一吸附层的 SO_4^{2-} 又吸附溶液中带正电荷的 Fe^{3+}（称为抗衡离子），形成第二吸附层（亦称抗衡离子层）。第一、二吸附层共同构成双电层，在双电层里电荷是等衡的。由于吸附现象，$BaSO_4$ 沉淀表面上吸附了一层硫酸铁分子而被共沉淀下来，造成沉淀的不纯。

从静电引力作用而言，在溶液中带相反电荷的离子都同样有被吸附的可能。但实际上表面吸附是有选择性的，其规律是：

(1)对第一吸附层,首先吸附溶液中过量的构晶离子。其次是吸附与构晶离子大小相近和电荷相同的离子。例如 $BaSO_4$ 沉淀比较容易吸附 Pb^{2+}。

(2)对于第二吸附层,离子的价数越高,越容易被吸附。例如 Fe^{3+} 比 Fe^{2+} 容易被吸附。与构晶离子生成溶解度较小的化合物的离子也容易被吸附。如溶液中有 NO_3^- 和 Cl^- 同时存在时,$BaSO_4$ 首先吸附 NO_3^-,而不易吸附 Cl^-,因为 $Ba(NO_3)_2$ 的溶解度小于 $BaCl_2$。

此外,吸附杂质量的多少,还与沉淀的总表面积、杂质离子的浓度及溶液的温度有关。总的讲,沉淀的表面积越大,吸附杂质的量越多;杂质离子的浓度越大,吸附杂质的量越多;溶液的温度越低,吸附杂质的量也越多。

2. 吸留

在沉淀过程中,当沉淀剂较浓,加入速度又较快,沉淀迅速长大,则先被吸附在沉淀表面的杂质离子来不及离开沉淀,于是就陷入沉淀晶体内部。这种现象称为吸留现象。所以在进行沉淀时加入沉淀剂的速度应慢些,以尽量避免此种现象发生。

3. 生成混晶

被吸附的杂质和沉淀具有相同的晶格,或相同的电荷和相近的离子半径,则杂质将进入晶格排列中形成混晶共沉淀。如
$BaSO_4$-$PbSO_4$、$AgCl$-$AgBr$、$MgNH_4PO_4 \cdot 6H_2O$-$MgNH_4AsO_4 \cdot 6H_2O$ 等。

(二)后沉淀

当沉淀析出之后,溶液中杂质离子随后慢慢沉淀到原沉淀上的现象,称为后沉淀现象。而且沉淀的量随放置时间延长而增多。例如在含有 Cu^{2+}、Zn^{2+} 等离子的酸性溶液中,通入 H_2S。CuS 沉淀的表面上就析出 ZnS 沉淀。又如采用沉淀 CaC_2O_4 以测定 Ca^{2+} 时,常有 MgC_2O_4 后沉淀于 CaC_2O_4 上。

第三节 重量分析法的应用

重量分析法在工业生产中应用广泛。

目前,石油产品中硫及硫化物的含量主要采用重量法测量。石油产品中硫及硫化物含量高会影响油品的安定性,加速油品氧化、变质进程,甚至导致贮油容器或使用设备的腐蚀。石油产品一般不溶于水,故测定前首先要用氧弹法将石油产品中的硫元素转变为溶于水的 SO_4^{2-} 离子,然后在酸性条件下利用 $BaCl_2$ 进行沉淀过滤,过滤产物在高温下灼烧灰化,最后称量灼烧产物,计算出试样的硫含量。

习 题

1. 下列情况,有无沉淀生成?

(1) 0.001 mol/L Ca(NO$_3$)$_2$ 溶液与 0.01 mol/L NH$_4$HF$_2$ 溶液以等体积相混合;

(2) 0.01 mol/L MgCl$_2$ 溶液与 0.1 mol/L NH$_3$、1 mol/L NH$_4$Cl 溶液等体积相混合。

2. 为了使 0.2032 g (NH$_4$)$_2$SO$_4$ 中的 SO$_4^{2-}$ 沉淀完全,需要每升含 63 g BaCl$_2$·2H$_2$O 的溶液多少毫升?

3. 计算下列换算因数:

(1) 从 Mg$_2$P$_2$O$_7$ 的质量计算 MgSO$_4$·7H$_2$O 的质量。

(2) 从 (NH$_4$)$_3$PO$_4$·12MoO$_3$ 的质量计算 P 和 P$_2$O$_5$ 的质量。

(3) 从 Cu(C$_2$H$_3$O$_2$)$_2$·3Cu(AsO$_2$)$_2$ 的质量计算 As$_2$O$_3$ 和 CuO 的质量。

(4) 从丁二酮肟镍 Ni(C$_4$H$_8$N$_2$O$_2$)$_2$ 的质量计算 Ni 的质量。

(5) 从 8-羟基喹啉铝 (C$_9$H$_6$NO)$_3$Al 的质量计算 Al$_2$O$_3$ 的质量。

4. 以过量的 AgNO$_3$ 处理 0.3450 g 的不纯 KCl 试样,得到 0.6237 g AgCl,求试样中 KCl 的质量分数。

5. 欲获得 0.30 g Mg$_2$P$_2$O$_7$ 沉淀,应称取含镁 4.0% 的合金试样多少克?

6. 有纯的 CaO 和 BaO 的混合物 1.500 g,转化为混合硫酸盐后重 3.000 g,计算原混合物中 Ca 和 Ba 的质量分数。

7. 铸铁试样 1.000 g,放置电炉中,通氧燃烧,使其中的碳氧化成 CO$_2$,用碱石棉吸收,后者增重 0.0825 g,求铸铁中含碳的质量分数。

8. 取磷肥 2.500 g,萃取其中有效 P$_2$O$_5$,制成 250 mL 试样,吸取 10.00 mL 试液,加入 HNO$_3$,加 H$_2$O 稀释至 100 mL,加喹钼柠酮试剂,将其中 H$_3$PO$_4$ 沉淀为柠钼酸喹啉。沉淀分离后,洗涤至中性,然后加 25.00 mL 0.2500 mol/L NaOH 溶液,使沉淀完全溶解。过量的 NaOH 以酚酞作指示剂用 0.2500 mol/L HCl 溶液回滴,用去 3.25 mL。计算磷肥中有效 P$_2$O$_5$ 的质量分数。

9. 用重量法测定磷矿石中的磷含量。试样经一系列处理后,得到称量形式 Mg$_2$P$_2$O$_7$,试由下列数据计算干燥试样中 P$_2$O$_5$ 的质量分数:试样含湿量 0.45%;称取试样量 0.4000 g;Mg$_2$P$_2$O$_7$ 的质量为 0.2480 g。

10. 称取 0.4817 g 硅酸盐试样,将它做适当处理后,获得 0.2630 g 不纯的 SiO$_2$ (主要含有 Fe$_2$O$_3$、Al$_2$O$_3$ 等杂质)。将不纯的 SiO$_2$ 用于 H$_2$SO$_4$-HF 处理,使 SiO$_2$ 转化为 SiF$_4$ 而除去。残渣经灼烧后,其质量为 0.0013 g。计算试样中纯 SiO$_2$ 的含量。若不经 H$_2$SO$_4$-HF 处理,杂质造成的误差有多大?

11. 称取 0.4670 g 正长石试样,经熔样处理后,将其中 K^+ 沉淀为四苯硼酸钾 $K[B(C_6H_5)_4]$,经烘干后,沉淀质量为 0.1726 g,计算试样中 K_2O 的质量分数。

12. 将 12.34 L 的空气试样通过 H_2O_2 溶液,使其中的 SO_2 转化为 H_2SO_4,以 0.01208 mol/L $Ba(ClO_4)_2$ 溶液 7.68 mL 滴定至终点。计算空气试样中 SO_2 的质量和 1 L 空气试样中 SO_2 的质量。

13. 某化学家欲测量一个大水桶的容积,但手边没有可用以测量大体积液体的适当量具,他把 420 g NaCl 放入桶中,用水充满水桶,混匀溶液后,取 100.0 mL 所得溶液,以 0.0932 mol/L $AgNO_3$ 溶液滴定,达终点时用去 28.56 mL。该水桶的容积是多少?

14. 有一纯 KIO_x,称取 0.4988 g,将它进行适当处理,使之还原成碘化物溶液,然后以 0.1125 mol/L $AgNO_3$ 溶液滴定,到终点时用去 20.72 mL,求 x 值。

15. 有一纯有机化合物 $C_4H_8SO_x$,将该化合物试样 174.4 mg 进行处理分解后,使 S 转化为 SO_4^{2-},取其 1/10,再以 0.01268 mol/L $Ba(ClO_4)_2$ 溶液滴定,以吸附指示剂指示终点,达终点时,耗去 11.45 mL,求 x 值。

第九章 分光光度法

分光光度法是以物质对光的选择性吸收为基础的分析方法,又称吸光光度法。根据物质所吸收的光的波长范围不同,分光光度法又有紫外、可见及红外分光光度法。本章重点讨论可见光分光光度法。

第一节 概 述

一、分光光度法的特点

1. 灵敏度高

通常,分光光度法检测下限达到 10^{-6} mol·L^{-1},适用于微量组分的测定。

2. 应用广泛

几乎所有的无机离子和许多有机化合物都可以采用分光光度法进行测定。如土壤中的氮、磷以及植物灰、动物体液中各种微量元素的测定。

3. 操作简便、迅速

分光光度法的仪器设备不复杂,若采用灵敏度高、选择合适的有机显色剂,并加入适当的掩蔽剂,一般不经过分离即可进行分光光度测定。光度法的相对误差通常为2%~5%,其准确度虽不及重量法和容量法,但对于微量组分的测定,结果还是很满意的。

二、溶液颜色与光吸收的关系

光波是一种电磁波。电磁波包括无线电波、微波、红外光、可见光、紫外光、X射线、γ射线。可见光只是电磁波中很小的一个波段,波长范围为400~750 nm。

在可见光区,单色光是具有单一波长的光,而复合光则是由不同波长的光组合而成。日光、白炽灯都是复合光。一束白光(复合光)通过三棱镜分光,便可得到红、橙、黄、绿、青、蓝、紫等色光,这些色光也并非原来意义上的单色光(因其不纯)。反过来,如果将上述色光按一定强度比例混合后,又可得到白光。同样,两种特定的光色按一定比例混合也可得到白光,我们称这特定的两种色光为互补光。大体上说,红与青、黄与蓝、绿与紫、橙与青蓝等色光能两两互补为白光,因此,称它们为互补光。

物质(包括溶液)显不同颜色是由于光的互补性造成的。黑色物体是因吸收了白光中所有色光;白色物体(或无色液体)是因为不吸收任何光,是其全部反射;蓝色液体(如硫酸铜)是因为选择性吸收了白光中的黄光,其余色光均透过或反射,而蓝光得不到互补,故而硫酸铜显蓝色;高锰酸钾溶液因吸收了白光中的绿色光而呈现紫色……总之,溶液所呈现出的颜色,是它所吸收的光互补色。表9-1列出了溶液的颜色与吸收光之间的互补关系。

任何一种溶液,对不同波长的光的吸收程度都是不相等的。如将各种波长的单色光依次通过一定浓度的某一溶液,测量该溶液对各种单色光的吸收程度,以波长(λ)为横坐标,以吸光度为纵坐标,可作出一条曲线,叫作吸收曲线或吸收光谱。光谱峰值处称为最大吸收,它所对应的波长称为最大吸收波长,用 λ_{max} 表示。现用3种不同浓度的1,10-邻二氮杂菲亚铁溶液,分别测量它的吸光度,绘出的曲线见图9-1。

表9-1 物质颜色与吸收光颜色的互补关系

物质颜色	吸收光	
	颜色	波长/nm
黄绿	紫	400~450
黄	蓝	450~480
橙	绿蓝	480~490
红	蓝绿	490~500
紫红	绿	500~560
紫	黄绿	560~580
蓝	黄	580~600
绿蓝	橙	600~650
蓝绿	红	650~780

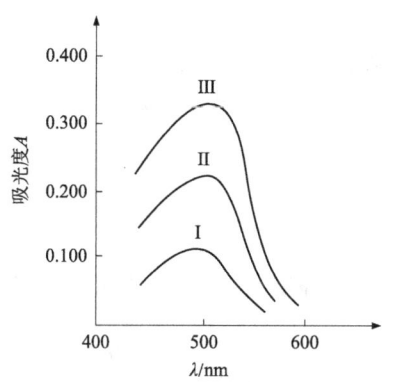

图9-1 1,10-邻二氮杂菲亚铁溶液的吸收曲线

图9-1说明了1,10-邻二氮杂菲亚铁溶液对波长为510 nm附近的绿色光有最大吸收,而对紫色和红色光则吸收很少。虽然1,10-邻二氮杂菲亚铁溶液浓度不同,但最大吸收波长不变,都在510 nm。在最大吸收波长处测定吸光度,则灵敏度最高。

在实际测定中,常选用该物质的最大吸收波长作为测量波长。

第二节 分光光度法的原理

一、光吸收基本定律

当一束平行的单色光照射均匀的有色溶液时,光的一部分被吸收,一部分透过溶液,一部分被比色皿的表面反射。如果入射光的强度为 I_0,吸收光的强度为 I_a,透过光的强度为 I_1,反射光的强度为 I_r,则

$$I_0 = I_a + I_1 + I_r$$

在吸光光度法中,由于采用同样材质的比色皿进行测量,反射光的强度基本上相同,其影响可以相互抵消,上式可简化为

$$I_0 = I_a + I_1$$

透过光的强度 I_0 与入射光的强度 I_1 之比称为透光度或透光率,用 T 表示。

$$T = \frac{I_1}{I_0}$$

溶液的透光度愈大,说明对光的吸收愈小;反之,透光度愈小,则溶液对光的吸收愈大。

经过对一系列均匀介质(固体、液体和气体)的吸光试验,得到了朗伯定律和比耳定律,其为分光光度法的理论基础。

(一) 朗伯定律

一束单色光通过溶液后,由于溶液吸收了一部分光能,光的强度就要减弱。若溶液的浓度不变,液层越厚,透过光的强度越小,光线减弱的程度越大。

如果将液层分成许多无限小的相等的薄层,其厚度为 db(图 9-2)。设照射在薄层上的光强度为 I,当光通过薄层后,光强度减弱为 $-dI$,则 dI 与 db 及 I 成正比,$-dI \propto Idb$,从而

$$-\frac{dI}{I} = k_1 db$$

若入射光强度为 I_0,透过光强度为 I_1,将上式积分,得到

$$-\int_{I_0}^{I_1} \frac{dI}{I} = k_1 \int_0^b db$$

$$-(\ln I_1 - \ln I_0) = k_1 b$$

$$\ln I_0 - \ln I_1 = k_1 b$$

$$\ln \frac{I_0}{I_1} = k_1 b$$

将自然对数变为常用对数,得到

$$\lg \frac{I_0}{I_1} = k_2 b \tag{9-1}$$

式(9-1)就是光吸收与液层厚度的关系式,常称为朗伯定律。其表明,$\lg \frac{I_0}{I_1}$即透光度倒数的对数$\lg \frac{1}{T}$与液层厚度成正比。若用A表示$\lg \frac{I_0}{I_1}$或$\lg \frac{1}{T}$,则式(9-1)可表示为

$$A = \lg \frac{I_0}{I_1} = \lg \frac{1}{T} = k_2 b \tag{9-2}$$

A称为溶液的吸光度(也称为消光度E或光密度D)。式(9-2)中,k_2是比例常数,它随入射光的波长、溶液的性质和温度而改变。式(9-2)表明,当入射光的波长、溶液的浓度和温度一定时,溶液的吸光度与液层厚度成正比。

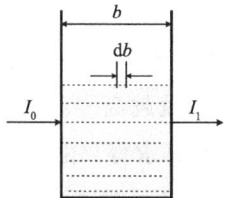

图 9-2 光吸收示意图

(二)比耳定律

当一束单色光通过液层厚度一定的溶液时,溶液的浓度愈大,光线强度减弱愈显著。若有色溶液的浓度增加dc,入射光通过溶液后,强度的减弱$-dI$与入射光强度I及dc成正比,即

$$-dI = k_3 I dc$$

$$-\frac{dI}{I} = k_3 dc$$

将上式积分,同样可得到关系式$\lg \frac{I_0}{I_1} = k_4 c$,即

$$A = \lg \frac{I_0}{I_1} = k_4 c \tag{9-3}$$

式(9-3)就是吸光度与溶液浓度的关系,通常称为比耳定律。常数k_4的数值随入射光的波长、溶液的性质及温度而变。比耳定律表明,当入射光波长、波层厚度一定时,溶液的吸光度与其浓度成正比。

(三)朗伯-比耳定律

如果溶液浓度和液层厚度都是可变的,就要同时考虑溶液浓度c和液层厚度b

对吸光度的影响。为此,将式(9-2)和式(9-3)合并,得到

$$A = \lg \frac{I_0}{I_1} = \lg \frac{1}{T} = kbc \qquad (9-4)$$

式中 k 是比例常数,其数值与入射光波长、溶液的性质和温度有关。通常称为朗伯-比耳定律。

(四) 吸光系数、摩尔吸光系数

在式(9-4)中,k 值决定于 c、b 所用的单位,它与入射光的波长及溶液的性质有关。当 c 以 g/L、液层厚度 b 以 cm 表示时,常数 k 以 α 表示,称为吸光系数,单位为 L/(g·cm)。此时,式(9-4)变为

$$A = \alpha bc \qquad (9-5)$$

若 b 以 cm 为单位,c 以 mol/L 为单位,则将称 k 为摩尔吸光系数,以符号 ε 表示,其单位为 L/(mol·cm)。ε 的物理意义表达了当吸光物质的浓度为 1 mol/L、液层厚度为 1 cm 时溶液的吸光度。在这种条件下式(9-4)可改写为

$$A = \varepsilon bc \qquad (9-6)$$

摩尔吸光系数是有色化合物的重要特性。ε 愈大,表示该物质对某波长的光吸收能力愈强,因而光度测定的灵敏度就越高。ε 的值,不能直接取 1 mol/L 这样高浓度的有色溶液来测量,而只能通过计算求得。由于溶液中吸光物质的浓度常因解离、聚合等因素而改变,因此,计算 ε 时,必须知道溶液中吸光物质的真正浓度。但通常在实际工作中,多以被测物质的总浓度计算,这样计算出的 ε 值称为表观摩尔吸光系数。文献中所报道的 ε 值就是表观摩尔吸光系数值。

例1 浓度为 25.5 μg/50 mL 的 Cu^{2+} 溶液,用双环己酮草酰二腙光度法测定,在波长 60 mm 处用 2 cm 比色皿测量 $A = 0.297$,计算摩尔吸光系数。

解:已知 Cu 原子量为 63.55,

$$[Cu^{2+}] = \frac{25.5 \times 10^{-3}/50}{63.55} = 8.0 \times 10^{-6} (mol/L)$$

$$\varepsilon = \frac{A}{cb} = \frac{0.297}{8.0 \times 10^{-6} \times 2} = 1.9 \times 10^4 [L/(mol \cdot cm)]$$

二、显色反应及显色条件的选择

在进行比色分析或光度分析时,首先要利用显色反应把待测组分转变成有色化合物,然后进行比色或光度测定。将待测组分转变成有色化合物的反应叫显色反应。与待测组分形成有色化合物的试剂称为显色剂。在分析工作中选择合适的显色反应,并严格控制反应条件,是十分重要的。

(一) 显色反应的选择

显色反应可分为两大类,即配位反应和氧化还原反应,而配位反应是最主要的显

色反应。同一组分常可与多种显色剂反应,生成不同的有色物质,在分析时,究竟选用何种显色反应较适宜,应考虑以下因素。

灵敏度高。光度法一般用于微量组分的测定,因此,选择灵敏的显色反应是应考虑的主要方面。摩尔吸光系数 ε 的大小是显色反应灵敏度高低的重要标志,因此应当选择生成的有色物质的 ε 较大的显色反应。一般来说,当 ε 值为 $10^4 \sim 10^5$ 时,可认为该反应灵敏度较高。如表 9-2 中,Cu^{2+} 与 BGO、DDTG 或二硫腙的反应灵敏度都是较高的。

表 9-2　Cu^{2+} 的显色剂及其络合物的 ε 值

显色剂	显色条件	$\lambda_{最大}$/nm	ε
氨	pH 7~9.2	620	1.2×10^2
铜试剂(DDTG)	CCl_4 萃取 pH 8.9~9.6	436	1.3×10^4
双环己酮草酰双腙(BCO)	$0.1\ mol \cdot L^{-1}$ 酸度	595	1.6×10^4
二硫腙	CCl_4 萃取	533	5.0×10^4

选择性好。选择性好指显色剂仅与一个组分或少数几个组分发生显色反应。仅与某一种离子发生反应者称为特效的(或专属的)显色剂。这种显色剂实际上是不存在的,但是干扰较少或干扰易于除去的显色反应是可以找到的。

显色剂在测定波长处无明显吸收。试剂空白值小,可以提高测定的准确度。通常把两种有色物质最大吸收波长之差称为对比度,一般要求显色剂与有色化合物的对比度 $\Delta \lambda$ 在 60 nm 以上。

反应生成的有色化合物组成恒定,化学性质稳定。可以保证至少在测定过程中吸光度基本上不变,否则将影响吸光度测定的准确度及再现性。

(二)显色条件的选择

分光光度法是测定显色反应达到平衡后溶液的吸光度,因此要能得到准确的结果,必须从研究平衡着手,了解影响显色反应的因素,控制适当的条件,使显色反应完全和稳定。现对显色的主要条件讨论如下。

1. 显色剂用量

显色反应一般可用下式表示

$$M\ +\ R\ \Longleftrightarrow\ MR$$
（待测组分）　（显色剂）　（有色络合物）

根据溶液平衡原理,有色络合物稳定常数愈大,显色剂过量愈多,愈有利于待测组分形成有色络合物。但是显色剂过量加入,有时会引起副反应的发生,对测定反而不利。显色剂的适宜用量通过实验来确定。其方法是将待测组分的浓度及其他条件固定,然后加入不同量的显色剂,测定其吸光度,绘制吸光度(A)与浓度(c)关系曲线,一般可得到如图 9-3 所示三种不同的情况。

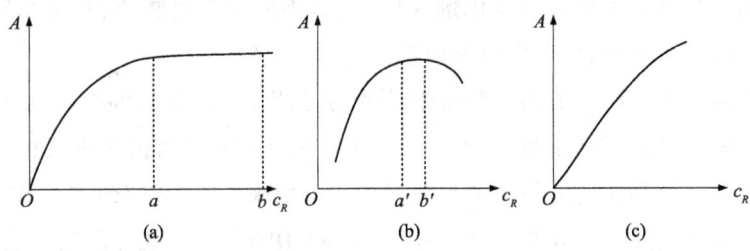

图 9-3　吸光度与显色剂浓度的关系曲线

图 9-3(a) 中曲线表明,当显色剂浓度 c_R 在 $0\sim a$ 范围内时,显色剂用量不足,待测离子没有完全转变成有色络合物,随着 c_R 增大,吸光度 A 增大。在 $a\sim b$ 范围内,曲线平直,吸光度出现稳定值,因此可在 $a\sim b$ 间选择合适的显色剂用量。这类反应生成的有色络合物稳定,对显色剂浓度控制要求不太严格,适用于亮度分析。图(b)中曲线表明,当显色剂浓度在 $a'\sim b'$ 这一较窄的范围内时,吸光度值才较稳定,显色剂浓度小于 a' 或大于 b',吸光度都下降,因此必须严格控制 c_R 的大小。如硫氰酸盐与钼的反应。

$$\text{Mo(SCN)}_3^{2+} \underset{-\text{SCN}^-}{\overset{+\text{SCN}^-}{\rightleftharpoons}} \text{Mo(SCN)}_5 \underset{-\text{SCN}^-}{\overset{+\text{SCN}^-}{\rightleftharpoons}} \text{Mo(SCN)}_6^-$$
　　　　　　　　　　　　(橙红)　　　　　(浅红)

显色剂 SCN^- 浓度太低或太高,生成配位体数低或高的络合物,吸光度都降低。图(c)中曲线表明,随着显色剂浓度增大,吸光度不断增大,例如 SCN^- 与 Fe^{3+} 离子反应,生成逐级络合物 Fe(SCN)_n^{3-n},$n=1,2,\cdots,6$,随 SCN^- 浓度增大,生成颜色愈深的高配位体数络合物,这种情况下必须十分严格地控制显色剂用量。

2. 酸度

酸度对显色反应的影响是多方面的。由于大多数有机显色剂是有机弱酸,且带有酸碱指示剂性质,在溶液中存在着下列平衡:

$$\text{HR} \rightleftharpoons \text{H}^+ + \text{R}^-$$
　　(显色剂)　　　　　　+
　　　　　　　　　$\text{Me}^{n+} \rightleftharpoons \text{MeR}_n$(有色化合物)

酸度改变,将引起平衡移动,从而影响显色剂及有色化合物的浓度变化,以致改变溶液的颜色。

此外,酸度对待测离子是否发生水解也是有影响的。

一种金属离子与某种显示剂反应的适宜酸度范围,是通过实验来确定的。确定的方法是固定待测组分及显色剂浓度,改变溶液 pH 值,测定其吸光度,作出吸光度-pH 关系曲线,选择曲线平坦部分对应的 pH 值作为测定条件。

3. 显色温度

显色反应一般在室温下进行,有的反应则需要加热,以加速显色反应进行完全。

有的有色物质当温度偏高时又容易分解。为此,对不同的反应,应通过实验找出各自适宜的温度范围。

4. 显色时间

大多数显色反应需要经一定的时间,才能完成。时间的长短又与温度的高低有关。有的有色物质在放置时,受到空气的氧化或发生光学反应,会使颜色减弱。因此必须通过实验,作出一定温度下(一般是室温下)的吸光度-时间关系曲线,求出适宜的显色时间。

干扰的消除光度分析中,共存离子如本身有颜色,或与显色剂作用生成有色化合物,都将干扰测定。要消除共存离子的干扰,可采用下列方法:

(1)加入络合掩蔽剂,使干扰离子生成无色络合物或无色离子。如用 NH_4SCN 作显色剂测定 Co^{2+} 时,Fe^{3+} 的干扰可借加入 NaF 使之生成无色的 FeF_6^{3-} 而消除。测定 M(VI) 时,也可以通过加入 $SnCl_2$ 或抗坏血酸等将 Fe^{3+} 还原为 Fe^{2+} 而避免与 SCN^- 作用。

(2)选择适当的显色条件以避免干扰。如利用酸效应,控制显色剂解离平衡,降低[R],使干扰离子不与显色剂作用。如用磺基水杨酸测定 Fe^{3+} 离子时,Cu^{2+} 与试剂形成黄色络合物,干扰测定,但如控制 pH 在 2.5 左右,Cu^{2+} 则不与试剂反应。

(3)分离干扰离子。在不能用掩蔽剂的情况下,可采用沉淀、离子交换或溶剂萃取等分离方法除去干扰离子。其中,尤以萃取分离法使用较多,并可直接在有机相中显色,这类方法称为萃取光度法。

此外,也可选择适当的光度测量条件(例如适当的波长或参比溶液),消除干扰离子的影响。

综上所述,建立一个新的光度分析方法,必须通过实验对上述各种条件进行研究。应用某一显色反应进行测定时,必须对这些条件进行适当的控制,并使试样的显色条件与绘制标准曲线时的条件一致,这样才能得到重现性良好而准确度高的分析结果。

三、吸光度测量条件的选择

为使光度法有较高的灵敏度和准确度,除了要注意选择和控制适当的显色条件外,还必须选择和控制适当的吸光度测量条件。主要应考虑如下几点。

(一)入射光波长的选择

入射光的波长应根据吸收光谱曲线,以选择溶液具有最大吸收时的波长为宜。这时因为在此波长处摩尔吸光系数值最大,使测定有较高的灵敏度,同时,在此波长处的一个较小范围内,或干扰物质在此波长处有强烈的吸收,那么可选用非最大吸收处的波长。但应注意尽可能选择 ε 值随波长改变而变化不太大的区域内的波长。现以图 9-4 为例。显色剂与钴络合物在 420 nm 波长处均有最大吸收峰。如用此波长测定钴,则未反应的显色剂会发生干扰而降低测定的准确度。因此,必须选择 500 nm 波长测定,在此波长下显色剂不发生吸收,而钴络合物则有一吸收平台。用此波长测定,灵敏度虽有所下降,却消除了干扰,提高了测定的准确度和选择性。

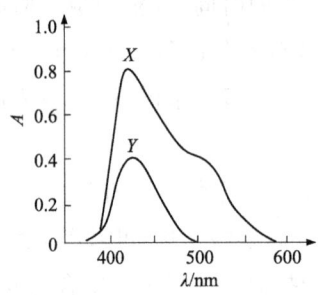

X:钴配合物 Y:1-亚硝基-2 萘酚-3,6 磺酸

图 9-4　曲线 A-钴络合物的吸收曲线

(二) 参比溶液的选择

在吸光度的测量中,必须将溶液装入由透明材料制成的比色皿中,因而,将发生反射、吸收和透射等作用。由于反射,以及溶剂、试剂等对光的吸收会造成入射光强度的减弱,为了使光强度的减弱仅与溶液中待测物质的浓度有关,必须对上述影响进行校正。为此,应采用光学性质相同、厚度相同的比色皿盛参比溶液,调节仪器使透过参比皿的吸光度为零。测得试液的吸光度为

$$A = \lg \frac{I_0}{I} \approx \lg \frac{I_{参比}}{I_{试液}}$$

也就是说,实际上是以通过参比皿的光强度作为入射光强度。这样测得的吸光度比较真实地反映了待测物质对光的吸收,也就能比较真实地反映待测物质的浓度。因此,在光度分析中,参比溶液的作用是非常重要的。一般选择参比溶液的原则如下。

(1) 如果仅待测物与显色剂的反应产物有吸收,可用纯溶剂作参比溶液。

(2) 如果显色剂或其他试剂略有吸收,应用空白溶液(不加试样溶液)作参比溶液。

(3) 如试样中其他组分有吸收,但不与显色剂反应,则当显色剂无吸收时,可用试样溶液作参比溶液,当显色剂略有吸收时,可在试液中加入适当掩蔽剂将待测组分掩蔽后再加显色剂,以此溶液作参比溶液。

选择参比液总的原则是,使试液的吸光度真正反映待测物的浓度。

(三) 吸光度读数范围的选择

在不同吸光度范围内读数对测定带来不同程度的误差。这可推证如下。

设试液服从比耳定律,则

$$-\lg T = \varepsilon bc$$

将上式微分,得

$$-\mathrm{d}\lg T = -0.434 \mathrm{d}\ln T = \frac{-0.434}{T}\mathrm{d}T = \varepsilon b \mathrm{d}c$$

将两式相除,整理后得

$$\frac{\mathrm{d}c}{c} = \frac{0.434}{T\lg T}\mathrm{d}T$$

以有限值表示,可写作

$$\frac{\Delta c}{c} = \frac{0.434}{T\lg T}\Delta T \qquad (9-7)$$

式中,$\frac{\Delta c}{c}$ 表示浓度的相对误差;ΔT 表示透光度的绝对误差。

一般分光亮度计的 ΔT 为 ±0.2%～±2%。今假定为 0.5%,代入式(9-7),算出不同透光度值时的浓度相对误差,并列入表 9-3。

表 9-3 不同 T(或 A)时的浓度相对误差(假定 T = ±0.5%)

透光度 $T/\%$	吸光 A	浓度相对误差 $\frac{\Delta c}{c} \times 100\%$	透光度 $T/\%$	吸光 A	浓度相对误差 $\frac{\Delta c}{c} \times 100\%$
95	0.022	(±)10.2	40	0.399	1.36
90	0.046	5.3	30	0.523	1.38
80	0.097	2.8	20	0.699	1.55
70	0.155	2.0	10	1.000	2.17
60	0.222	1.63	3	1.523	4.75
50	0.301	1.44	2	1.699	6.38

由表 9-3 可以看出,浓度相对误差大小和透光度读数范围有关。当所测吸光度在 0.15～1.0 或 T = 70%～10% 的范围内,浓度测量误差约为 1.4%～2.2%,最小误差为 1.4%(ΔT = 0.5%)。测量的吸光度过低或过高,误差都是非常大的,因而普通分光光度法不适用于高含量或极低含量物质的测定。

上述讨论中,假定透光度绝对误差 ΔT 与透光度值无关,是一个常数,ΔT 被认为是由刻度读数不可靠所引起的误差的因素很多,难以找到误差函数的确切表达式,因而在实际工作中,应参照仪器说明书,创造条件使测定在适宜的吸光度范围内进行。例如 1200 型分光光度计适宜测定的吸光度范围为 0.1～0.65。根据朗伯-比耳定律,可以改变吸收池厚度或待测液浓度,使吸光度读数处在适宜范围内。

第三节 分光光度法的应用

一、石油产品中萘系烃的测定

喷气式发动机对燃料的要求非常严格,为保证发动机的正常工作,要求航空煤油、喷气燃料具有良好的燃烧性能,即在任何情况下能连续平稳、迅速和完全燃烧。因此,要求航空煤油热值高、燃烧速度快、能充分燃烧、不生成积碳和腐蚀性产物等。飞行实验的结果表明芳香烃,特别是双环芳香烃,由于燃烧性能差,生成积碳的倾向最大。燃料中若有较多双环芳香烃,经过4~7小时飞行后,喷嘴及火花塞上便沉积大量的积碳,一旦发动机熄火再次点燃便发生困难。经过30小时飞行后,这种燃料便会在火焰筒壁上产生大量积碳。有些情况下,含有双环芳香烃的燃料,燃烧中产生的碳粒被气流带走,碳粒增多,火焰辐射增强,过量的热辐射传至火焰筒壁时,筒壁温度升高,引起火焰筒裂纹、变形,甚至烧穿。实验指出,当双环芳香烃含量大于3%以后,积碳的危害较为显著。

航空煤油在燃烧时,其中的萘、苊及其烷基衍生物(简称萘系烃)比单环芳香烃更易产生积碳、黑烟和热辐射,因此萘系烃含量是评价煤油型航空燃油燃烧性能的主要指标之一,规定萘含量不大于3%,以限制双环芳香烃的含量,保证航空煤油的燃烧性能。

萘系烃在紫外区有较强的吸收峰,根据航空煤油在285 nm处的吸光度大小可以判断航空煤油中萘系烃的含量。测定时,以待测航空煤油为溶质,异辛烷为溶剂,配制一定浓度的航空煤油的异型烷溶液,测定其在285 nm处的吸光度,计算试样中萘系烃含量。这一方法适用于终馏点不高于315 ℃的航空煤油中体积含量不高于5%的萘系烃含量的测定。其中,异辛烷要求光谱级,其波长在240~300 nm内,采用1 cm吸收池,以蒸馏水作参比,其透光率应大于90%。

美国石油学会API 44号研究项目已经发布了C_{10}到C_{13}各种萘系烃在285 nm处的紫外吸光系数。所以测定时可以直接用C_{10}到C_{13}混合萘系烃在285 nm处的吸光系数的算术平均值33.7 $L \cdot g^{-1} \cdot cm^{-1}$作为所测定萘系烃的吸光系数,计算分析结果。

二、石油产品中铜含量的测定

氧化安定性是指石油产品在长期储存或长期高温下使用时抵抗热和氧化作用、保持其性质不发生永久变化的能力。金属离子,特别是铜离子对喷气燃料热氧化安定性具有较大影响。铜离子在喷气燃料中可起到催化作用,当其含量超标,可加速烃类物质的氧化反应,严重时可生成胶质和沉淀,导致飞机供油系统过滤器堵塞,因此,对轻质石油产品中铜离子含量必须进行监测。

将采集的试样用次氯酸钠破坏,用稀盐酸萃取分离,溶解于微碱性溶液中,以柠檬酸为掩蔽剂,在异辛烷溶剂中,使二乙基二硫代氨基甲酸铅与铜离子生成黄色络合物,在波长 438 nm 处测定其吸光度,从而测定出试样中铜离子含量。

习 题

1. 0.088 mg Fe^{3+} 用硫氰酸盐显色后,在容量瓶中用水稀释到 50 mL,用 1 cm 比色皿,在波长 480 nm 处得 $A=0.740$。求吸收系数 a 及 ε。

2. 用二硫腙光度法测定 Pb^{2+}。Pb^{2+} 的浓度为 0.08 mg/50 mL,用 2 cm 比色皿在 500 nm 下测得 $T=53\%$,求 ε。

3. 取钢试样 1.00 g,溶解于酸中,将其中锰氧化成高锰酸盐,准确配制成 250 mL,测得其吸光度为 1.00×10^{-3} mol/L $KMnO_4$ 溶液的吸光度的 1.5 倍。计算钢中锰的质量分数。

4. 在相同条件下测得 1.00×10^{-2} mol/L 标准铜溶液和含铜试剂的吸光度分别为 0.699 和 1.00,如光透计透光读数误差为 $\pm 0.5\%$,测试液浓度测定的相对误差为多少?

5. 某含铁约 0.2% 的试样用邻二氮菲亚铁光度法($\varepsilon = 1.1 \times 10^4$ L·mol^{-1}·cm^{-1})测定。试样溶解后稀释至 100 mL,用 1 cm 比色皿,在 508 nm 波长下测定吸光度。

(1) 为使吸光度测量引起的浓度相对误差最小,应当称取试样多少克?

(2) 如果使用的光度计透光度最适宜读数范围为 0.200~0.650,测定溶液应控制的含铁的浓度范围为多少?

6. 用摩尔比法测定 Mn^{2+} 与配合剂 R 形成的有色配合物的组成及稳定常数。固定 Mn^{2+} 浓度为 2.00×10^{-4} mol/L 时,用 1 cm 比色皿在 525 nm 波长处测得如下数据。

C_R/(mol·L^{-1})	A_{525}	C_R/(mol·L^{-1})	A_{525}
0.500×10^{-4}	0.112	2.50×10^{-4}	0.449
0.750×10^{-4}	0.162	3.00×10^{-4}	0.463
1.00×10^{-4}	0.216	3.50×10^{-4}	0.470
2.00×10^{-4}	0.372	4.00×10^{-4}	0.470

求:(1) 配合物的化学式;(3) 配合物在 525 nm 处的 ε;(3) 配合物的 $K_{稳}$。

第十章 电位分析法

电位分析法是应用电化学的基本原理和技术,研究在化学电池内发生的特定现象,利用物质的组成及含量与电池的电学量,如电导、电位、电流、电荷量等有一定的关系而建立起来的一类分析方法,是化学的一个重要的组成部分。

第一节 概 述

电位分析法是电化学分析中的一种方法,它是一种在零电流下测量电极电位的方法,其中包括直接电位法和电位滴定法。

直接电位法是通过测量电池电动势来确定待测离子活度的方法。电位滴定法是通过测量滴定过程中电池电动势的变化来确定终点的方法。

一个电极的电位与其相应离子的活度之间的关系可用能斯特方程式表示。若将某种金属插入该金属离子的溶液中构成电极,其电极电位为

$$\varphi_{M^{n+}/M} = \varphi^{\ominus}_{M^{n+}/M} + \frac{RT}{nF}\ln\alpha_{M^{n+}} \tag{10-1}$$

式中 $\alpha_{M^{n+}}$ 为金属离子的活度。电极的电位随金属离子活度的不同而变化,这种电极电位随待测离子活度不同而变化的电极称为指示电极。由于单一电极的电位无法直接测量,在电位分析法中,常将一支指示电极与另一支电位恒定的参比电极和待测溶液组成工作电池来测量其电动势。设电池为

$$M \mid M^{n+} \parallel 参比电极$$

则电池电动势为

$$E = \varphi_{参比} - \varphi_{M^{n+}/M} = \varphi_{参比} - \varphi^{\ominus}_{M^{n+}/M} - \frac{RT}{nF}\ln\alpha_{M^{n+}} \tag{10-2}$$

上式中 $\varphi_{参比}$、$\varphi^{\ominus}_{M^{n+}/M}$ 在一定温度下是常数,则 $\alpha_{M^{n+}}$ 便可通过测量电池电动势而求得。这就是直接电位法。如果 M^{n+} 是被滴定离子,在滴定过程中,电极电位 $\varphi_{M^{n+}/M}$ 将随 $\alpha_{M^{n+}}$ 变化而变化,电池电动势也将随之变化,通过测量 E 的变化便可确定滴定终点。这就是电位滴定法。

该方法具有下述特点。

(1) 分析速度快。电化学分析法一般都具有快速的特点,如极谱分析法有时一次可以同时测定数种元素,试样的预处理也较简单。

(2) 灵敏度高,适用于痕量甚至超痕量组分的分析。如脉冲极谱、溶出伏安法和极谱催化波法等都具有非常高的灵敏度,有的可测定浓度低至 10^{-11} mol/L、含量为 10^{-7}% 的组分。

(3) 选择性好,所需试样量少,适用于微量操作。如超微型电极,可直接刺入生物体内,测定细胞内原生质的组成,进行活体分析。

(4) 易于自动控制和计算机联用,适用于工业生产流程的监测和自动控制以及环境保护检测等。

电位滴定在油品分析中使用尤为广泛,主要原因为油品不溶于水,致使很多常用于水溶液中的指示剂、滴定剂等无法使用,而采用电极对油料中某种物质含量进行表征则更可行。如使用电位滴定法测定馏分燃料中硫醇的含量。

第二节 电位分析法的原理

一、参比电极和指示电极

参比电极是指其电极电位恒定、不随溶液组分的改变而改变的电极,它是测量电池电动势和计算电极电位的基准。标准氢电极就是最精准可靠的参比电极,但因制作麻烦,操作条件难以控制,使用起来很不方便。故在一般电化学分析中不使用标准氢电极,经常使用的是甘汞电极和银-氯化银电极(参比电极)。电极的电位随溶液中待测离子变化的电极叫指示电极,指示电极种类繁多。大体上可归类为金属电极、金属-金属难溶盐电极、惰性电极和膜电极等。本书中主要介绍甘汞电极(参比电极)和玻璃电极(指示电极)。

(一) 甘汞电极

甘汞电极是由金属汞、甘汞以及氯化钾溶液组成的电极。如图 10-1 所示,内部电极设在内玻璃管中。内玻璃管内上层为金属汞,在汞层之下为汞和甘汞(Hg_2Cl_2)的糊状混合物。一根铂丝下插入汞层中,上与导线相联。外玻璃管中盛有 KCl 溶液。内、外玻璃管下端是由陶瓷芯或玻璃砂芯组成的多孔的毛细管通道。甘汞半电池可用下式表示

$$Hg, Hg_2Cl_2(固) | KCl$$

其电极反应为

$$Hg_2Cl_2 + 2e^- \rightleftharpoons 2Hg + 2Cl^-$$

25 ℃时,其电极电位

$$\varphi_{HgCl_2/Hg} = \varphi^{\ominus}_{HgCl_2/Hg} + \frac{0.0592}{2} \lg \frac{1}{\alpha^2_{Cl^-}}$$

$$\varphi_{HgCl_2/Hg} = \varphi^{\ominus}_{HgCl_2/Hg} - 0.0592\lg\alpha_{Cl^-} \qquad (10-3)$$

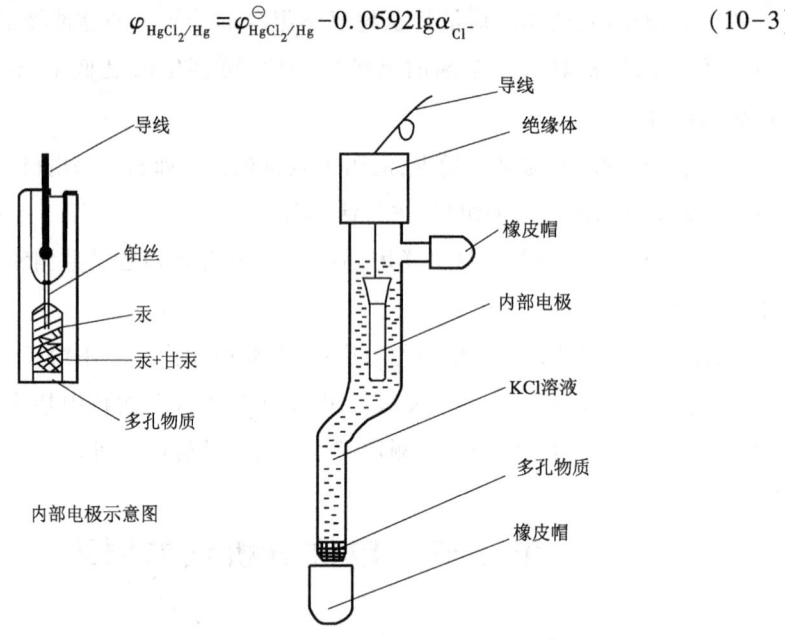

图 10-1 甘汞电极

温度一定时,甘汞电极的电极电位的高低,主要取决于外玻璃管内 Cl^- 活度,如果使 KCl 溶液保持为饱和溶液,则甘汞电极的电极电位也就固定为 +0.2438 V,称之为饱和甘汞电极,可用符号 SCE 表示。

饱和甘汞电极容易制备,操作方便,因此,电化学分析中经常用它作参比电极。

(二)玻璃电极

玻璃电极常做指示电极,其发展开始于 20 世纪初,最初是对一个插入两种[H^+]不同的溶液中的玻璃膜所产生的电位进行观测,进一步研究证明某些类型的玻璃其电位大小与两溶液的酸度呈定量关系。深入系统的研究使玻璃薄膜电极得到发展并在 pH 的电位测定方面广泛应用了半个世纪。

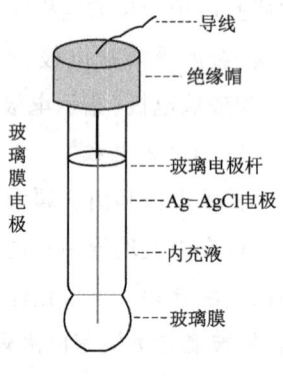

图 10-2 玻璃电极

玻璃电极结构如图 10-2 所示。它的主要部分是电极下端呈圆球形的玻璃泡,泡的下半部分是由特殊成分玻璃制成的薄膜,膜厚 80~100 μm。电极内装有 pH 值一定的缓冲溶液(内参比溶液),并插入有一支与外部导线相联的银-氯化银电极作内参比电极,整个构成了玻璃电极。

玻璃电极的内参比电极的电位是恒定的,但当玻璃电极浸泡在 pH 不同的待测溶液中时,电极的电位随之而改变。这是由于玻璃膜产生的膜电位与待测溶液的 pH 有关。

玻璃电极在使用前必须经过水浸泡才能显示 pH 电极功能。浸泡时,玻璃膜表面

形成一层水合硅胶层,胶层外表面的 Na^+ 与水中质子发生交换反应:

$$H^+ + Na^+Gl^- \rightleftharpoons Na^+ + H^+Gl^-$$

由于玻璃中硅胶盐骨架与 H^+ 的键合力比 Na^+ 大,因此,胶层表面的 Na^+ 点位几乎全部为 H^+ 侵占。但从胶层表面到内部,H^+ 的量逐渐减少而 Na^+ 的量逐渐增多。在内部的干玻璃层中,全部一价阳离子点位均为 Na^+ 所有。图 10-3 为已浸泡好的玻璃膜示意图。还需指出的是,玻璃膜内的 2 价、3 价阳离子,因其与硅胶盐骨架的结合比 1 价阳离子 Na^+ 牢固得多,因此,在浸泡时不会发生交换反应。

和表面一样,玻璃膜的内表面也形成水合硅胶层,并且胶层中的 H^+ 分布也是由表往里逐渐减少。

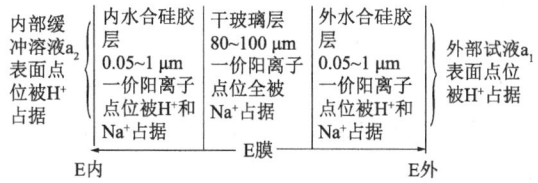

图 10-3 浸泡后的玻璃膜示意图

将浸泡过的玻璃电极浸入待测的试液中,外胶层与溶液接触时,由于胶层与试液间 H^+ 不同,便发生 H^+ 由高浓度向低浓度方向迁移,产生如下平衡:

$$H^+_{硅胶层} \rightleftharpoons H^+_{试液}$$

平衡改变了胶层-液面两相间的电荷分布,产生相界电位。同样,玻璃膜内测硅胶层与内参比溶液间也存在相界电位。玻璃膜外侧的相界电位与膜内侧的相界电位之差,即构成玻璃膜的膜电位

$$\varphi_{膜} = \varphi_{外} - \varphi_{内} \tag{10-4}$$

$\varphi_{外}$ 是玻璃外侧胶层与外部试液间的相界电位,其大小由外部溶液和胶层表面 H^+ 的活度决定;$\varphi_{内}$ 是玻璃内侧胶层与内部溶液间的相界电位,其大小由内部溶液和胶层表面 H^+ 活度决定。即

$$\varphi_{外} = K_1 + 0.059 \lg \frac{\alpha_1}{\alpha_1'} \tag{10-5}$$

$$\varphi_{内} = K_2 + 0.059 \lg \frac{\alpha_2}{\alpha_2'} \tag{10-6}$$

式中 α_1、α_2 分别为外部溶液和内部溶液的氢离子活度;α_1'、α_2' 分别为玻璃膜外部和内部水合胶层表面的氢离子活度;K_1、K_2 分别为玻璃外膜和内膜的性质特征常数。由于玻璃外膜和内膜性质基本相同,因此 $K_1 = K_2$。另外,水合胶层表面的 Na^+ 全被 H^+ 取代。而内、外层的 Na^+ 点位相同所以 $\alpha_1' = \alpha_2'$。那么,玻璃电极的膜电位为

$$\Delta\varphi_{膜} = \varphi_{外} - \varphi_{内} = 0.059 \lg \frac{\alpha_1}{\alpha_1'} \tag{10-7}$$

由于内部溶液的 H^+ 活跃为 α_2 定值,所以

$$\Delta\varphi_{\text{膜}} = K + 0.059\lg\alpha_1 = K - 0.059\text{pH} \tag{10-8}$$

式中,K 是一个常数(它包含了 α_2 的对数函数),每支玻璃电极都有自己的 K 值,K 值可通过测量准确知道氢离子活度的溶液的电动势求得。从式(10-8)可知,在一定条件下,$\Delta\varphi_{\text{膜}}$ 与 pH 呈直线关系。

从式(10-7)来看,当 $\alpha_1 = \alpha_2$ 时,$\Delta\varphi_{\text{膜}} = 0$。但实测结果并非如此,$\alpha_1 = \alpha_2$ 时 $\Delta\varphi$ 不为零,仍有电位差存在。这种电位差称为不对称电位,用 $\Delta\varphi_{\text{不对称}}$ 表示,它可能是由于薄膜内外表面在制造时存在的张力差,或使用过程中外表面的机械和化学侵蚀以及油膜或其他物质沾污等造成的。另外,不对称电位会随时间缓慢发生变化,在测定溶液 pH 值时,其影响可通过已知 pH 的标准缓冲溶液对电极校正的办法予以消除。电极在使用前用水长时间浸泡,可使不对称电位降到最小且稳定。

玻璃电极是一种对氢离子具有高度选择性的指示电极,不受氧化剂、还原剂、溶液色度或毛细管活性物质存在的影响。它达到化学平衡快,测量准确,操作简单,使用时不沾污试液。其缺点是容易损坏;一般测定范围限于 pH 1~9,pH>9,会造成碱性误差;不能用于含氟离子的溶液;电阻高,需要高输入抗阻的电子放大装置才能测定。

二、直接电位滴定法原理

试液的 pH 测定是直接电位法的一种应用,常用玻璃电极作指示电极,以饱和甘汞电极作参比电极,与试液一起组成工作电池。电池可用下式表示:

$$\text{Ag, AgCl} \mid \text{HCl} \mid \text{玻璃} \mid \text{试液} \parallel \text{KCl(饱和)} \mid \text{Hg}_2\text{Cl}_2, \text{Hg}$$

电池电动势为

$$E_x = \varphi_{\text{Hg}_2\text{Cl}_2/\text{Hg}} - \varphi_{\text{玻}} + \varphi_L \tag{10-9}$$

式中 φ_L 为液体接界电位,$\varphi_{\text{玻}}$ 为玻璃电极的电极电位。因为玻璃电极的内部是 Ag-AgCl 内参比电极,玻璃电极的单位应是内参比电极电位与膜电位之和

$$\varphi_{\text{玻}} = \varphi_{\text{AgCl/Ag}} + \Delta\varphi_{\text{膜}} \tag{10-10}$$

根据式(10-8),得

$$\varphi_{\text{玻}} = \varphi_{\text{AgCl/Ag}} + K - 0.059\text{pH}$$

其中 $\varphi_{\text{AgCl/Ag}}$ 是常数,K 在一定条件下也是常数,上式变为

$$\varphi_{\text{玻}} = K' - 0.059\text{pH} \tag{10-11}$$

K' 对某一玻璃电极而言,在一定条件下是一个常数。将式(10-11)代入式(10-9)

$$E_x = \varphi_{\text{Hg}_2\text{Cl}_2/\text{Hg}} - K' + 0.059\text{pH}_x + \Delta\varphi_L$$

在相同条件下,$\varphi_{\text{Hg}_2\text{Cl}_2/\text{Hg}}$、$K'$、$\Delta\varphi_L$ 均为常数,合并为 K'',上式变为

$$E_x = K'' + 0.059\text{pH}_x \tag{10-12}$$

或
$$\mathrm{pH} = \frac{E_x - K''}{0.059} \tag{10-13}$$

由于K''无法测定与计算,在实际测定中,只能用相似组成的标准缓冲溶液在测定中抵消。在相同条件下,测定 pH$_\text{标}$值为已知的标准缓冲溶液,测得其电池电动势为$E_\text{标}$,代入式(10-13)得

$$\mathrm{pH}_\text{标} = \frac{E_\text{标} - K''}{0.059} \tag{10-13a}$$

合并式(10-13)、(10-13a)后得

$$\mathrm{pH}_x = \mathrm{pH}_\text{标} + \frac{E_x - E_\text{标}}{0.059} \tag{10-14}$$

上式是温度为 25 ℃条件下测定的计算式,在一般条件下,上式变为

$$\mathrm{pH}_x = \mathrm{pH}_\text{标} + \frac{E_x - E_\text{标}}{2.303RT/F} \tag{10-15}$$

国际纯粹与应用化学协会建议将此式作为 pH 的实用定义,也叫 pH 标度,简称氢标。即以标准缓冲溶液的 pH$_\text{标}$为标准,通过测量得到$E_\text{标}$和E_x,用上式计算可求得 pH$_x$值。

在上述测定中,为减小误差,应选用 pH 值与待测试液相近的标准缓冲溶液,并注意尽可能使溶液的温度保持恒定。

常用的标准 pH 缓冲溶液的 pH 值见表 10-1。

表 10-1 标准 pH 值缓冲溶液

温度/℃	酒石酸氢钾(饱和溶液)	0.05 mol/L 邻苯二甲酸氢钾	0.025 mol/L KH_2PO_4,0.025 mol/L Na_2HPO_4	0.0073 mol/L KH_2PO_4,0.0302 mol/L Na_2HPO_4	0.01 mol/L 硼砂
0	—	4.006	6.981	7.53	9.458
10	—	3.996	6.921	7.47	9.330
20	—	3.998	6.879	7.43	9.226
25	3.599	4.003	6.864	7.41	9.182
30	3.551	4.010	6.852	7.40	9.142
40	3.547	4.029	6.838	7.38	9.072

第三节 电位滴定法的应用

前面讨论的直接电位法,对电极响应斜率和稳定性的要求很高,并且往往受到电极性质的限制,应用上仍不够广泛。电位滴定是一种测定滴定反应过程中电位变化

的方法,所使用的指示电极(包括离子选择性电极)不必像前者要求那样严格,并可利用化学反应,间接地测定很多本身无相应指示电极的离子,以及非水体系。电位滴定法的精度与一般滴定分析法一样,因此可以测定高含量的试样。电位滴定的最大优点是,它可以应用于不能使用指示剂的滴定场合,并且便于自动化。

一、计量点的滴定

滴定反应到达计量点时,待测物质浓度突变,引起指示电极电位产生突跃,故可用来确定滴定终点。滴定终点可以从电位对加入滴定剂体积(毫升)作图的曲线(即电位滴定曲线)求得。

二、滴定终点的确定方法

表 10-2 是 0.1 mol/L $AgNO_3$ 溶液滴定氯离子溶液时所得到的数据,指示电极是银电极,参比电极是饱和甘汞电极。

表 10-2　以 0.1 mol·L^{-1} $AgNO_3$ 溶液滴定 NaCl 溶液

加入 $AgNO_3$ 的体积 V/mL	$\dfrac{E}{V}$	$\dfrac{\Delta E/\Delta V}{V}$	$\dfrac{\Delta^2 E}{\Delta V^2}$	加入 $AgNO_3$ 的体积 V/mL	$\dfrac{E}{V}$	$\dfrac{\Delta E/\Delta V}{V}$	$\dfrac{\Delta^2 E}{\Delta V^2}$
5.0	0.062	0.002		24.20	0.194	0.39	2.8
15.0	0.085	0.004		24.30	0.233	0.83	4.4
20.0	0.107	0.008		24.40	0.316	0.24	−5.9
22.0	0.123	0.015		24.50	0.340	0.11	−1.3
23.0	0.138	0.016		24.60	0.351	0.07	−0.4
23.50	0.146	0.050		24.70	0.358	0.050	
23.80	0.161	0.065		25.00	0.373	0.024	
24.00	0.174	0.09		25.50	0.385		
24.10	0.183	0.11					

利用表 10-2 数据,可用下列方法确定终点。

(一) E-V 曲线法

用表 10-2 数据绘制 E-V 曲线,如图 10-4 所示,E(纵轴)代表电池电动势(V,mV),V(横轴)代表所加滴定剂的体积,在 S 形滴定曲线上,作两条与滴定曲线相切的平行直线,两平行线的等分线与曲线的交点为曲线的拐点,对应的体积即滴定至终点时所需的体积。

(二) $\Delta E/\Delta V$-V 曲线法

$\Delta E/\Delta V$ 代表 E 的变化值与相应的加入滴定剂体积的增量(ΔV)的比,它是 $\dfrac{\mathrm{d}E}{\mathrm{d}V}$ 的估计值。例如,在 24.10 mL 和 24.20 mL 之间

$$\frac{\Delta E}{\Delta V} = \frac{0.194 - 0.183}{24.20 - 24.10} = 0.11$$

用表 10-2 中 $\Delta E/\Delta V$ 值绘成 $\Delta E/\Delta V$-V 曲线,如图 10-4 所示。曲线的最高点对应滴定终点,曲线的一部分是用外延法绘出的。

(三) 二级微商法

这种方法基于 $\Delta E/\Delta V$-V 曲线的最高点正是二级微商 $\Delta^2 E/\Delta V^2$ 等于零处。可以通过绘制二级微商曲线图(如图 10-4 所示),或通过计算求得终点。例如:

对应于 24.30 mL

$$\frac{\Delta^2 E}{\Delta V^2} = \frac{\left(\frac{\Delta E}{\Delta V}\right)_2 - \left(\frac{\Delta E}{\Delta V}\right)_1}{\Delta V} = \frac{0.83 - 0.39}{24.35 - 24.25} = +4.4$$

对应于 24.40 mL

$$\frac{\Delta^2 E}{\Delta V^2} = \frac{0.24 - 0.83}{24.45 - 24.35} = -5.9$$

用内插法算出对应于 $\Delta^2 E/\Delta V^2$ 等于零时的体积:

$$V = 24.30 + 0.10 \times \frac{4.4}{4.4 + 5.9} = 24.04 \ (\text{mL})$$

这就是滴定终点时 $AgNO_3$ 溶液的消耗量。

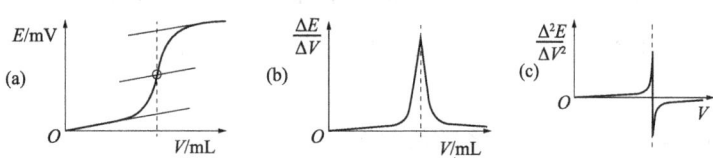

图 10-4 二级微商法计算示意图

习 题

1. 测得下列电池的电动势为 0.972 V(25 ℃),

$$Cd \mid CdX_2, X^-(0.0200 \text{ mol/L}) \parallel SCE$$

已知 $E = -0.403$ V,忽略液接电位,计算 CdX_2 的 K_{sp}。

2. 用标准甘汞电极作正极,氢电极作负极,与待测的 HCl 溶液组成电池。在 25 ℃时,测得 $E = 0.342$ V。当待测液为 NaOH 溶液时,测得 $E = 1.050$ V。取此 NaOH 溶液 20.0 mL,用上述 HCl 溶液中和完全,需用 HCl 溶液多少毫升?

3. 25 ℃时,下列电池的电动势为 0.518 V(忽略液接电位),

$$Pt \mid H_2(100 \text{ kPa}), HA(0.0100 \text{ mol/L}) A^-(0.0100 \text{ mol/L}) \parallel SCE$$

计算弱酸 HA 的 K_a 值。

4. 已知电池

$$Pt \mid H_2(100\ kPa), HA(0.200\ mol/L)NaA(0.300\ mol/L) \parallel SCE$$

测得 $E = 0.672$ V。计算 HA 的解离常数（忽略液接电位）。

5. 测得下列电池电动势为 0.873 V(25 ℃)：

$$Cd \mid Cd(8.0 \times 10^{-2}\ mol/L), CN^{-}(0.100\ mol/L) \parallel SHE$$

试计算 Cd 的稳定常数。

6. 为了测定 CuY^{2-} 的稳定常数，组成下列电池：

$$Cu \mid CuY^{2-}(1.00 \times 10^{-4}\ mol/L), Y^{4-}(1.00 \times 10^{-2}\ mol/L) \parallel SHE$$

25 ℃ 时，测得电池电动势为 0.277 V，计算 CuY^{2-} 的稳定常数。

7. 下列电池

$$Pt \mid Sn^{4+}, Sn^{2+}\text{溶液} \parallel \text{标准甘汞电极}$$

30 ℃ 时，测得 $E = 0.07$ V。计算溶液中 $[Sn^{4+}]/[Sn^{2+}]$ 比值（忽略液接电位）。

8. 用钙离子选择性电极和 SCE 置于 100 mL Ca^{2+} 试液中，测得电位为 0.415 V。加入 2 mL 浓度为 0.218 mol/L 的 Ca^{2+} 标准溶液后，测得电位为 0.430 V。计算 Ca^{2+} 的浓度。

9. 在 0.10 mol/L $FeSO_4$ 溶液中，插入 Pt 电极(+)和 SCE(-)，25 ℃ 时，测得 $E = 0.395$ V，有多少 Fe^{2+} 被氧化为 Fe^{3+}？

10. 20.00 mL 0.1000 mol/L Fe^{2+} 溶液在 1 mol/L H_2SO_4 溶液中，用 0.1000 mol/L Ce^{4+} 溶液滴定，用 Pt(+), SCE(-)组成电池，测得电池电动势为 0.50 V。此时已加入多少毫升滴定剂？

11. 某种钠敏感电极的选择系数约为 30（说明 H^+ 存在将严重干扰 Na^+ 的测定）。如用这种电极测定 pNa = 3 的 Na^+ 溶液，并要求测定误差小于 3%，则试液的 pH 必须大于多少？

12. 以 SCE 作正极，氟离子选择性电极作负极，放入 1.00×10^{-3} mol/L 的氟离子溶液中，测得 $E = -0.159$ V。换用含氟离子试液，测得 $E = -0.212$ V。计算试液中氟离子浓度。

13. 有一氟离子选择性电极，$K_{F^-,OH^-} = 0.10$，当 $[F^-] = 1.0 \times 10^{-2}$ mol/L 时，能允许的 $[OH^-]$ 为多大？（设允许测定误差为 5%）

14. 在 25 ℃ 时用标准加入法测定 Cu^{2+} 浓度，于 100 mL 铜盐溶液中添加 0.1 mol/L $Cu(NO_3)_2$ 溶液 1 mL，电动势增加 4 mV。求原溶液的总铜离子浓度。

下 篇
分析化学实验

第十一章 分析化学实验基础知识

第一节 分析化学实验的目的和要求

分析化学实验是一门专业基础实验课,它与分析化学课有着密切的联系,但又是一门单独开设的课程。通过这门课程的学习,学生可以深化分析化学课的理论知识,正确而熟练地掌握定量化学分析的基本操作技能,学会正确地记录和处理实验数据。对于化学及相关专业的学生还应学会初步设计和拟定实验方案的方法,为后续课程的学习和将来从事的分析工作打下坚实的基础。

为了学好本课程,要求学生做到以下几点。

(1) 端正学习态度。在生产和科学研究工作中每一个分析测定数据都有重要的指导意义,因此要求学生在学习阶段就要培养求实的作风。

(2) 树立勤奋学习的学风。实验前做到充分预习,认真思考所做实验中的思考题,做好实验前的一切准备工作。实验中手脑并用,实验后认真写出实验报告。

(3) 掌握基本实验技能,为将来工作打下坚实的基础。

分析化学是一门实践性很强的学科,通过验证性实验、综合性实验和设计性实验的系统性训练,可以加深对分析化学基本概念和基本理论的理解;正确和较熟练地掌握分析化学实验基本操作,学习分析化学实验的基本知识,掌握典型的化学分析方法;树立"量"的概念,运用误差理论和分析化学理论知识,找出实验中影响分析结果的关键环节,在实验中做到心中有数、统筹安排,学会正确合理地选择实验条件和实验仪器,正确处理实验数据,以保证实验结果准确可靠;培养良好的实验习惯、实事求是的科学态度、严谨细致的工作作风和坚韧不拔的科学品质;提高观察、分析和解决问题的能力,为学习后续课程和将来参加工作打下良好的基础。

第二节 试剂的一般知识

一、常用试剂的规格

化学试剂的规格是以其中所含杂质多少来划分的,一般可分为四个等级,其规格和适用范围见表11-1。

表 11-1 试剂规格和适用范围

等级	名称	英文名称	符号	适用范围	标签标志
一级品	优级纯（保证试剂）	guarante reagent	G.R.	纯度很高,适用于精密分析工作和科学研究工作	绿色
二级品	分析纯（分析试剂）	analytical reagent	A.R.	纯度仅次于一级品,适用于多数分析工作和科学研究工作	红色
三级品	化学纯	chemical pure	C.P.	纯度较二级差些,适用于一般分析工作	蓝色
四级品	实验试剂医用	laboratorial reagent	L.R.	纯度较低,适用于作实验辅助试剂	棕色或其他颜色
	生物试剂	biological reagent	B.R.或C.R.		黄色或其他颜色

此外,还有光谱纯试剂、基准试剂、色谱纯试剂等。

光谱纯试剂(符号 S.P.)的杂质含量用光谱分析法已测不出或者其杂质的含量低于某一限度,这种试剂主要用作光谱分析中的标准物质。

基准试剂的纯度相当于或高于保证试剂。基准试剂用作滴定分析中的基准物是非常方便的,也可用于直接配制标准溶液。

在分析工作中,选用的试剂的纯度要与所用方法相当,实验用水、操作器皿等要与试剂的等级相适应。若试剂都选用 G.R. 级的,则不宜使用普通的蒸馏水或去离子水,而应使用经两次蒸馏制得的重蒸馏水。所用器皿的质地也要求较高,使用过程中不应有物质溶解,以免影响测定的准确度。

选用试剂时,要注意节约原则,不要盲目追求纯度高,应根据具体要求取用。优级纯和分析纯试剂,虽然是市售试剂中的纯品,但有时由于包装或取用不慎而混入杂质或运输过程中可能发生变化,或者藏日久而变质,所以还应具体情况具体分析。对所用试剂的规格有所怀疑时应该进行鉴定。在特殊情况下,市售的试剂纯度不能满足要求时,分析者应自己动手精制。

二、取用试剂的注意事项

取用试剂时应注意保持清洁。瓶塞不许任意放置,取用后应立即盖好,以防试剂被其他物质沾污或变质。

固体试剂应用洁净干燥的小勺取用。取用强碱性试剂后的小勺应立即洗净,以免腐蚀。

用吸管吸取试剂溶液时,决不能用未经洗净的同一吸管插入不同的试剂瓶中吸取试剂。

所有盛装试剂的瓶上都应贴有明显的标签,写明试剂的名称、规格及配制日期。

千万不能在试剂瓶中装入不是标签上所写的试剂。没有标签标明名称和规格的试剂,在未查明前不能随便使用。书写标签最好用绘图墨汁,以免日久褪色。

在分析工作中,试剂的浓度及用量应按要求适当使用,过浓或过多,不仅造成浪费,而且还可能产生副反应,甚至得不到正确的结果。

三、试剂的保管

试剂的保管在实验室中也是一项十分重要的工作。有的试剂因保管不好而变质失效,这不仅是一种浪费,而且还会使分析工作失败,甚至会引起事故。一般的化学试剂应保存在通风良好、干净、干燥的房子里,防止水分、灰尘和其他物质沾污。同时,根据试剂性质应有不同的保管方法。

容易侵蚀玻璃而影响试剂纯度的,如氢氟酸、氟化物(氟化钾、氟化钠、氟化铵)、苛性碱(氢氧化钾、氢氧化钠)等,应保存在塑料瓶或涂有石蜡的玻璃瓶中。

见光会逐渐分解的试剂如过氧化氢(双氧水)、硝酸银、焦性没食子酸、高锰酸钾、草酸、铋酸钠等,与空气接触易逐渐被氧化的试剂如氯化亚锡、硫酸亚铁、亚硫酸钠等,以及易挥发的试剂如溴、氨水及乙醇等,应放在棕色瓶内,置冷暗处。

吸水性强的试剂,如无水碳酸盐、苛性钠、过氧化钠等应严格密封(蜡封)。

易相互作用的试剂,如挥发性的酸与氨,氧化剂与还原剂,应分开存放。易燃的试剂如乙醇、乙醚、苯、丙酮与易爆炸的试剂如高氯酸、过氧化氢、硝基化合物,应分开贮存在阴凉风、不受阳光直接照射的地方。

剧毒试剂如氰化钾、氰化钠、氢氟酸、氯化汞、三氧化二砷(砒霜)等,应特别妥善保管,经一定手续取用,以免发生事故。

第三节 实验数据的记录、处理和实验守则

一、实验数据的记录

实验过程中的各种测量数据及有关现象,应及时、准确、清楚地记录下来,记录实验数据时,要有严谨的科学态度,要实事求是,切忌夹杂主观因素,决不能随意拼凑和伪造数据。数据记录需要注意以下问题:

(1)实验数据一定要记录在专用记录本上,按页次顺序记录。
(2)记录一定要清楚。一是名目清楚,二是数字清楚。
(3)实验数据要真实,不得主观想象随意涂改。
(4)尽量用表格形式记录各种实验数据。
(5)实验数据的有效数字位数必须与测量工具的精度相适应。

二、实验数据的处理

定量分析的大多数实验都是要求根据实验数据求出被测组分含量(百分含量或浓度)的。任何测定都是有误差的,因此在数据处理时,除了列出计算公式,并注明有关系数、常数和化合物的式量外,还必须对测定的精密度、准确度作出计算,即分析计算出平均值、平均偏差、相对平均偏差,必要时作出实验数据的统计处理,即对数据进行可疑值的舍弃、平均值的置信区间计算。

三、实验报告的书写

一份完整的实验报告应包括以下内容:

(1)实验目的:根据教学要求和实验内容,概括说明为什么要做这个实验及通过实验应掌握的知识和技能。

(2)实验原理:简要说明实验的理论依据。

(3)实验步骤:简要说明实验的主要步骤,可用条款,也可用表格或者用箭头、符号表示,方式不限,但要简单明了,不要抄书。

(4)实验数据及其处理:包括原始实验数据的记录、实验结果的计算方法,对分析结果的精密度和准确度的计算。

(5)讨论与思考:写好讨论与总结,可以进一步深化实验效果,在此项内可以总结实验收获,讨论产生误差的原因,也可以记录做实验的心得体会,甚至是改进实验教学的建议等,要求简单明了地回答实验的思考题。

四、实验守则

(1)实验前认真预习,制订实验计划(先做什么,后做什么,使用什么仪器等),不预习者不得做实验。

(2)实验时认真思考,细心操作,不得大声喧哗。

(3)保证实验安全,严禁将试剂瓶塞"张冠李戴"。公用仪器和试剂用完后必须立即放回原处。

(4)浓酸浓碱腐蚀性强,切勿溅到皮肤和衣服上。若不小心将酸溅到皮肤或眼内,应立即使用水冲洗,然后用5%的碳酸钠溶液冲洗。如果碱液溅到皮肤或眼内,应立即使用水冲洗,然后用5%的硼酸溶液冲洗。最后再用水冲洗干净。

(5)实验数据记录在专用记录本上,实验完毕后主动将实验数据登记在教员的数据册上,经教师许可后方可离开实验室。

(6)节约水电,随手关闭水龙头和蒸馏水止水夹。实验室内保持整洁。

(7)值日生的职责:检查和整理公用仪器,清扫地面,抹净桌面,倒去污水和废液,关闭门窗水电。

第十二章　分析化学实验基本仪器和操作技术

第一节　分析天平的使用

常见的分析天平主要有机械加码光电天平和电子天平,本书主要介绍电子天平的主要结构及使用方法。

电子天平是天平中新发展的一类天平,是化学实验室常用称量仪器之一。它具有称量快捷、使用方法简便等优点。电子天平应用了现代电子控制技术进行称量,其特点是称量准确可靠,显示快速清晰并且具有自动检测系统、简便的自动校准装置和超载保护等装置。

一、电子分析天平的称量原理

电子天平采用了现代电子控制技术,利用电磁力平衡原理实现称重。即采用电磁力与被测物体重力相平衡的原理实现测量,当秤盘被加上或移去被称物时,天平则产生不平衡状态,此时通过位置检测器检测到线圈在磁钢中的瞬间位移,经过电磁力自动补偿电路使其电流变化以数字方式显示出被测物体重量。

秤盘通过支架连杆与线圈连接,线圈置于磁场内。在称量范围内时,被测重物的重力 mg 通过连杆支架作用于线圈上,这时在磁场中若有电流通过,线圈将产生一个电磁力 F,方向向上,可用下式表示:

$$F = BLI\sin\theta$$

式中,F 为电磁力;B 为磁感应强度;L 为受力导线的长度;I 为流过导线的电流强度;θ 为通电导体与磁场的夹角。

由以上公式可知,F 的大小与 B、L、I 及 $\sin\theta$ 均成正比,由于传感器设计好后,其感应线圈的规格尺寸已固定,所以其 B、L 均不再改变,而 θ 为 90°,故 $\sin\theta = 1$,因此,F 的大小与 I 成对应关系。只要测出电流 I 即可知道物体的质量 m。

若秤盘被加上或移去被称物时,电子天平则产生不平衡状态,通过位置检测器检测到线圈在磁钢中的瞬态位移,经调节器和前置放大器产生一个变化量输出,经过一系列处理使流经线圈的电流发生变化,这样使电磁力也随之变化并与被测物相抵消从而使线圈回到原来的位置,达到新的平衡状态。这就是电子天平的电磁力自动补偿电路原理。电流的变化则通过数字显示出被称物体的质量。

天平在使用过程中,其传感器和电路在工作过程中受温度影响,或传感器随工作时间变化而产生的某些参数的变化,以及气流、振动、电磁干扰等环境因素的影响,都会使电子天平产生漂移,造成测量误差。其中,气流、振动、电磁干扰等环境温度的影响可以通过对电子天平的使用条件加以约束,将其影响程度减小到最低限度。而温漂主要是来自环境温度的影响和天平内部的自身影响,其形成的原因复杂,产生的漂移大,必须加以抑制。

二、电子分析天平构造

1. 秤盘

秤盘多为金属材料制成,安装在天平的传感器上,是天平进行称量的承受装置。它具有一定的几何形状和厚度,以圆形和方形的居多。使用中应注意卫生清洁,更不要随意调换秤盘。

2. 传感器

传感器是电子天平的关键部件之一,由外壳、磁钢、极靴和线圈等组成,装在秤盘的下方。它的精度很高也很灵敏。应保持天平称量室的清洁,切忌称样时洒落物品而影响传感器的正常工作。

3. 位置检测器

位置检测器由高灵敏度的远红外发光管和对称式光敏电池组成,它的作用是将秤盘上的载荷转变成电信号输出。

4. PID 调节器

PID(比例、积分、微分)调节器的作用,就是保证传感器快速而稳定地工作。

5. 功率放大器

其作用是将微弱的信号进行放大,以保证天平的精度和工作要求。

6. 低通滤波器

它的作用是排除外界和某些电器元件产生的高频信号的干扰,以保证传感器的输出为一恒定的直流电压。

7. 模数转换器

将输入信号转换成数字信号。

8. 微计算机

微计算机是电子天平的关键部件,它是电子天平的数据处理部件,具有记忆、计算和查表等功能。

9. 显示器

现在的显示器基本上有两种:一种是数码管的显示器,另一种是液晶显示器。它们的作用是将输出的数字信号显示在显示屏幕上。

10. 机壳

其作用是保护电子天平免受到灰尘等物质的侵害,同时也是电子元件的基座等。

11. 底脚

电子天平的支撑部件,同时也是电子天平水平的调节部件,一般均靠后面两个调整脚来调节天平的水平。

三、电子分析天平使用

不同厂家的电子分析天平的使用方法可能有差异,但总体使用方法如下:

1. 调水平

天平开机前,应观察天平后部水平仪内的水泡是否位于圆环的中央,否则通过天平的地脚螺栓调节,左旋升高,右旋下降。

2. 预热

天平在初次接通电源或长时间断电后开机时,至少需要 30 分钟的预热时间。因此,实验室电子天平在通常情况下,不要经常切断电源。

3. 称量

按下 ON/OFF 键,接通显示器;等待仪器自检。当显示器显示零时,自检过程结束,天平可进行称量;放置称量纸,按显示屏两侧的 Tare 键去皮,待显示器显示零时,在称量纸加所要称量的试剂称量。称量完毕,按 ON/OFF 键,关断显示器。

四、电子分析天平性能判定

电子分析天平测量的准确性、可靠性是衡量天平好坏的重要标准。在 1991 年国家颁布实施的《JJG98-90 非自动天平计量检定规程》(试行)中,对电子天平计量检定的描述比较笼统,可操作性欠佳。目前生产电子天平的厂家比较多,有个别厂家在产品说明中未能详细地标识其性能指标,或者是标识不规范、不统一,因此,本书不介绍该部分内容。

五、称量的一般程序和方法

(一)称量的一般程序

(1)取下天平罩,叠好后平放在天平箱右后方的台面上或天平箱的顶上。

(2)称量时,操作者面对天平端坐,记录本放在胸前的台面上,存放和接受称量物的器皿放在天平箱左侧,砝码盒放在右侧。

(3)称量开始前应作如下检查和调整:

①了解待称物体的温度与天平箱里的温度是否相同。如果待称物体曾经加热或冷却过,必须将该物体放置在天平箱近旁,待该物体的温度与天平箱里的温度相同后再进行称量。盛放称量物的器皿应保持清洁干燥。

②查看天平秤盘和底板是否清洁。秤盘上如有粉尘,可用软毛刷轻轻扫净;如有斑痕脏物,可用浸有无水酒精的麂皮轻轻擦拭。底板如不干净,可用毛笔拂扫或用细布擦拭。

③检查天平是否处于水平位置。若气泡式水准器的气泡不在圆圈的中心(或铅垂式水准器的两个尖端未对准),应站立,目视水准器,用手旋转天平底板下面的两个垫脚螺丝,以调节天平两侧的高度直至达到水平为止。使用时不得随意挪动天平的位置。

④检查天平的各个部件是否都处于正常位置,如发现异常情况,应报告教员处理。

至此,各种准备工作业已完毕,天平处于工作状态,可以开始称量。

⑤称重:将被称物体放入托盘并关好左边门,读出天平读数。

⑥读数与记录:称量的数据应立即用钢笔或签字笔记录在原始数据记录本上,不能用铅笔书写,也不得记录在零星的纸片上和其他物品上。

⑦称量结束后应使天平恢复原状;将物体移出天平,做好天平内清洁,关闭天平,切断电源,然后关好所有天平门,用布罩罩好天平,方可离开天平室。

(二)称样的方法

在分析化学实验中,称取试样经常使用到的方法有:指定质量称样法、递减称样法及直接称样法。

1.指定质量称样法

在分析化学实验中,当需要用直接法配制指定浓度的标准溶液时,常常用指定质量称样法来称取基准物质,此法只能用来称取不易吸湿的,且不与空气中各种组分发生作用的、性质稳定的粉末状物质,不适用于块状物质的称量。

具体操作方法如下:首先调节好天平,用金属镊子将洁净干燥的深凹型小表面皿(通常直径为 6 cm,也可以使用扁形称量瓶)放到托盘上,去皮调零,然后用小牛角勺向表面皿内逐渐加入试样,直到所加试样只差很小质量时(通常小于 10 mg),便可以开启天平,极其小心地以左手持盛有试样的牛角勺,伸向表面皿中心部位上方 2～3 cm 处,用左手拇指、中指及掌心拿稳牛角勺,以食指轻弹(最好是摩擦)牛角勺柄,让勺里的试样以非常缓慢的速度抖入表面皿。这时,眼睛既要注意牛角勺,同时也要注视着天平读数,待读数变为要称量质量时,立即停止抖入试样。

此步操作必须十分仔细,若不慎多加了试样,用牛角勺取出多余的试样,再重复上述操作直到合乎要求为止。然后,取出表面皿,将试样直接转入接受器。

操作时应注意:

(1)加入或取出牛角勺时,试样绝不能失落在秤盘上。

(2)称好的试样必须定量地由表面皿直接转入接受器,若试样为可溶性盐类,沾在表面皿上的少量试样粉末可用蒸馏水吹洗入接受器。

2.递减(差减)称样法

称取试样的量是由两次称量之差求得的,一般称样都是采用此法。

操作方法如下:用手拿住表面皿的边沿,连同放在上面的称量瓶一起从干燥器里取出。用小纸片夹住称量瓶盖柄,打开瓶盖,将稍多于需要量的试样用牛角勺加入称量瓶,盖上瓶盖。用清洁纸条叠成约 1 cm 宽的纸带套在称量瓶上,左手拿住纸带尾部把称量瓶放在天平左盘的正中位置,选取适量的砝码放在右盘上使之平衡,称出称量瓶加试样的准确质量(准确到 0.1 mg),记下砝码的数值。左手仍用原纸带将称量瓶从天平托盘上取下,拿到接收器的上方。将瓶身慢慢向下倾斜,这时原在瓶底的试样逐渐流向瓶口。接着一边用瓶盖轻轻敲击瓶口内缘,一边转动称量瓶使试样缓缓倒入接收器内,待加入试样量接近需求量时,一边用瓶盖轻敲瓶口,一边将瓶身竖直,使黏在瓶口附近的试样落入接收器内。然后盖好瓶盖,把称量瓶放回左盘,取出纸带,关好左边门,准确称取质量。两次称量读数的差即为倒入接收器的第一份试样质量。若称取三份试样,则连续称量四次即可。

操作时应注意:

(1)若倒入的试样量不够时,可重复上述操作;如倒入的试样量大大超过所需量,则只能弃去重做。

(2)盛有试样的称量瓶除放在表面皿和秤盘上或用纸带拿在手中外,不得放在其他地方,以免沾污。

(3)套上或取出纸带时不要碰着秤盘瓶口,纸带应放在清洁的地方。

(4)粘在瓶口上的试样应尽量处理干净,以免粘到瓶盖上或丢失。

(5)要在接受容器的上方打开瓶盖,以免可能黏附在瓶盖上的试样失落他处。

递减称样法比较简便、快速、准确,在分析化学实验中常用来称取待测样品和基准物,是最常用的一种称量方法。倾样操作见图 12-1。

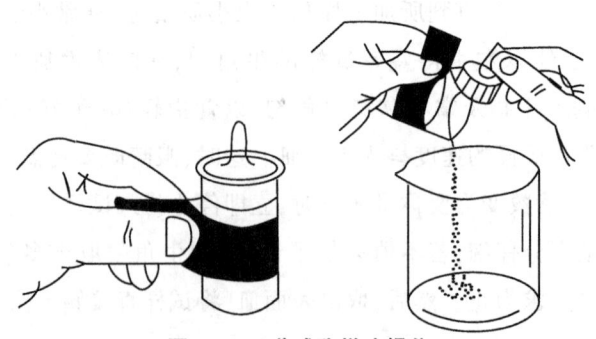

图 12-1　递减称样法操作

3.直接称样法

对某些在空气中没有吸湿性的试样或试剂,如金属、合金等,可以用直接称样法。

即用牛角勺取试样,放在已知质量的清洁而干燥的表面皿或硫酸纸上,一次称取一定质量的试样,然后将试样全部转移到接受容器中。

放在空气中的试样通常都含有湿存水,其含量随试剂的性质和条件而变化。因此,不论用上面哪种方法,在称量前均必须采用适当的干燥方法,将其除去。

(1) 对于性质稳定不易吸潮的试样,可将试样薄薄地铺在表面皿或蒸发皿上,然后放入烘箱,在指定温度下干燥一定时间,取出后放在干燥器内冷却,最后转移至磨口试剂瓶备用。盛样试剂瓶通常存放在不装干燥剂的干燥器内。经过干燥处理的试样即可放入称量瓶,用递减法称量。称取单份试样也可以用表面皿。

(2) 对于易吸潮的试样,可将试样直接放在称量瓶里干燥,干燥时应把瓶盖打开,干燥后把瓶盖轻轻盖好,放入干燥器内。称量前将称量瓶稍微打开一下立即盖严,然后称量。需要特别指出的是,由于这类试样很容易吸收空气中的水分,故不宜采用递减称量法,一个称量瓶只能称取一份试样。

(3) 对于含结晶水的试样,如果在除去湿存水的同时,结晶水也会失去的话,则不宜进行烘干。此时,所得分析结果应以"湿样品"表示。受热易分解的试样,也应如此对待。

第二节 滴定分析仪器及使用方法

一、定量分析中常用的仪器

定量分析常用仪器中相当大部分属玻璃制品。玻璃仪器按玻璃性能可分为可加热的(如各类烧杯、烧瓶、试管等)和不宜加热的(如试剂瓶、量筒、容量瓶等);按用途可分为容量类(如烧杯、试剂瓶)、量器类(如吸管、容量瓶)和特殊用途类(如干燥器、漏斗等)。这些常用仪器如图12-2。

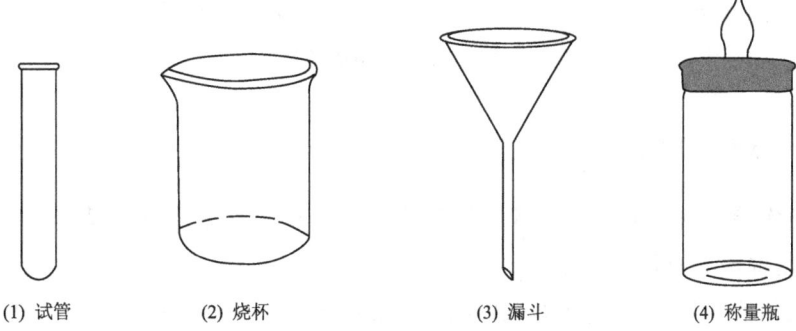

(1) 试管　　(2) 烧杯　　(3) 漏斗　　(4) 称量瓶

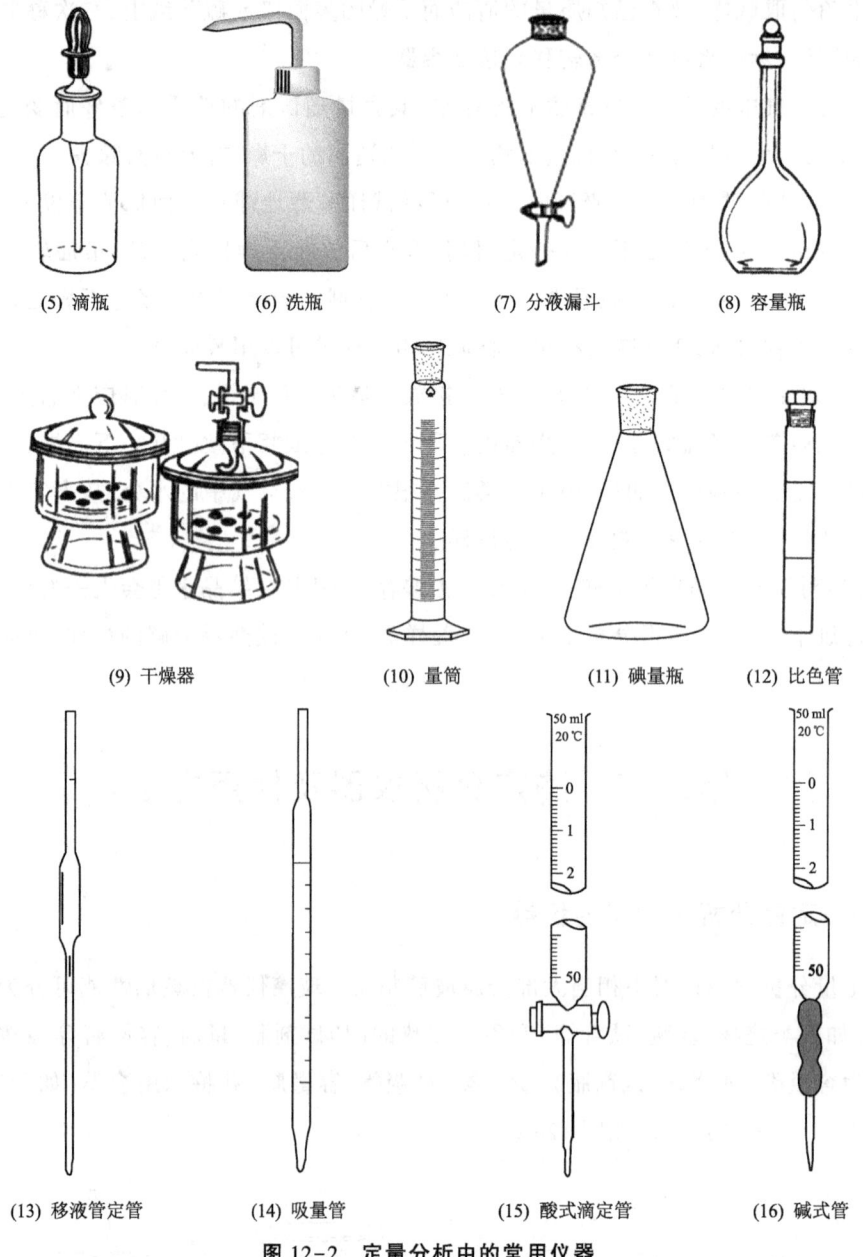

(5) 滴瓶　　(6) 洗瓶　　(7) 分液漏斗　　(8) 容量瓶

(9) 干燥器　　(10) 量筒　　(11) 碘量瓶　　(12) 比色管

(13) 移液管定管　　(14) 吸量管　　(15) 酸式滴定管　　(16) 碱式管

图 12-2　定量分析中的常用仪器

二、玻璃器皿的洗涤

分析实验室中常用的洁净剂是肥皂、肥皂液（特制商品）、洗洁精、洗衣粉、去污粉、各种洗涤液和有机溶剂等。

一般的器皿如烧杯、锥形瓶、试剂瓶、表面皿等，可用刷子蘸取去污粉、洗衣粉、肥皂液等直接刷洗其内外表面。滴定管、容量瓶和吸管等量器，为了避免容器内壁受机械磨损而影响容积测量的准确度，一般不用刷子刷洗，如果其内壁沾有油脂性污物，用自来水不能洗去时,则选用合适的洗涤剂淌洗,必要时把洗涤剂先加热,并浸泡一段时间。铬酸洗液,因其具有很强的氧化能力而对玻璃的腐蚀作用又极小,过去使用得很广泛,但考虑到六价铬对人体有害,在可能情况下,不要多用,必须使用时,注意不要让它溅到身上(它会"烧"破衣服和腐蚀皮肤)。最好在容器内壁干燥的情况下将洗液倒入(因经水稀释后去污能力降低),用过的洗液仍倒回原瓶中。淌洗过的器皿,第一次用少量自来水冲洗,此少量水应倒在废液缸中,以免腐蚀水槽和下水道。

滴定管等量器,不宜用强碱性的洗涤剂洗涤,以免玻璃受腐蚀而影响容积的准确性。

洗干净的玻璃仪器,其内壁应该不挂水珠,此点对滴定管特别重要。用纯水冲洗仪器时,采用顺壁冲洗并加摇荡以及每次用水量少而多洗几次的办法,既能清洗得好、快,又能节约用水。

称量瓶、容量瓶、碘量瓶、干燥器等具有磨口塞、盖的器皿,在洗涤时应注意各自的配套,切勿张冠李戴以免破坏磨口处的严密性。

三、常用玻璃器的使用方法

定量分析中常用的玻璃量器(简称量器)有滴定管、吸管、容量瓶(简称量瓶)、量筒和量杯。

量器按准确度和流出时间分成 A、A2、B 三种等级。A 级的准确度一般比 B 级高一倍。A2 准确度界于 A、B 之间,但流出时间与 A 级相同。量器的级别标志,过去曾用"一等""二等"等表示,无上述字样符号的量器,则表示无级别的,如量筒、量杯等。

(一)滴定管及其使用

滴定管是滴定时用来准确测量流出的操作溶液体积的量器。常量分析最常用的是容积为 50 mL 的滴定管,其最小刻度是 0.1 mL,可估计到 0.01 mL,因此读数可达到小数点后第二位,一般读数误差为 ±0.02 mL。另外,还有容积为 10 mL、5 mL、2 mL 和 1 mL 的微量滴定管。滴定管一般分为两种:一种是具塞滴定管,常称酸式滴定管;另一种是无具塞滴定管,常称碱式滴定管。酸式滴定管用来装酸及氧化性溶液,但不装碱性溶液,因为碱性溶液能腐蚀玻璃,时间长会导致旋塞不能转动。碱式滴定管的一端连接一橡皮管或乳胶管,管内装有玻璃珠,以控制液体的流出,橡皮管或乳胶管的下端连接一尖嘴玻管。碱式滴定管用来装碱性及非氧化性溶液,凡是能与橡皮起反应的溶液,如高锰酸钾、碘和硝酸银等溶液,都不能装入碱式滴定管。滴定管除无色的外还有棕色的,用以装见光易分解的溶液如硝酸银等溶液。

1. 酸式滴定管的准备

酸管是滴定分析中经常使用的一种滴定管。除强碱溶液外,其他溶液作为滴定液时一般均采用酸管。

(1)使用前应先检查旋塞与旋塞套是否配合紧密。如不密合将会出现漏水现象

则不宜使用。其次应进行充分的清洗。根据沾污的程度,可采用下列方法:

①用自来水清洗。

②用滴定管刷蘸合成洗涤剂刷洗,但铁丝不能碰到管壁。

③用前法不能洗净时,可用铬酸洗液洗。为此加入 5~10 mL 洗液,边转动边将滴定管放平,并将管口对准洗液瓶瓶口,以防洗液洒出,洗净后将一部分洗液从管口放回原瓶,必要时加满洗液进行浸泡;

④可根据具体情况采用针对性洗涤液进行清洗,如管壁内残留二氧化锰时,应用亚铁盐溶液或过氧化氢加酸溶液进行清洗。

用各种洗涤剂进行清洗后,都必须用自来水充分清洗并将管外壁擦干,以便观察内壁是否挂有水珠。

(2)为了使旋塞转动灵活并克服漏水现象将旋塞涂油(如凡士林油)等。操作方法如下:

①取下旋塞小头处的小橡皮圈,再取出旋塞。

②用吸水纸将旋塞和旋塞套擦干,并注意勿使滴定管壁上的水再次进入旋塞套。

③用手指将油脂涂抹在旋塞的大头上,另用纸卷或火柴梗将油脂涂抹在旋塞套的小口内侧(图 12-3),也可用手指均匀地涂薄层油脂于旋塞两头(图 12-3)。油脂涂得太少,旋塞转动不灵活,且易漏水;涂抹太多,旋塞孔容易被堵塞。不论采用哪种方法,都不要将油脂涂在旋塞孔上、下两侧,以免旋转时堵塞旋塞孔。

图 12-3 酸式滴定管涂凡士林方法

④将旋塞插入旋塞套中。插时,旋塞孔应与滴定管平行,径直插入旋塞套不要旋动旋塞,这样可以避免将油脂挤到旋塞孔中去。然后向同一方向旋转旋塞柄,直到旋塞和旋塞套的油脂层全部透明为止。套上小橡皮圈。

经上述处理后,旋塞应转动灵活,油脂层没有纹络。

(3)用自来水充满滴定管,将其放在滴定管架上静置约 2 min,观察有无水滴漏下,然后将旋塞旋转 180 度,再如前检查,如果漏水,应该重新涂油。

若出口管尖被油脂堵塞,可将它插入热水中温热片刻,然后打开旋塞,使管内的水突然流下,将软化的油脂冲出。油脂排出后即可关闭旋塞。

管内的自来水从管口倒出,出口管内的水从旋塞下端放出。注意,从管口将水倒出时,务必不要打开旋塞,否则旋塞上的油脂会冲入滴定管,使内壁重新被沾污。然后用蒸馏水洗三次。第一次用 10 mL 左右,第二及第三次各 5 mL 左右。洗涤时,双手持滴定管两端无刻度处,边转动边倾斜滴定管,使水布满全管并轻轻振荡。然后直立,打开旋塞将水放掉,同时冲洗出口管。也可将大部分水从管口倒出,再将其余的水从出口管放出。每次放掉水时应尽量不使水残留在管内。最后,将管的外壁擦干。

2. 碱式滴定管(简称碱管)的准备

使用前应检查乳胶管和玻璃球是否完好。若胶管已老化,玻璃球过大(不易操作)或过小(漏水),应予更换。

碱管的洗涤方法与酸管相同。在需要用洗液洗涤时,可除去乳胶管,用塑料乳头堵塞碱管下口进行洗涤。如必须用洗液浸泡,则将碱管倒夹在滴定管架上,管口插入洗液瓶中,乳胶管处连接抽气泵,用手捏玻璃球处,吸取洗液,直到充满全管,然后放手,任其浸泡,浸泡完毕后,轻轻捏乳胶管,将洗液缓慢放出。也可更换一根装有玻璃球的乳胶管,将玻璃球往上捏,使其紧贴在碱管的下端,这样便可直接倒入洗液浸泡。

在用自来水冲洗或用蒸馏水清洗碱管时,应特别注意玻璃球下方死角处的清洗。为此,在捏乳胶管时应不断改变方位,使玻璃球的四周都洗到。

3. 操作溶液的装入

装入操作溶液前,应将试剂瓶中的溶液摇匀,使凝结在瓶内壁上的水珠混入溶液,这在天气比较热、室温变化较大时更为必要。混匀后将操作溶液直接倒入滴定管中,不得用其他容器(如烧杯、漏斗等)来转移。此时,左手前三指持滴定管上部无刻度处,并可稍微倾斜,右手拿住细口瓶往滴定管中倒溶液。小瓶可以手握瓶身(瓶签向手心),大瓶则仍放在桌上,手拿瓶颈使瓶慢慢倾斜,让溶液慢慢沿滴定管内壁流下。

用摇匀的操作溶液将滴定管洗三次(第一次 10 mL,大部分溶液可由上口放出,第二、三次各 5 mL,可以从出口管放出),洗法同前。应特别注意的是,一定要使操作溶液洗遍全部内壁,并使溶液接触管壁 1~2 min,以便与原来残留的溶液混合均匀。每次都要打开旋塞冲洗出口管,并尽量放出残留液。对于碱管,仍应注意玻璃球下方的洗涤。最后,关好旋塞,将操作溶液倒入,直到充满至零刻度以上为止。

注意检查滴定管的出口管是否充满溶液,酸管出口管及旋塞是否透明(有时旋塞孔中暗藏着的气泡,需要从出口管放出溶液时才能看见),碱管则需对光检查乳胶管内及出口管是否有气泡或有未充满的地方。为使溶液充满出口管,在使用酸管时,右手拿滴定管上部无刻度处,并使滴定管倾斜约 30 度,左手迅速打开旋塞使溶液冲出(下面用烧杯承接溶液),这时出口管中应不再留有气泡。若气泡仍未能排出,可重复操作。如仍不能使溶液充满,可能是出口管未洗净,必须重洗。在使用碱管时,装满溶液后,应将其垂直地夹在滴定管架上,左手拇指和食指拿住玻璃球所在部位并使乳胶管向上弯曲,出口管斜向上,然后在玻璃球部位往一旁轻轻捏橡皮管使溶液从管口喷出(图 12-4)(下面用烧杯接溶液),再一边捏乳胶管一边把乳胶管放直。注意应在乳胶管放直后,再松开拇指和食指,否则出口管仍会有气泡。最后,将滴定管的外壁擦干。

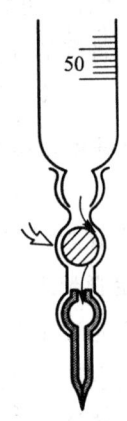
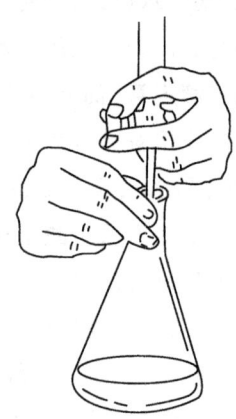

图 12-4 滴定操作方法

4. 滴定管的读数

读数时应遵循下列原则：

(1) 装满或放出溶液后，必须等 1~2 min，使附着在内壁的溶液流下来，再进行读数。如果放出溶液的速度较慢（例如，滴定到最后阶段，每次只加半滴溶液时），等 0.5~1 min 即可读数。

(2) 每次读数前要检查一下管壁是否挂有水珠，管尖是否有气泡。

(3) 读数时，滴定管可以夹在滴定管架上，也可以用手拿滴定管上部无刻度处。不管用哪一种方法读数，均应使滴定管保持垂直。

(4) 对于无色或浅色溶液，应读取弯月面下缘最低点。读数时，视线在弯月面下缘最低点处，且与液面成水平；溶液颜色太深时，可读液面两侧的最高点。此时，视线应与该点成水平。注意初读数与终读数应采用同一标准。

(5) 必须读到小数点后第二位。即要求估计到 0.01 mL。注意，估计读数时，应该考虑到刻度线本身的宽度。

(6) 为了便于读数，可在滴定管后衬一黑白两色的读数片。读数时，将读数卡衬在滴定管背后，使黑色部分上缘在弯月面下约 1 mm，弯月面的反射层即全部成为黑色。读此黑色弯月面下缘的最低点。但对深色溶液而须读两侧最高点时，可以用白色卡片作为背景。

(7) 若为乳白板蓝线衬背滴定管，应当取蓝线上下两尖端相对点的位置读数。

(8) 读取初读数前，应将管尖悬挂着的溶液除去。滴定至终点时应立即关闭旋塞，并注意不要使滴定管中溶液有稍微流出，否则终读数便包括流出的半滴溶液。因此，在读取终读数前应注意检查出口管尖是否悬有溶液，如有，则此次读数不能取用。

5. 滴定管的操作方法

进行滴定时，应将滴定管垂直地夹在滴定管架上。

如使用的是酸管,左手无名指和小指向手心弯曲,轻轻地贴着出口管,用其余三指控制旋塞的转动。但应注意不要向外拉旋塞,以免推出旋塞造成漏水;也不要过分往里扣,以免造成旋塞转动困难,不能操作自如。

如使用的是碱管,左手无名指及小指夹住出管口,拇指与食指在玻璃球所在部位往一旁捏乳胶管,使溶液从玻璃球旁空隙处流出。注意:

(1)不要用力捏乳胶管,也不能使玻璃球上下移动。

(2)不要捏到玻璃球下部的乳胶管。

(3)停止加液时,应先松开拇指和食指,最后才松开无名指与小指。

无论使用哪种滴定管,都必须掌握以下三种加液方法:

(1)逐滴连续滴加。

(2)只加一滴。

(3)液滴悬而未落,即加半滴。

6. 滴定的操作方法

滴定操作可在锥形瓶或烧杯内进行,并以白瓷板作背景。

在锥形瓶中进行滴定时,用右手前三指取住瓶颈,使瓶底离瓷板约 2~3 cm,同时调节滴定管的高度,使滴定管的下端伸入瓶口约 1 cm。左手按前述方法滴加溶液,右手用腕力摇动锥形瓶,边滴加边摇动。滴定操作中应注意以下几点:

(1)摇瓶时,应使溶液向同一方向作圆周运动,但勿使瓶口接触滴定管,溶液也不得溅出。

(2)滴定时,左手不能离开旋塞任其自流。

(3)注意观察液滴落点周围溶液颜色变化。

(4)开始时,应边摇边滴,滴定速度可稍快,但不要使溶液流成"水线"。接近终点时,应改为加一滴,摇几下。最后,每加半滴,即摇锥形瓶,直至溶液出现明显的颜色变化。加半滴溶液的方法如下:微微转动旋塞,使溶液悬挂在出口管嘴上,形成半滴,用锥形瓶内壁将其沾落,用洗瓶以少量蒸馏水吹洗瓶壁。

用碱管滴加半滴溶液时,应先松开拇指与食指,将悬挂的半滴溶液沾在锥形瓶内壁,放开无名指与小指。这样可以避免出口管尖出现气泡。

(5)每次滴定最好都从零刻度开始(或从 0 附近的某一固定刻线开始),这样可减小误差。

在烧杯中进行滴定时,将烧杯放在白瓷板上,调节滴定管的高度,使滴定管下端伸入烧杯内 1 cm 左右。滴定管下端应在烧杯中心的左后方处,但不要靠壁过近。右手持搅拌棒在右前方搅拌溶液。在左手滴加溶液的同时,搅拌棒应作圆周搅动,但不得接触烧杯壁和底。

当加半滴溶液时,用搅拌棒下端承接悬挂的半滴溶液,放入溶液中搅拌。注意,搅拌棒只能接触液滴,不要接触滴定管尖。其他注意点同上。

滴定结束后,滴定管内剩余的溶液应弃去,不得将其倒回原瓶,以免沾污整瓶操作溶液。随即洗净滴定管,并用蒸馏水充满全管,备用。

(二)吸管及其使用

吸管一般用于准确量取小体积的液体。吸管的种类较多。无分度吸管通称移液管,它的中腰膨大,上下两端细长,上端刻有环形标线,膨大部分标有它的容积和标定时的温度。将溶液吸入管内,使液面与标线相切,再放出,则放出的溶液体积就等于管上标示的容积。常用移液管的容积有 5 mL、10 mL、25 mL 和 50 mL 等多种。由于读数部分管径小,其准确性较高。

分度吸管又叫吸量管,可以准确量取所需要的刻度范围内某一体积的溶液,但其准确度差一些。将溶液吸入,读取与液面相切的刻度(一般在零),然后将溶液放出至适当刻度,两刻度之差即为放出溶液的体积。

吸管在使用前应按以下方法洗到内壁不挂水珠,将吸管插入洗液中,用洗耳球将洗液慢慢吸至管容积 1/3 处,用食指按住管口,把管横过来淌洗,然后将洗液放回原瓶。如果内壁严重污染,则应把吸管放入盛有洗液的大量筒或高型玻璃缸中,浸泡 15 min 到数小时,取出后用自来水及纯水冲洗。用纸擦去管外的水。

移取溶液前,先用少量该溶液将吸管内壁洗 2~3 次,以保证转移的溶液浓度不变。然后把管口插入溶液中(在移液过程中,注意保持管口在液面之下),用洗耳球把溶液吸至稍高于刻度处,迅速用食指按住管口。取出吸管,使管尖端靠着贮瓶口,用拇指和中指轻轻转动吸管,并减轻食指的压力,让溶液慢慢流出,同时平视刻度,到溶液弯月面下缘与刻度相切时,立即按紧食指。然后使准备接受溶液的容器倾斜成 45 度,将吸管移入容器中,使管垂直,管尖靠着容器内壁,放开食指,让溶液自由流出。待溶液全部流出后,按规定再等 15 s 或 30 s 取出吸管。在使用非吹出式的吸管或无分度吸管时,切勿把残留在管尖的溶液吹出。吸管用毕,应洗净,放在吸管架上。

(三)容量瓶及其使用

容量瓶是一种细颈梨形的平底瓶,具磨口玻塞或塑料塞,瓶颈上刻有标线。瓶上标有它的容积和标定时的温度。大多数容量瓶只有一条标线,当液体充满至标线时,瓶内所装液体的体积和瓶上标示的容积相同,但也有刻有两条标线的,上面一条表示量出的容积。量入式的符号为 In(或 E),量出式的符号为 Ex(或 A)。常用的容量瓶有 50 mL、100 mL、250 mL、1000 mL 等多种规格的。容量瓶主要是用来把精密称量的物质准确地配成一定容积的溶液,或将准确容积的浓溶液稀释成准确容积的稀溶液,这种过程通常称为"定容"。

容量瓶使用前也要洗净,洗涤原则和方法同前。

如果要由固体配制准确浓度的溶液,通常将固体准确称量后放入烧杯中,加少量纯水(或适当溶剂)使它溶解,然后定量地转移到容量瓶中。转移时,玻棒下端要靠住瓶颈内壁,使溶液沿瓶壁流下。溶液流尽后,将烧瓶轻轻顺玻棒上提,使附在玻棒、烧杯嘴之间的液滴回到烧杯中。再用洗瓶挤出的水流冲洗烧杯数次,每次按上法将洗涤液完全转移到容量瓶中,然后用纯水稀释。当水加至容积的 2/3 时,旋摇容量瓶,使溶液混合(注意不能倒转容量瓶)。在加水至接近标线时,可以用滴管逐滴加水,至凹液面最低点恰好与标线相切。盖紧瓶塞,一手食指压住瓶塞,另一手的大、中、食三个指头托住瓶底,倒转容量瓶,使瓶内气泡上升到顶部,摇动数次,再倒过来,如此反复倒转摇动十多次,使瓶内溶液充分混合均匀。为了使容量瓶倒转时溶液不致渗出,瓶塞与瓶必须配套。

不宜在容量瓶内长期存放溶液。如溶液需使用较长时间,应将它转移入试剂瓶中,该试剂瓶应预先经过干燥或用少量该溶液淌洗二三次。

由于温度对量器的容积有影响,所以使用时要注意溶液的温度、室温以及量器本身的温度。

第三节 重量分析法基本操作

重量分析法主要操作包括溶液的蒸发、沉淀制备、沉淀过滤、沉淀洗涤、沉淀的烘干和灼烧以及灼烧后沉淀的称量。

一、溶液的蒸发

蒸发溶液最好在水浴锅上进行,也可以在电热板或温度较低的垫有石棉网的电炉上进行。在电热板或电炉蒸发时要很小心,注意控制温度,切勿剧沸。蒸发时,需加盖表面皿,为了利于蒸发,表面皿最好用玻璃三角或玻璃钩垫起。

二、沉淀的制备

沉淀制备的条件,即沉淀时溶液的温度,试剂加入次序、浓度、数量和速度,以及沉淀的时间等等,应按方法中规定进行。

沉淀所需的试剂溶液,无须精确。固体试剂一般只需用台秤称取,溶液用量筒量取。

液体试剂如果可以一次加至溶液里去,则应沿着烧杯壁倒入或是沿着玻璃棒加入,注意勿使溶液溅出。通常进行沉淀操作时是用滴管将沉淀剂加入试液中,边加边搅拌以免沉淀剂局部过浓,搅拌时不要使搅棒敲打和刻划杯壁。若需在热溶液中进行沉淀,最好用水浴加热,勿使溶液沸腾,以免溶液溅出。进行沉淀所用的烧杯须配备玻璃棒和表面皿。

三、沉淀的过滤

沉淀过滤主要包括:滤器的选择、滤纸的折叠和安放、过滤等部分。

1. 滤器的选择

首先根据沉淀在灼烧中是否会被纸灰还原以及称量物的性质,确定采用过滤坩埚还是滤纸来进行过滤。若采用滤纸,则根据沉淀的性质和多少选择滤纸的类型和大小,如对 $BaSO_4$、CaC_2O_4 等微粒晶形沉淀,应选用较小而紧密的滤纸;对 $Fe_2O_3 \cdot nH_2O$ 等蓬松的胶状沉淀,则需选用较大而疏松的滤纸。

2. 滤纸的折叠和安放

用洁净的手将滤纸按图 12-5 所示,先对折,再对折成圆锥体(每次折时均不能手压中心使其有清晰折痕,否则中心可能会有小孔而发生穿漏,折时应用指由近中心处向外两方压折),放入漏斗中,使滤纸与漏斗密合。如果滤纸与漏斗不十分密合,则稍稍改变滤纸的折叠角度,直到与漏斗密合为止。此时把三层厚滤纸的外层折角撕下一点。这样可以使该处内层滤纸更好地贴在漏斗上。撕下来的纸角保存在干燥的表面皿上,供后续擦烧杯用。注意漏斗边缘要比滤纸上边高出 0.5~1 cm。

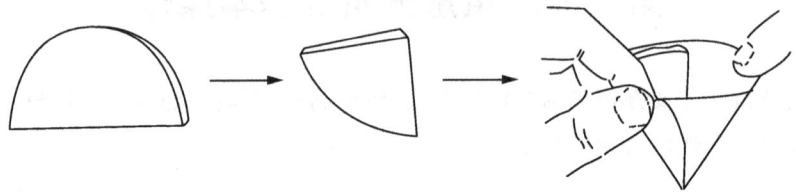

图 12-5 图滤纸的折法

滤纸放入漏斗后,用手按住滤纸三层的一边,由洗瓶吹出细水流以湿润滤纸,然后轻压滤纸边缘使滤纸锥体上部与漏斗之间没有空隙。按好后,在其中加水达到滤纸边缘,这时漏斗颈内应全部被水充满,形成水柱。若颈内不能形成水柱(主要是因为颈径太大),可以用手指堵住漏斗下口,稍稍掀起滤纸的一边,用洗瓶向滤纸和漏斗之间的空隙里加水,直到漏斗颈全部充满水及锥体的部分全充满水,但必须把颈内的气泡完全排除。然后把纸边按紧,再放开手指,此时水柱即可形成。如果水柱仍不能保留,则滤纸与漏斗之间不密合。如果水柱虽然形成,但是其中有气泡,则纸边可能有微小空隙,可以再将纸边按紧。水柱准备好后,用纯水洗 1~2 次。

将准备好的漏斗放在漏斗架上,漏斗位置的高低,以漏斗颈末端不接触滤液为宜。漏斗必须旋转端正,否则滤纸一边较高,在洗涤沉淀时,这部分较高的地方就不能经常被滤液浸没,从而滞留下一部分杂质。

过滤:过滤时,放在漏斗下面用以承接滤液的烧杯应该是洁净的(即使滤液不要),因为万一滤纸破裂或沉淀漏进滤液里,滤液还可重新过滤。过滤时溶液最多加到滤纸边缘下 5~6 mm 的地方,如果液面过高,沉淀会因毛细作用而越过滤纸边缘。

3. 漏斗颈位置的控制

过滤时漏斗的颈应贴着烧杯内壁,使滤液沿杯壁流下,不致溅出。过滤过程中应经常注意勿使滤液淹没或触及漏斗末端。

过滤一般采用倾注法(或称倾泻法),即待沉淀下沉到烧杯底部后,把上层清液先倒至漏斗上,尽可能不搅起沉淀。然后,将洗涤液加在带有沉淀的烧杯中,搅起沉淀以进行洗涤,待沉淀下沉,再倒出上层清液。这样,一方面可避免沉淀堵塞滤纸,从而加速过滤,另一方面可使沉淀洗涤得更充分。具体操作(见图12-6)如下:将沉淀下沉,一手拿搅拌棒,垂直地持于滤纸的三层部分上方(防止过滤时流液冲破滤纸),搅拌棒尽可能接近滤纸,但不和滤纸接触。另一只手拿住盛沉淀的烧杯,烧杯嘴靠着玻璃棒,慢慢将烧杯倾斜,使上层清液沿着玻璃棒流入滤纸中,随着滤液的流入,漏斗中液体的体积增加,至滤液达到滤纸高度的三分之二处,停止倾注,切勿注满滤纸。停止倾注时,可沿玻璃棒将烧杯往上提一小段,扶正烧杯,在没扶正烧杯以前不可将烧杯嘴离开玻璃棒,并注意不让沾在玻璃棒上的液滴或沉淀损失,把玻璃棒放回烧杯内,但勿把玻璃棒靠在烧杯嘴部。倾注完成后,将搅拌棒放回烧杯,用洗瓶将20~30 mL洗涤液沿杯壁吹至沉淀上,搅动沉淀,充分洗涤,待沉淀下沉后,再倾倒出上层清液。洗涤次数视沉淀的性质而定,一般晶形沉淀2~3次,胶体沉淀5~6次。

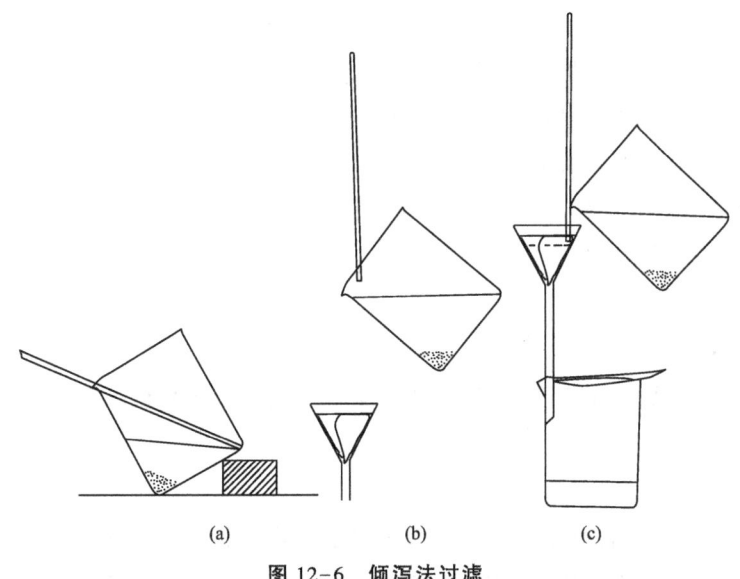

图12-6　倾泻法过滤

为了把沉淀转移到滤纸上,先于盛有沉淀的烧杯中加入少量洗涤液(加入洗涤液的量应是滤纸上一次能容纳的)并搅动,然后立即按照上述方法将悬浮液转移到滤纸上(此时大部分沉淀可从烧杯中移出,这一步最易引起沉淀的损失,必须严格遵守操作规程中有关规定)。再从洗瓶中挤出洗涤液,把烧杯壁和玻璃棒上的沉淀冲下再次搅拌沉淀,按上述方法转移到滤纸上。这样重复几次,一般可以将沉淀转移到漏斗中的滤纸上。如果仍有少量沉淀很难转移,则可把烧杯倾斜拿在漏斗上方,烧杯嘴对着漏斗,用食指将玻璃棒架在烧杯口,玻璃棒下端向着滤纸三层部分,用洗瓶挤出的溶液冲洗烧杯内壁,以刷出沉淀转移到滤纸上。如还有沉淀粘在烧杯壁上,则可用淀帚将其刷下,或用前面撕下的小块洁净无灰滤纸将其擦下,放在漏斗内,搅棒上沾着的沉淀亦用前面撕下的滤纸角擦净，与沉淀合并。然后仔细检查烧杯内壁、搅棒、表面皿是否彻底洗净，若有沉淀痕迹，要再行擦拭转移直到沉淀完全转移为止。

四、沉淀的洗涤

沉淀全部转移到滤纸上后，需在滤纸上洗涤沉淀，以除去沉淀表面吸附的杂质和残留的母液。洗涤的办法是先自洗瓶中挤出洗涤液，使其充满洗瓶的导出管，然后挤出洗涤液浇在滤纸的三层部分离边缘稍下的地方，再盘旋着自上而下洗涤，并借此将沉淀集中到滤纸圆锥体的下部，切勿使洗涤液突然冲在沉淀上。

为了提高洗涤效率，再次使用少量洗涤液，洗后尽量沥干，沥干然后再在漏斗上加洗涤液进行下一次洗涤，如此洗涤几次。为了提高洗涤效率，可采用"少量多次"的方法洗涤，即每次用少量洗涤液，以淹没沉淀为度，多洗几次，可得到良好的洗涤效果。同样量的洗涤液分多次洗涤比分少次洗涤效率高，这种方法称为"少量多次"洗涤。

沉淀洗涤至最后，用干净试管接取约 1 mL 滤液（注意不要使漏斗下端触及下面的滤液），选择灵敏而又迅速显示结果的定性反应来检验是否完成。

过滤与洗涤沉淀的操作，必须不间断地一次完成。若间隔较久，沉淀就会干枯，粘成一团，这样就几乎无法洗净。

盛沉淀或滤液的烧杯，都应该用表面皿盖好。过滤时倾注完溶液后，亦应将漏斗盖好，以防止尘埃落入。

五、沉淀的烘干和灼烧

沉淀的烘干和灼烧主要包括坩埚的准备、沉淀的包裹和沉淀的烘干、灼烧等部分。

1. 坩埚的准备

沉淀的灼烧是在洁净并预先经过两次以上灼烧至恒重的坩埚中进行的；坩埚用自来水洗净后，置于热的盐酸或铬酸洗液中（去油脂）浸泡十几分钟，然后用玻璃棒夹出，洗净并烘干灼烧。灼烧坩埚可在高温炉内进行，也可将坩埚放在泥三角上（图12-7），下面用煤气灯逐步升温灼烧，空坩埚一般灼烧 10~15 min。

灼烧空坩埚的条件必须与以后灼烧沉淀时的条件相同。坩埚经灼烧一定时间后，用预热的坩埚钳把它夹出，置于耐火板（或泥三角）上稍冷（至红热退去），然后放入干燥器中，太热的坩埚不能立即放进干燥器中，否则它与凉的瓷板接触时会破裂。坩埚钳应仰放桌面上。

由于坩埚的大小和厚薄不同，因而坩埚充分冷却所需的时间也不同，一般需30~50 min。冷却坩埚时盛放该坩埚的干燥器应放在天平室内，同一实验中坩埚的冷却时间应相同（无论是空的还是有沉淀）。待坩埚冷至室温时进行称量，将称得的质量准确地记录下来,再将坩埚按相同的条件灼烧、冷却、称量,重复这样的操作,直到连续两次称量质量之差不超过 0.3 mg,就可以认为已达恒重。

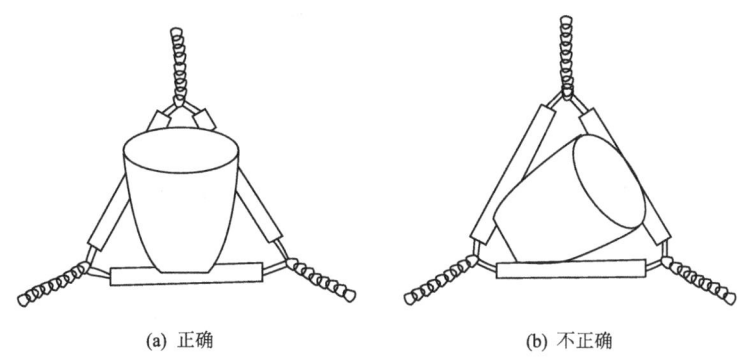

(a) 正确　　　　　　　　(b) 不正确

图 12-7　瓷坩埚在泥三角上的放置法

2. 沉淀的包裹

用搅棒将滤纸四周边缘向内折,把圆锥体的敞口封上。再用搅拌棒将滤纸包轻轻转动,以便擦净漏斗内壁可能沾有的沉淀,然后将滤纸包取出,倒转过来,尖头向上,安放在坩埚中。

3. 沉淀的烘干、灼烧

把包裹好的沉淀放在已恒重的坩埚中,这时滤纸的三层部分应处在上面。将坩埚斜放在泥三角上。然后再把坩埚盖半掩地倚于坩埚口,以便利用反射焰将滤纸烟化。

先调节煤气灯火焰,用小火均匀地烘烤坩埚,使滤纸和沉淀慢慢干燥。这时温度不能太高,否则坩埚会因与水滴接触而炸裂。为了加速干燥,可将煤气灯火焰放在坩埚盖中心之下,加热后热空气流便反射到坩埚内部,而水蒸气从上面逸出。

待滤纸和沉淀干燥后,将煤气灯移至坩埚底部,稍微增大火焰,使滤纸炭化,滤纸完全炭化后,逐渐升高温度,继续加热,使滤纸灰化。灰化也可在温度较高的电炉上进行。

滤纸灰化后,可将坩埚移入高温炉灼烧。根据沉淀性质,灼烧一定时间。冷却后称量再灼烧至恒重。

六、灼烧后沉淀的称量

称量方法与称量空坩埚的方法基本上相同,但尽可能称得快些,特别是对灼烧后吸湿性很强的沉淀更应如此。第二次称量时,可以先将砝码、环码按第一次所得称量值放好,然后再放上坩埚,以加快称量速度。

带沉淀的坩埚,其连续两次称量的结果之差在 0.3 mg 以内时即可认为它已达恒重。

第十三章　实　验

实验一　分析天平的称量练习

一、目的

1. 了解分析天平的构造,学会正确的称量方法。
2. 初步掌握减量法的称样方法。
3. 了解在称量中有效数字的运用。

二、仪器和试样

分析天平和砝码,小烧杯(25 mL 或 50 mL)2 只,称量瓶 1 只,试剂或试样(因初次称量,宜采用不易吸潮的结晶状试剂或试样)。

三、步骤

1. 准备 2 只洁净、干燥并编有号码的小烧杯,先在台秤上粗称其质量(准确到 0.1 g)记在记录本上。然后进一步在分析天平上精确称量,准确到 0.1 mg(为什么?)。

2. 取一只装有试样的称量瓶,粗称其质量,再在分析天平上精确称量,记下质量为 W_1。然后自天平中取出称量瓶,将试样慢慢倾入上面已称出质量的第一只小烧杯中。倾样时,由于初次称量,缺乏经验,很难一次倾准,因此要试称,即第一次倾出少一些,粗称此量,根据此质量估计不足的量(为倾出量的几倍),继续倾出此量,然后再准确称量,设为 W_2,则 W_1-W_2 即为试样的质量。例如要求称量 0.2 g~0.4 g 试样,若第一次倾出的量为 0.15 g(不必称准至小数点后第四位,为什么?),则第二次应倾出相当于或加倍于第一次倾出的量,其总量即在需要的范围内。第一份试样称好后,再倾称二份试样于第二只烧杯中,称出称量瓶加剩余试样的质量,设为 W_3,则 W_2-W_3 即为第二份试样的质量。

3. 分别称出两个"小烧杯+试样"的质量,记为 W_4 和 W_5。

4. 结果的检验。

(1)检查 W_1-W_2 是否等于第 1 只小烧杯中增加的质量;W_2-W_3 是否等于第 2 个小烧杯中增加的质量;如不相等,求出差值,要求称量的绝对差值小于 0.5 mg。

(2)再检查倒入小烧杯中的两份试样的质量是否合乎要求(即在 0.2 g~0.4 g 之

间)。

(3)如不符合要求,分析原因并继续再称。

四、实验报告示例

实验一 分析天平的称量练习

(一)实验日期: 年 月 日
(二)方法摘要:用减量法称取试样2份,每份0.2~0.4 g。
(三)数据记录:

记录项目	I	II
(称量瓶+试样)的质量(倒出前)	W_1 17.6549 g	W_2 17.3338 g
(称量瓶+试样)的质量(倒出后)	W_2 17.3338 g	W_3 16.9823 g
称出试样质量	0.3211 g	0.3515 g
(烧杯+称出试样)的质量	W_4 28.5730 g	W_5 27.7175 g
空烧杯的质量	28.2516 g	27.3658 g
称出试样质量	0.3214 g	0.3517 g
绝对差值	0.0003 g	0.0002 g

(四)讨论:讨论的内容可以是实验中发现的问题、情况纪要、误差分析、经验教训、心得体会,也可以对教师或实验室提出意见和建议等。

思 考 题

1. 如何表示分析天平的灵敏度?一般阻尼天平的灵敏度以多少为宜?灵敏度太低或太高有什么不好?
2. 阻尼天平的零点和平衡点如何测得?为什么在称量开始时,先要测定天平的零点?天平的零点宜在什么位置?如果偏离太大,应该怎样调节?
3. 为什么天平梁没有托住以前,绝对不许把任何东西放入盘或从盘上去下?
4. 应用阻尼天平称量至何时才要用游码?一只游码本身质量是多少?
5. 减量法称样是怎样进行的?增量法的称量是怎样进行的?他们各有什么优缺点?宜在何种情况下采用?
6. 电光天平和阻尼天平零点的确定有什么不同?
7. 在称量中如何运用优选法较快地确定出物体的质量?

8. 在称量的记录和计算中,如何正确运用有效数字?

实验二　酸碱标准溶液的配制和浓度的比较

一、目的

1. 练习滴定操作,初步掌握准确确定终点的方法。
2. 练习酸碱标准溶液的配制和浓度的比较。
3. 熟悉甲基橙和酚酞指示剂的使用和终点的变化。初步掌握酸碱指示剂的选择方法。

二、原理

浓盐酸易挥发,固体 NaOH 容易吸收空气中水分和 CO_2,因此不能直接配制准确浓度的 HCl 和 NaOH 标准溶液,只能先配制近似浓度的溶液,然后用基准物质标定其准确浓度。也可用另一已知准确浓度的标准溶液滴定该溶液,再根据它们的体积比求得该溶液的浓度。

酸碱指示剂都具有一定的变色范围。0.2 mol/L NaOH 和 HCl 溶液的滴定(强碱与强酸的滴定),其突跃范围为 pH 4~10,应当选用在此范围内变色的指示剂,例如甲基橙或酚酞等。NaOH 溶液和 HAc 溶液的滴定,是强碱和弱酸的滴定,其突跃范围处于碱性区域,应选用在此区域内变色的指示剂。

三、试剂

浓盐酸,固体 NaOH,0.2 mol/L HAc,甲基橙指示剂,酚酞指示剂,甲基红指示剂。

四、步骤

1. 0.2 mol/L HCl 溶液和 0.2 mol/L NaOH 溶液的配制:通过计算求出配制 1000 mL 0.2 mol/L HCl 溶液所需浓盐酸(相对密度 1.19 ,约 12 mol/L)的体积。然后,用小量筒量取此量的浓盐酸,加入水中,并稀释成 1000 mL,贮于玻塞细口瓶中,充分摇匀。

同样,通过计算求出配制 1000 mL 0.2 mol/L NaOH 溶液所需的固体 NaOH 的量,在台秤上迅速称出(NaOH 应置于什么器皿中称?为什么?)置于烧杯中,立即用 1000 mL 水溶解,配制成溶液,贮于具橡皮塞的细口瓶口,充分摇匀。

固体氢氧化钠极易吸收空气中的 CO_2 和水分,所以称量必须迅速。市售固体氢氧化钠常因吸收 CO_2 而混有少量 Na_2CO_3,以致在分析结果中引入误差,因此在要求严格的情况下,配置 NaOH 溶液时必须设法除去 CO_3^{2-},常用方法有以下两种。

(1)在台秤上称取一定量固体 NaOH 于烧杯中,用少量水溶解后倒入试剂瓶中,再用水稀释到一定体积(配成所要求浓度的标准溶液),加入 1~2 mL 20% $BaCl_2$ 溶液,摇匀后用橡皮塞塞紧,静止过滤,待沉淀完全沉降后,用虹吸暂把清液转入另一试剂瓶中,塞紧,备用。

(2)饱和的 NaOH 溶液(50%)具有不溶解 Na_2CO_3 的性质,所以用固体 NaOH 配制饱和溶液,其中的 Na_2CO_3 可以全部沉降下来。在涂蜡的玻璃器皿或塑料容器中先配制饱和的 NaOH 溶液,待溶液澄清后吸取上层溶液,用新煮沸并冷却的水稀释至定浓度。

试剂瓶应贴上标签,注明试剂名称、配制日期、用者姓名,并留一空位以备填入此溶液的准确浓度。在配制溶液后均须立即贴上标签,注意应养成此习惯。

长期使用的 NaOH 标准溶液,最好装入下口瓶中,瓶塞上部最好装一碱石灰管。(为什么?)

2. NaOH 溶液与 HCl 溶液的浓度的比较:按照"玻璃量器及其使用"中介绍的方法洗净酸碱滴定管各一支(检查是否漏水)。先用水将滴定管内壁冲洗 2~3 次。然后用配制好的盐酸标准溶液将酸式滴定管淌洗 2~3 次,再于管内装满该酸溶液;用 NaOH 标准溶液将碱式滴定管淌洗 2~3 次,再于管内装满该碱溶液。然后排出两滴定管管尖空气泡。(为什么要排出空气泡?如何排出?)

分别将两滴定管液面调节至 0.00 刻度,或零点稍下处,(为什么?)静止一分钟后,精确读取滴定管内液面位置(能读取到小数点后几位?)并立即将读数记录在实验报告本上。

取锥形瓶(250 mL)一只。洗净后放在碱式滴定管下,以每分钟约 10 mL 的速度放出约 20 mL NaOH 溶液于锥形瓶中,加入一滴甲基橙指示剂,用 HCl 溶液滴定至溶液由黄色变橙色为止。读取并记录 NaOH 溶液以及 HCl 溶液的精确体积。反复滴定几次,记下读数,分别求出体积比(V_{NaOH}/V_{HCl}),直至三次测定结果的相对平均偏差在 0.1% 之内,取其平均值。

* 以酚酞为指示剂,用 NaOH 溶液滴定 HCl 溶液,终点由无色变微红色,其他操作同上。

3. 以 NaOH 溶液滴定 HAc 溶液时使用不同指示剂的比较:用移液管吸取 3 份 20 mL 0.2 mol/L HAc 溶液于 3 个 250 mL 锥形瓶中,分别以甲基橙、甲基红、酚酞为指示剂进行滴定,并比较三次滴定所用 NaOH 溶液的体积。

五、记录和计算

见下节实验报告示例。

六、实验报告示例

在预习时要求在实验记录本上写好下列示例,画好表格和做好必要的计算。实验过程中把数据记录在表中,实验后完成计算及讨论。(一般实验均要求这样。)

实验二　酸碱标准溶液的配制和浓度的比较

(一)日期:　年　月　日

(二)方法摘要:

1. 配制 1 L 0.2 mol/L HCl 溶液。

2. 配制 1 L 0.2 mol/L NaOH 溶液。

3. 以甲基橙、酚酞为指示剂进行 HCl 溶液与 NaOH 溶液的浓度比较滴定,反复练习。

4. 以甲基橙、甲基红、酚酞为指示剂,以 NaOH 溶液滴定 HAc 溶液。

5. 计算 NaOH 溶液与 HCl 溶液的体积比。

(三)记录和计算:

1. 0.2 mol/L NaOH 溶液和 0.2 mol/L HCl 溶液的配制。

浓 HCl 溶液的体积 =

固体 NaOH 的质量 =

2. NaOH 溶液与 HCl 溶液浓度的比较。

(1)以甲基橙为指示剂;

(2)以酚酞为指示剂(格式同上)。

记录项目	次序		
	Ⅰ	Ⅱ	Ⅲ
NaOH 终读数 NaOH 初读数 V_{NaOH}			
HCl 终读数 HCl 初读数 V_{HCl}			
V_{NaOH}/V_{HCl}			
$\overline{V}_{NaOH}/V_{HCl}$			
个别测定的绝对偏差			
相对平均偏差			
标准偏差			

思 考 题

1. 滴定管在装入标准溶液前为什么要用此溶液淌洗内壁 2~3 次？用于滴定的锥形瓶或烧杯是否需要干燥？要不要用标准溶液淌洗？为什么？

2. 为什么不能用直接配制法配制 NaOH 标准溶液？

3. 配制 HCl 溶液及 NaOH 溶液所用的水的体积，是否需要准确量度？为什么？

4. 装 NaOH 标准溶液的瓶或滴定管，不宜用玻塞，为什么？

5. 用 HCl 溶液滴定 NaOH 标准溶液时是否可用酚酞作指示剂？

6. 在每次滴定完成后，为什么要将标准溶液加至滴定管零点或近零点，然后进行第二次滴定？

7. 在 HCl 溶液与 NaOH 溶液浓度比较的滴定中，以甲基橙和酚酞作指示剂，所得的溶液体积比是否一致？为什么？

实验三 润滑脂中游离酸或游离碱含量的测定

一、目的

1. 掌握酸碱滴定法测定润滑脂中游离酸或游离碱的原理和方法。
2. 练习润滑脂样品的取样和处理。
3. 熟悉滴定操作流程，能准确判断滴定终点，并熟练计算润滑脂样品的酸值或游离碱含量。

二、原理

润滑脂在加工、运输及使用过程中由于生产工艺及管理不严格会不同程度地混入酸性或碱性物质，这些物质的存在对机械设备会造成一定的腐蚀，因此润滑脂的质量标准中规定不允许含有过量水溶性酸或碱，其酸值和游离碱含量在石油产品质量指标中有严格的限制。

根据 SH/T 0329-1992(2004 年确认)润滑脂游离酸和游离碱测定方法,将润滑脂样品用沸腾的无铅汽油(或苯)及 60% 的乙醇溶解,抽提出润滑脂中的游离酸或游离碱。抽提后的溶液中加入酚酞,若溶液没有颜色则表示有游离酸,此时用 KOH 标准溶液滴定;若溶液呈红色则表示有游离碱,此时用 HCl 标准溶液滴定。通过消耗的 KOH 或 HCl 的体积计算润滑脂的酸值或游离碱含量。

润滑脂酸值:指中和 1 g 润滑脂中的酸性物质所消耗的 KOH 毫克数,单位为 mg KOH/g。

润滑脂游离碱含量:以 NaOH 质量百分数表示。

三、试剂

60%的乙醇溶液(用 95%的乙醇和蒸馏水按体积比 7.5∶3.5 配制),用精制乙醇配制的 0.05 mol/L KOH 乙醇标准溶液(精制乙醇:95%的乙醇用硝酸银和 KOH 溶液处理后,再经沉淀和蒸馏),0.05 mol/L HCl 标准溶液,溶剂油(汽油或苯);酚酞指示剂,润滑脂样品。

四、步骤

1. 用刮刀将润滑脂试样的表面刮掉,然后在不靠近容器壁的 3 处地方取等量试样,装在 50 mL 的小烧杯中均匀搅拌。

2. 在一只清洁、干燥的 250 mL 磨口锥形瓶中称取试样 2~3 g,精确至 0.001 g。试样过于黏稠时,称取 1~1.5 g,同样精确至 0.001 g;试样含游离酸或游离碱在 0.1%以下时,可称取 4~5 g,此时精确至 0.1 g 即可。

3. 在另一只干燥的 250 mL 磨口锥形瓶中,加入溶剂油 30 mL 和 60%乙醇 20 mL,回流,在不断摇动下,将混合溶液煮沸 5 min,以除去溶液中的 CO_2。

4. 向煮沸过的溶剂油-乙醇混合溶液中,加入 3~4 滴酚酞指示剂,在不断摇动下趁热用 KOH 乙醇标准溶液中和,直到混合溶液出现淡粉色且 30 s 内不褪色为止。

5. 将中和过的溶剂油-乙醇混合溶液倒入装有已称量试样的磨口锥形瓶中,装上回流冷凝管,在不断摇动下煮沸,直到试样完全溶解,再继续煮沸 5 min,然后从冷凝管上取下锥形瓶,用锡纸包住软木塞将装有混合溶液的锥形瓶塞好,在不断摇动的情况下,用冷水冷却至室温。

6. 打开软木塞,向混合溶液中加 3~4 滴酚酞指示剂,摇动均匀,若乙醇-水层为无色,用 KOH 乙醇标准溶液滴定至溶液呈现淡粉色,且 30 s 内不消失为止。加入酚酞后,若乙醇-水层为淡粉色,用 HCl 标准溶液滴定,直至淡粉色消失,且 30 s 内颜色不会重新出现为止。滴定要连续进行,但滴定时间不应超过 3 min。

7. 实验平行进行 2 次。

五、结果处理

测定游离酸或游离碱的计算公式:

1. 试样的游离有机酸含量以酸值 K(mg KOH/g)按下式计算:

$$K = \frac{V \times c \times 0.0561}{m} \times 1000$$

式中,V 为滴定消耗 KOH 乙醇标准溶液的体积,单位为 mL;c 为 KOH 乙醇标准溶液的实际浓度,单位为 mol/L;m 为试样的质量,单位为 g;0.0561 为与 1.00 mL KOH 乙醇标准滴定溶液[c(KOH)= 1.000 mol/L]相当的以克表示的碱(KOH)的质量。

2. 试样的游离有机碱(NaOH%)按下式计算:

$$X = \frac{V \times c \times 0.040}{m} \times 100$$

或 $X = \frac{V \times c \times 4.0}{m}$

式中,V 为滴定消耗 HCl 标准溶液的体积,单位为 mL;c 为 HCl 标准溶液的实际浓度,单位为 mol/L;m 为试样的质量,单位为 g;0.040 为与 1.00 mL HCl 标准滴定溶液[c(HCl)= 1.000 mol/L]相当的以克表示的碱(NaOH)的质量。

3. 取重复测定两个结果的算术平均值,作为试样的游离酸或游离碱的测定结果。当试样中游离碱含量在 0.02% 以下时,判断为无。

思 考 题

1. 乙醇溶液中含有 CO_2 对结果有什么影响?
2. 为什么要求在 3 min 内滴定完毕?
3. 为什么实验选乙醇作溶剂,而不用水作溶剂?

实验四 碱液中 NaOH 及 Na_2CO_3 含量的测定(双指示剂法)

一、目的

1. 了解双指示剂法测定碱液中 NaOH 和 Na_2CO_3 含量的原理。
2. 了解混合指示剂的使用及其优点。

二、原理

碱液中 NaOH 和 Na_2CO_3 的含量,可以在同一份试液中用两种不同的指示剂来测定,这种测定方法即"双指示剂法"。此法方便、快速,在生产中应用普遍。

常用的两种指示剂是酚酞和甲基橙。在试液中先加酚酞,用 HCl 标准溶液滴定至红色刚褪去。由于酚酞的变色范围在 pH 8~10,此时不仅 NaOH 完全被中和,Na_2CO_3 也被滴定成 $NaHCO_3$,记下此时 HCl 标准溶液的耗用量 V_1。再加入甲基橙指示剂,溶液呈黄色,滴定至终点时呈橙色,此时 $NaHCO_3$ 被滴定成 H_2CO_3,HCl 标准溶液的耗用量为 V_2。根据 V_1、V_2 可以计算出试液中 NaOH 及 Na_2CO_3 的含量,计算式如下:

$$X_{NaOH} = \frac{(V_1 - V_2) \times c_{HCl} \times M_{NaOH}}{V}$$

$$X_{Na_2CO_3} = \frac{2V_2 \times c_{HCl} \times M_{Na_2CO_3}}{2V}$$

式中,c 为浓度,单位为 mol/L;X 为 NaOH 或 Na_2CO_3 的含量,单位为 g/L;M 为物质的摩尔质量,单位为 g/mol;V 为溶液的体积,单位为 mL。

双指示剂中的酚酞指示剂可用甲酚红和百里酚蓝混合指示剂代替。甲酚红的变色范围为 6.7(黄)~8.4(蓝),混合后的变色点是 8.3,酸色呈黄色,碱色呈紫色,在 pH 8.2 时为樱桃色,变色较敏锐。

三、试剂

0.2 mol/L HCl 标准溶液,甲酚红和百里酚蓝混合指示剂,甲基橙指示剂,酚酞指示剂。

四、步骤

用移液管吸取碱液试样 25.00 mL,加酚酞指示剂 1~2 滴,用 0.2 mol/L HCl 标准溶液滴定,边滴边充分摇动,以免局部 Na_2CO_3 直接被滴至 H_2CO_3。滴定至酚酞恰好褪色为止,此时即为终点,记下所用标准溶液的体积 V_1。然后再加 2 滴甲基橙指示剂,此时溶液呈黄色,继续以 HCl 溶液滴定至溶液呈橙色,此时即为终点,记下所用 HCl 溶液的体积 V_2。

思 考 题

1. 碱液中的 NaOH 及 Na_2CO_3 含量是怎样测定的?

2. 如欲测定碱液的总碱度,应采用何种指示剂?试拟出测定步骤及以 Na_2O g/L 表示的总碱度的计算公式。

3. 试液的总碱度,是否宜以百分含量表示?

实验五　石油产品水溶性酸碱测定

一、目的

1. 掌握石油产品水溶性酸碱测定原理及操作技能。
2. 会用酸碱指示剂判断终点。

二、原理

用蒸馏水抽提试样中的水溶性酸碱,然后分别用甲基橙或酚酞指示剂检查抽出溶液颜色的变化情况,以判断油品中有无水溶性酸、碱的存在。

三、试剂

甲基橙指示剂,酚酞指示剂,0#柴油。

四、步骤

1. 将 50 mL 液体石油试样和 50 mL 蒸馏水放入分液漏斗,加热至 50~60 ℃,对 0 ℃ 运动黏度大于 75 mm²/s 的石油产品,应预先在室温下与 50 mL 汽油混合,然后加入 50 mL 加热至 50~60 ℃ 的蒸馏水。

2. 用指示剂测定水溶性酸、碱。

向两个试管中分别放入 1~2 mL 抽提物,在第一支试管中,加入 2 滴甲基橙溶液,并将它与装有相同体积蒸馏水和 2 滴甲基橙溶液的另一支试管相比较。

如果抽提物呈玫瑰色,则表示所测石油产品中有水溶性酸存在。在第二支试管中加入 3 滴酚酞溶液,如果溶液呈玫瑰色或红色,则表示有水溶性碱存在。

思 考 题

1. 说明本方法测量石油产品水溶液酸碱性的优缺点。
2. 若石油产品水溶液中存在微量的酸或碱,采用本方法能否检验出？为什么？

实验六 EDTA 标准溶液的配制和标定

一、目的

1. 学习 EDTA 标准溶液的配制和标定方法。
2. 掌握配位滴定的原理,了解配位滴定的特点。
3. 熟悉钙指示剂或二甲酚橙指示剂的作用。

二、原理

乙二胺四乙酸(简称 EDTA,常用 H_4Y 表示)难溶于水,常温下其溶解度为 $0.2\ g/L$(约 $0.0007\ mol/L$),在分析中通常使用其二钠盐配制标准溶液。乙二胺四乙酸二钠盐的溶解度为 $120\ g/L$,可配成 $0.3\ mol/L$ 以上的溶液,其水溶液的 $pH=4.8$,通常采用间接法配制标准溶液。

标定 EDTA 溶液常用的基准物有 Zn、ZnO、C、Bi、Cu、M、Hg、Ni、Pb 等。通常选用其中与被测物组分相同的物质作基准物,这样滴定条件一致,可减小误差。

EDTA 溶液若用于测定石灰石或白云石中 CaO、MgO 的含量,则宜用 $CaCO_3$ 为基准物。首先可加 HCl 溶液,其反应如下

$$CaCO_3 + 2HCl \longrightarrow CaCl_2 + CO_2 + H_2O$$

然后把溶液转移到容量瓶中稀释,制成钙标准溶液。吸取一定量的钙标准溶液,调节酸度至 $pH \geqslant 12$,用钙指示剂,以 EDTA 溶液滴定至溶液由酒红色变纯蓝色,即为终点。其变色原理如下:

钙指示剂(常以 H_3Ind 表示)在水溶液中按下式解离:

$$H_3Ind \rightleftharpoons 2H^+ + HInd^{2-}$$

在 $pH \geqslant 12$ 的溶液中,$HInd^{2-}$ 离子与 Ca^{2+} 离子形成比较稳定的络离子,其反应如下

$$HInd^{2-} + Ca^{2+} \rightleftharpoons CaInd^- + H^+$$
$$\text{纯蓝色} \qquad\qquad \text{酒红色}$$

所以在钙标准溶液中加入钙指示剂时,溶液呈酒红色。当用 EDTA 溶液滴定时,由于 EDTA 能与离子形成比 $CaInd^-$ 络离子更稳定的络离子,因此在滴定终点附近,$CaInd^-$ 络离子不断转化为较稳定的 CaY^{2-} 络离子,而钙指示剂则被游离了出来,其反应式表示如下

$$CaInd^- + H_2Y^{2-} + OH^- \rightleftharpoons CaY^{2-} + HInd^{2-} + H_2O$$
$$\text{酒红色} \qquad\qquad\qquad\qquad \text{纯蓝色}$$

用此法测定钙时,若有 Mg^{2+} 离子共存(在调节溶液酸度为 pH ≥ 12 时,Mg^{2+} 离子将形成 $Mg(OH)_2$ 沉淀),则 Mg^{2+} 离子不仅不干扰钙之测定,而且使终点比 Ca^{2+} 离子单独存在时更敏锐。当 Ca^{2+}、Mg^{2+} 离子共存时,终点由酒红色到纯蓝色,当离子单独存在时则由酒红色到紫蓝色。所以测定单独存在的 Ca^{2+} 离子时,常常加入少量的 Mg^{2+} 离子。

EDTA 溶液若用于测定 Pb^{2+}、Bi^{3+} 离子,则宜以 ZnO 或者金属锌为基准物,以二甲酚橙为指示剂。在 pH = 5~6 的溶液中,二甲酚橙指示剂本身显黄色,与 Zn^{2+} 离子的络合物呈紫红色。EDTA 与 Zn^{2+} 离子形成更稳定的络合物,因此用 EDTA 溶液滴定至终点时,二甲酚橙被游离了出来,溶液由紫红色变为黄色。

配位滴定中所用的水,应不含 Fe^{3+}、Al^{3+}、Cu^{2+}、Ca^{2+}、Mg^{2+} 等杂质离子。

三、试剂

1. 以 $CaCO_3$ 为基准物时所用试剂:

乙二胺四乙酸二钠(固体,A. R.),$CaCO_3$(固体,G. R. 或 A. R.),1+1 $NH_3 \cdot H_2O$,镁溶液(溶解 1 g $MgSO_4 \cdot 7H_2O$ 于水中,稀释至 200 mL),10% NaOH 溶液,钙指示剂(固体指示剂)。

2. 以 ZnO 为基准物时所用试剂:

ZnO(G. R. 或 A. R.),1+1 HCl,1+1 $NH_3 \cdot H_2O$,二甲酚橙指示剂,20% 六次甲基四胺溶液。

四、步骤

1. 0.02 mol/L EDTA 溶液的配制:台秤上称取乙二胺四乙酸二钠 7.6 g,溶解于 300~400 mL 温水中,稀释至 1 L,如浑浊,应过滤。转移至 1000 mL 细口瓶中,摇匀。

2. 以 $CaCO_3$ 为基准物标定 EDTA 溶液:

0.02 mol/L 标准溶液的配制:置碳酸钙基准物于称量瓶中,在 110 ℃ 干燥 2 h,置干燥器中冷却后,准确称取 0.5~0.6 g(称准至小数点后第四位,为什么?)于小烧杯中,盖以表面皿,加水湿润,再从杯嘴边逐滴加入(注意!为什么?)数毫升 1+1 HCl 至完全,摇匀。

标定:用移液管移取 25.00 mL 钙溶液,置于锥形瓶中,加入约 25 mL 水、2 mL 镁溶液、5 mL 10% NaOH 溶液及约 10 mg(绿豆大小)钙指示剂,摇匀后,用 EDTA 溶液滴定至由红色变至蓝色,即为终点。

3. 以 ZnO 为基准物标定 EDTA 溶液:

锌溶液的配制:准确称取在 800~1000 ℃ 灼烧过(需 20 min 以上)的基准物 ZnO 0.5~0.6 g 于 100 mL 烧杯中用少量水润湿,然后逐滴加入 1+1 HCl,边加边搅至完全溶解为止。然后,将溶液定量转移入 250 mL 容量瓶中,稀释至刻度并摇匀。

标定：移取 25.00 mL 锌标准溶液于 250 mL 锥形瓶中，加约 30 mL 水，2～3 滴二甲酚橙指示剂，先加 1+1 氨水至溶液由黄色刚变橙色（不能多加），然后滴加 20% 六次甲基四胺至溶液呈稳定的紫红色后再多加 3 mL，用 EDTA 溶液滴定至溶液由紫红色变亮黄色，即为终点。

五、注意事项

1. 配位反应进行的速度较慢（不像酸碱反应能在瞬间完成），故滴定时加入 EDTA 溶液的速度不能太快，在室温低时，尤其要注意。特别是近终点时，应逐滴加入，并充分振摇。

2. 配位滴定中，加入指示剂的量是否适当对于终点的观察十分重要，宜在实践中总结经验，加以掌握。

思 考 题

1. 为什么通常使用乙二胺四乙酸二钠盐配制 EDTA 溶液，而不用乙二胺四乙酸？
2. 以 HCl 溶液溶解 $CaCO_3$ 基准物时，操作中应注意些什么？
3. 以 $CaCO_3$ 为基准物标定 EDTA 溶液时，加入镁溶液的目的是什么？
4. 以 $CaCO_3$ 为基准物，以钙指示剂为指示剂标定 EDTA 溶液时，应控制溶液的酸度为多少？为什么？怎样控制？
5. 以 ZnO 为基准物，以二甲酚橙为指示剂标定 EDTA 溶液浓度的原理是什么？溶液的 pH 值应控制在什么范围？若溶液为强酸性，应怎样调节？
6. 配位滴定法与酸碱滴定法相比，有哪些不同点？操作中应注意哪些问题？
7. 如果 EDTA 溶液在长期贮存中因侵蚀玻璃而含有少量 CaY^{2-}、MgY^{2-} 离子，则在 pH=10 的氨性溶液中用 Mg^{2+} 离子标定和 pH 4～5 的酸性介质中用 Zn^{2+} 离子标定，所得结果是否一致？为什么？

实验七 重量分析法测定石油产品中的硫含量

一、目的

1. 学会用燃灯法处理石油产品。
2. 了解晶形沉淀的沉淀条件、原理和方法。
3. 练习沉淀的过滤、洗涤和灼烧的操作技术。
4. 测定可溶性硫酸盐中硫的含量，并能用换算因数计算测定结果。

二、实验原理

石油产品中硫及硫化物的存在会影响油品的安定性,加速油品氧化、变质进程,甚至导致贮油容器或使用设备的腐蚀。含硫油品燃烧后生成的 SO_2 和 SO_3 排放到大气中,形成酸雨并加速光化学烟雾的形成,严重污染环境,对人体也会产生较大的危害。因此,石油产品质量标准对硫含量有严格要求,2023 年执行的《车用汽油国家标准》(GB17930-2013)(VIB)规定汽油中硫的含量应不超过 0.001%。

石油产品一般不溶于水,固测定前首先要用氧弹法将石油产品中的硫元素转变为溶于水的 SO_4^{2-} 离子,其方法为将试样装入氧弹中进行完全燃烧,再用蒸馏水洗出燃烧产物,然后在酸性条件下利用 $BaCl_2$ 进行沉淀过滤,过滤产物在高温下灼烧灰化,最后称量灼烧产物,计算出试样的硫含量。S 元素转化的过程如下式所示

$$S \sim SO_3 \sim SO_4^{2-} \sim BaSO_4$$

重量分析法是测定 SO_4^{2-} 离子的经典方法,利用 Ba^{2+} 可将 SO_4^{2-} 转变为 $BaSO_4$ 沉淀的原理,用过量的 Ba^{2+} 使 SO_4^{2-} 完成沉淀后,经过滤、洗涤和灼烧,最后将灼烧产物以 $BaSO_4$ 形式称重,从而求得 S 或 SO_4^{2-} 离子含量。虽然重量分析法费时较多,但准确度高,精确度好,经多年方法改进后,用重量分析法测定硫元素已经成为一种重要的标准方法。

$BaSO_4$ 的溶解度很小($K_{sp} = 8.7 \times 10^{-11}$),100 mL 溶液中在 25℃时仅溶解 0.25 mg,在过量沉淀剂存在时,溶解度更小,一般可以忽略不计。$BaSO_4$ 沉淀初生成时,一般形成细小的晶体,过滤时易穿过滤纸,引起沉淀的损失,因此进行沉淀反应时,必须注意控制沉淀条件,以利于形成较大的晶体沉淀,从而减小过滤损失,减小误差。

为了防止生成 $BaCO_3$、$Ba_3(PO_4)_2$ 或 $BaHPO_4$ 等沉淀,应在酸性溶液中进行沉淀,一般在 0.05 mol/L 左右 HCl 溶液中进行沉淀。溶液中也不允许存在酸的不溶物和易被吸附的离子,如 Fe^{3+}、NO^{3-}、Pb^{2+}、Sr^{2+} 等离子都会影响结果的准确性,应预先分离或掩蔽。比如,当有 Fe^{3+} 离子存在时,可加入 1%EDTA 溶液 5 mL 加以掩蔽。

三、仪器与试剂

氧弹 1 个,瓷坩埚 2 只,坩埚钳 1 把。

质量分数为 0.02% 的甲基橙溶液,2 mol/L HCl 溶液,质量分数为 10% 的 $BaCl_2$ 溶液,0.1 mol/L $AgNO_3$ 溶液,6 mol/L HNO_3 溶液,慢速定量滤纸(直径 7~9 cm)。

四、步骤

1. 准确称取 0.6~0.8 g 石油产品装入氧弹试样杯中,在氧弹底部注入蒸馏水 20 mL,然后将试样杯放入氧弹内并充满氧气,当压力达到 2.9~3.4 MPa 时,将氧弹和氧气瓶气路断开,置于水浴中通电,使试样在氧弹中燃烧至无沉积物。

2. 用热的蒸馏水多次洗涤氧弹内全部器件、试样杯及阀，收集洗涤水于 400 mL 烧杯中，过滤去除其中可能存在的机械杂质。于滤液中滴加 2~3 滴甲基橙溶液，加入 2 mol/L HCl 溶液 6 mL，使试液呈现弱酸性，用蒸馏水稀释试液至 200 mL，烧杯盖上表面皿，将试液加热至沸腾。

3. 取 10% $BaCl_2$ 溶液 10 mL 置于 50 mL 烧杯中，加水稀释至 20 mL，加热至沸腾。稀释和加热的目的是控制 $BaSO_4$ 晶形沉淀的形成条件，以利于得到大颗粒的结晶。在不断搅拌下，趁热用滴管吸取 $BaCl_2$ 溶液，逐滴加入试液中，沉淀作用完毕后，静置 2 min，待 $BaSO_4$ 下沉，于上层清液中再加 1~2 滴 $BaCl_2$ 溶液，仔细观察有无浑浊出现，以检验沉淀是否完全。烧杯盖上表面皿，将试液微沸 10 min，然后在室温下陈化 12 小时，直至试液中悬浮的微小晶粒完全沉淀，试液澄清。

4. 取定量滤纸，按漏斗的大小折好使其与漏斗完好贴合，用去离子水润湿，并使漏斗颈内留有水柱，将漏斗置于漏斗架上，漏斗下方放一只清洁的烧杯，利用倾泻法小心地把上层清液沿玻璃棒慢慢倾入已准备好的漏斗中，尽可能不让沉淀倒入滤纸上，以免妨碍过滤和洗涤。当烧杯中清液已经倾泻完后，用热水洗沉淀 3 次（倾泻法），然后将沉淀完全转移到滤纸上，再用热的蒸馏水反复洗涤沉淀，直至在洗液中加入 HNO_3 酸化的 $AgNO_3$，洗液不显白色浑浊（表示无 Cl^- 离子）为止。

5. 沉淀洗净后，将盛有沉淀的滤纸折叠成小包，移入已在 800 ℃ 灼烧至恒重的瓷坩埚（瓷坩埚需预先称重）中，经烘干、灰化后再置于 800 ℃ 的马弗炉中灼烧 1 小时，瓷坩埚取出后置于干燥器内冷却至室温，最后称量瓷坩埚及灼烧产物。根据称得 $BaSO_4$ 的重量，计算石油产品中的含硫百分量。

思 考 题

1. 重量分析法所称量试样重量应根据什么原则计算？
2. 为什么试液和沉淀剂都要预先稀释，而且试液要预先加热？
3. 加入沉淀剂后，沉淀是否完全，应如何检查？
4. 沉淀完毕后，为什么要放置一段时间才进行过滤？
5. 洗涤至无 Cl^- 离子的目的是什么？检查 Cl^- 离子的方法如何？
6. 为什么要控制在一定酸度的盐酸介质中进行沉淀？

附表：部分油品硫含量的质量指标

油品名称	总硫含量/%
车用汽油（Ⅳ）(GB 17930-2013)	≤0.001
3 号喷气燃料(GB 6537-2006)	≤0.20
车用柴油（Ⅳ）(GB 19147-2013)	≤0.005

实验八　褐铁矿中铁含量的测定

一、目的

1. 学习用酸分解矿石试样的方法。
2. 掌握无汞重铬酸钾法测定铁的原理和方法。
3. 了解预氧化还原的目的和方法。

二、原理

用 $K_2Cr_2O_7$ 溶液滴定 Fe^{2+} 离子的方法在测定合金、矿石、金属盐类及硅酸盐等的含铁量时,有很大的实用价值。

褐铁矿的主要成分是 $Fe_2O_3 \cdot xH_2O$。对铁矿来说,盐酸是很好的溶剂,溶解后生成 Fe^{3+} 离子(实际上是 $FeCl_4^-$、$FeCl_6^{3-}$ 等络离子),必须用还原剂将它预先还原,才能用氧化剂 $K_2Cr_2O_7$ 溶液滴定。一般常用 $SnCl_2$ 作还原剂:

$$2FeCl_4^- + SnCl_4^{2-} + 2Cl^- =\!=\!= 2FeCl_4^{2-} + SnCl_6^{2-}$$

多余的 $SnCl_4^{2-}$ 用 $HgCl_2$ 除去:

$$SnCl_4^{2-} + 2HgCl_2 =\!=\!= SnCl_6^{2-} + Hg_2Cl_2 \downarrow (白)$$

然后在酸性介质中用 $K_2Cr_2O_7$ 溶液滴定生成的 Fe^{2+} 离子,这是测定铁的经典方法。这种方法操作简便,结果准确。但是 $HgCl_2$ 有剧毒,为了避免汞盐对环境的污染,近年来采用了各种不用汞盐的测定铁的方法。本实验采用三氯化钛还原铁的方法。即先用 $SnCl_2$ 将大部分 Fe^{3+} 离子还原,以钨酸钠为指示剂,再用 $TiCl_3$ 溶液还原剩余的 Fe^{3+} 离子,其反应如下

$$Fe^{3+} + Ti^{3+} =\!=\!= Fe^{2+} + Ti^{4+}$$

过量的 $TiCl_3$ 使钨酸钠还原为钨蓝,然后用 $K_2Cr_2O_7$ 溶液使钨蓝褪色,以消除过量还原剂 $TiCl_3$ 的影响。最后以二苯胺磺酸钠为指示剂,用 $K_2Cr_2O_7$ 标准溶液滴定 Fe^{2+} 离子。

$$6Fe^{2+} + Cr_2O_7^{2-} + 14H^+ =\!=\!= 6Fe^{3+} + 2Cr^{3+} + 7H_2O$$

由于滴定过程中生成黄色的 Fe^{3+} 离子,影响终点的正确判断,故加入 H_3PO_4,使之与 Fe^{3+} 离子结合成无色的络离子,这样既消除了 Fe^{3+} 离子的黄色影响,又减小了 Fe^{3+} 离子浓度,从而减低了 Fe^{3+}/Fe^{2+} 电对的条件电极电位,使滴定突跃范围的电位降低,用二苯胺磺酸钠指示剂能清楚、正确地判断终点。

三、试剂

6%$SnCl_2$溶液:称取 6 g $SnCl_2 \cdot 2H_2O$,溶于 20 mL 热浓盐酸中,用水稀释至 100 mL。

硫磷混酸:将 200 mL 浓硫酸在搅拌下缓慢注入 500 mL 水中,再加 300 mL 浓磷酸。

25%钨酸钠溶液:称取 25 g Na_2WO_4,溶于适量水中,加 5 mL 浓磷酸,用水稀释至 100 mL。

1+19 $TiCl_3$ 溶液:取 15%~20% $TiCl_3$ 溶液,用 1+9 盐酸稀释 20 倍,加一层液体石蜡加以保护。

0.2%二苯胺磺酸钠溶液。

浓盐酸。

0.008 mol/L $K_2Cr_2O_7$ 标准溶液:按计算量称取在 130~140 ℃烘干 1 h 的 $K_2Cr_2O_7$(A.R.基准试剂)溶于水,然后移入 1 L 容量瓶中,用水稀释至刻度,摇匀。

四、步骤

称取 0.2 g(若用纯 Fe_2O_3 试样,称取试样不超过 0.15 g)试样于 250 mL 锥形瓶中,加 10~20 mL 浓盐酸,低温加热 10~20 min,滴加 $SnCl_2$ 溶液至呈浅黄色,继续加热 10~20 min(此时体积约为 10 mL)至剩余残渣为白色或浅色时表示溶解完全。调整溶液体积至 150~200 mL,加 15 滴 Na_2WO_4 溶液,用 $TiCl_3$ 溶液滴至溶液呈蓝色,再滴加 $K_2Cr_2O_7$ 标准液至无色,立即加 10 mL 硫磷混酸,5 滴二苯胺磺酸钠,用 $K_2Cr_2O_7$ 标准溶液滴定至呈稳定的紫色。

根据滴定结果,计算铁矿中用 Fe 及 Fe_2O_3 表示的铁的百分含量。

思 考 题

1. 用重铬酸钾法测定褐铁矿中铁的含量,整个反应过程如何?指出测定过程中各步应注意的事项。

2. 先后用 $SnCl_2$ 和 $TiCl_3$ 作还原剂的目的何在?如果不慎加入了过多的 $SnCl_2$ 或 $TiCl_3$ 怎么办?

3. $NaWO_4$ 和二苯胺磺酸钠是什么性质的指示剂?

4. 加入硫磷混酸的目的何在?

5. 试样如果不能被浓 HCl 和 $SnCl_2$ 完全溶解,应采用什么方法使其分解完全?

注意:

①滴定完毕后的剩余 $K_2Cr_2O_7$ 试剂,不能随意倒入水池,应统一回收处置,以避免 Cr(VI)污染水环境。

②加入 $SnCl_2$ 将 Fe^{3+} 还原为 Fe^{2+},可帮助试样分解。$SnCl_2$ 如过量,应滴加少量 $KMnO_4$ 溶液至溶液呈浅黄色。

③溶样时如果酸挥发过多,应适当补加盐酸,使最后滴定溶液中盐酸量不少于 10 mL。

④氧化还原滴定时溶液温度控制在 20~40 ℃较好。

⑤蓝色出现即生成了钨蓝,表示 Fe^{3+} 已完全还原。

⑥还原后的 Fe^{2+},应迅速滴定,以免 Fe^{2+} 部分被空气氧化。

实验九　水中化学需氧量(COD)的测定
(高锰酸钾法)

一、目的

掌握用高锰酸钾法测定水中化学需氧量(COD)的原理和方法。

二、原理

水的需氧量大小是水质污染程度的重要指标之一。它分为化学需氧量(COD)和生物需氧量(BOD)两种。COD 反映了水体受还原性物质污染的程度,这些还原性物质包括有机物、亚硝酸盐、亚铁盐、硫化物等。水被有机物污染是很普遍的,因此 COD 也作为有机物相对含量的指标之一。

水样 COD 的测定,会因加入氧化剂的种类和浓度、反应温度、溶液酸度和反应时间,以及催化剂的存在与否而得到不同的结果。因此,COD 是一个条件性的指标,必须严格按操作步骤进行测定。COD 的测定有几种方法,对于污染较严重的水样或工业废水,一般用重铬酸钾法或库仑法,对于一般水样可以用高锰酸钾法。由于高锰酸钾法是在规定的条件下所进行的反应,所以水中有机物只能部分被氧化,并不是理论上的全部需氧量,也不能反映水体中总有机物的含量。因此,常用高锰酸盐指数这一术语作为水质的一项指标,以有别于重铬酸钾法测定的化学需氧量。高锰酸钾法分为酸性法和碱性法两种,本实验以酸性法测定水样的化学需氧量——高锰酸盐指数,以每升多少毫克 O_2 表示。

水样加入硫酸酸化后,加入一定量的 $KMnO_4$ 溶液,并在沸水浴中加热反应一定时间。然后加入过量的 $Na_2C_2O_4$ 标准溶液,使之与剩余的 $KMnO_4$ 充分作用。再用 $KMnO_4$ 溶液回滴过量的 $Na_2C_2O_4$,通过计算求得高锰酸盐指数值。反应式如下

$$4MnO_4^- + 5C + 12H^+ =\!=\!= 4Mn^{2+} + 5CO_2 + 6H_2O$$

$$2MnO_4^- + 5C_2O_4^{2-} + 16H^+ =\!=\!= 2Mn^{2+} + 10CO_2 + 8H_2O$$

结果计算式如下：

高锰酸盐指数 $COD_{KMnO_4}(O_2, mg \cdot L^{-1}) = \dfrac{[5c_{KMnO_4}(V_1+V_2) - c_{Na_2C_2O_4}V_{Na_2C_2O_4}] \times 8 \times 1000}{V_{水样}}$

式中，V_1、V_2 分别为 $KMnO_4$ 的开始加入体积和回滴过量的 $Na_2C_2O_4$ 时用去的体积；c_{KMnO_4} 与 $c_{Na_2C_2O_4}$ 分别表示 $KMnO_4$ 及 $Na_2C_2O_4$ 的物质的量浓度，单位为 $mol \cdot L^{-1}$。

三、试剂

(1+3) H_2SO_4 溶液；$KMnO_4$ 溶液(0.002 mol/L)；$Na_2C_2O_4$ 溶液(0.01000 mol/L)。

四、步骤

1.移取 100 mL 水样于锥形瓶中，加 5 mL (1+3) H_2SO_4 溶液，摇匀。加入 10.00 mL $KMnO_4$ 溶液(即 V_1)，摇匀，立即放入沸水浴中加热 30 min(从水浴重新沸腾起计时，沸水浴液面要高于反应溶液的液面)。趁热加入 10.00 mL $Na_2C_2O_4$ 标准溶液(即 V)，摇匀，立即用 $KMnO_4$ 溶液滴定至溶液呈微红色，记下消耗 $KMnO_4$ 溶液的体积(即 V_2)。平行滴定三次。

2.$KMnO_4$ 溶液的标定：将上述步骤1中已滴定完毕的溶液加热至 65~85 ℃，准确加入 10.00 mL $Na_2C_2O_4$ 标准溶液，再用 $KMnO_4$ 溶液滴定至溶液呈微红色，记下 $KMnO_4$ 溶液消耗的体积。根据上述方程式计算 $KMnO_4$ 溶液的准确浓度。平行标定三份。

思 考 题

1.本实验的测定方法属于何种滴定方式？为何要采取这种方式？
2.水样中氯离子含量高时为什么对测定有干扰？应如何消除？
3.测定水中的 COD 有何意义？有哪些测定方法？

实验十　邻二氮杂菲分光光度法测定铁

一、目的

1.了解分光光度法测定物质含量的一般条件及其选定方法。
2.掌握邻二氮杂菲分光光度法测定铁的方法。
3.了解 UV-1200 分光光度计的构造和使用方法。

二、原理

1. 光度法测定的条件:分光光度法测定物质含量时应注意的条件主要是显色反应的条件和测量吸光度的条件。显色反应的条件有显色剂用量、介质的酸度、显色时溶液的温度、显色时间及干扰物质的消除方法等;测量吸光度的条件有应选择的入射光波长、吸光度范围和参比溶液等。

2. 邻二氮杂菲-亚铁络合物:邻二氮杂菲是测定微量铁的一种较好试剂。在 pH = 2~9 的条件下 Fe^{2+} 离子与邻二氮杂菲生成极稳定的橘红色络合物,反应式如下

$$Fe^{2+} + 3 \text{(phen)} \longrightarrow [\text{(phen)}_3 Fe]^{2+}$$

此络合物的 $\lg K = 21.3$,摩尔吸光系数 $\varepsilon_{510} = 1.1 \times 10^4$。

在显色前,首先用盐酸羟胺把 Fe^{3+} 离子还原为 Fe^{2+} 离子,其反应式如下

$$2Fe^{3+} + 2NH_2OH \cdot HCl = 2Fe^{2+} + N_2 + 2H_2O + 4H^+ + 2Cl^-$$

测定时,控制溶液酸度在 pH = 5 左右较为适宜。酸度高时,反应进行较慢;酸度太低,则 Fe^{2+} 离子水解,影响显色。

Bi^{3+}、Cd^{2+}、Hg^{2+}、Ag^+、Zn^{2+} 等离子与显色剂生成沉淀,Ca^{2+}、Cu^{2+}、Ni^{2+} 等离子与显色剂形成有色络合物。因此当这些离子共存时,应注意它们的干扰作用。

三、仪器与试剂

100 μg/mL 的铁标准溶液:准确称取 0.864 g 分析纯 $NH_4Fe(SO_4)_2 \cdot 12H_2O$,置于一烧杯中,以 30 mL 2 mol/L HCl 溶液溶解后移入 1000 mL 容量瓶中,以水稀释至刻度,摇匀。

10 μg/mL 的铁标准溶液:由 100 μg/mL 的标准溶液准确稀释 10 倍而成。

盐酸羟胺固体及 10% 溶液(因其不稳定,需临用时配制),0.1% 邻二氮杂菲溶液(新配置),1 mol/L NaAc 溶液。

四、步骤

1. 条件试验:

(1) 吸收曲线的测绘:准确移取 10 μg/mL 铁标准溶液 5 mL 于 50 mL 容量瓶中,加入 10% 盐酸羟胺溶液 1 mL,摇匀,稍冷,加入 1 mol/L NaAc 溶液 5 mL 和 0.1% 邻二氮杂菲溶液 3 mL,以水稀释至刻度,在 UV-1200 型分光光度计上,用 2 cm 比色皿,以水为参比溶液,用不同的波长从 570 mm 开始到 430 nm 为止,每隔 10 或 20 nm 测定

一次吸光度(其中从 530~490 nm,每隔 10 nm 测一次)。然后以波长为横坐标,吸光度为纵坐标绘制出吸收曲线,从吸收曲线上确定该测定的适宜波长。

(2)邻二氮杂菲-亚铁络合物的稳定性:用上面溶液继续进行测定,其方法是在最大吸收波长(510 nm)处,每隔一定时间测定其吸光度,例如在加入显色剂后立即测定一次吸光度,经 30、90、120 min 后,再各测一次吸光度,然后以时间(t)为横坐标,吸光度 A 为纵坐标绘制 A-t 曲线。此曲线表示了该络合物的稳定性。

(3)显色剂浓度试验:取 50 mL 容量瓶(或比色管)7 个,编号,用 5 mL 移液管准确移取 10 μg/mL 铁标准溶液 5 mL 于容量瓶中,加入 1 mL 10%盐酸羟胺溶液,经 2 min 后,再加入 5 mL 1 mol/L NaAc 溶液,然后分别加入 0.1%邻二氮杂菲溶液 0.3 mL、0.6 mL、1.0 mL、1.5 mL、2.0 mL、3.0 mL 和 4.0 mL,用水稀释至刻度,摇匀。在分光光度计上,用适宜波长(例如 510 nm)、2 cm 比色皿,以水为参比,测定上述各溶液的吸光度。然后以加入的邻二氮杂菲试剂的体积为横坐标,吸光度为纵坐标,绘制曲线,从中找出显色剂的最适宜的加入量。

(4)溶液酸度对络合物的影响:准确移取 10 μg/mL 铁标准溶液 5 mL 于 100 mL 容量瓶中,加入 5 mL 2 mol/L HCl 溶液和 10 mL 10%盐酸羟胺溶液,经 2 min 后加入 0.1%邻二氮杂菲溶液 30 mL,以水稀释至刻度,摇匀,备用。取 50 mL 容量瓶 7 只,编号,用移液管分别准确移取上述溶液 10 mL 于各容量瓶中。在滴定管中装 0.4 mol/L NaOH 溶液,然后依次在容量瓶中加入 0.4 mol/L NaOH 溶液 0.0 mL、2.0 mL、3.0 mL、4.0 mL、6.0 mL、8.0 mL 及 10.0 mL,以水稀释至刻度,摇匀,使各溶液的 pH 从≤2 开始逐步增加至 12 以上。测定各容量瓶中溶液的 pH,先用 pH 1~14 广泛 pH 试纸粗略确定其 pH,然后进一步用精密 pH 试纸确定其较准确的 pH。同时在分光光度计上用适宜之波长(例如 510 nm)、2 cm 比色皿、水为空白测定各溶液的吸光度 A。最后以 pH 值为横坐标,吸光度为纵光标,绘制 A-pH 曲线。从曲线上找出适宜的 pH 范围。

根据上面条件试验的结果,拟出邻二氮杂菲分光光度法测定铁的分析步骤并讨论之。

2.铁含量的测定:

(1)标准曲线的测绘:取 50 mL 容量瓶(或比色管)6 只,分别移取(务必准确量取,为什么?)10 μg/mL 铁标准溶液 2.0 mL、4.0 mL、6.0 mL、8.0 mL 和 10.0 mL 于 5 只容量瓶(或比色管)中,另一容量瓶中不加铁标准溶液(配制空白溶液,作参比)。然后各加盐酸羟胺,摇匀,经 2 min 后,再各加 5 mL 1 mol/L NaAc 溶液及 3 mL 0.1% 邻二氮杂菲,以水稀释至刻度,摇匀。在分光光度计上,用 2 cm 比色皿,在最大吸收波长(510 nm)处,测定各溶液的吸光度。以铁含量为横坐标,吸光度为纵坐标,绘制标准曲线。

(2)未知液中铁含量的测定:吸取 6 mL,未知液代替标准溶液,其他步骤均同上,测定吸光度,由未知液的吸光度在标准曲线上查出 5 mL 未知液中的铁含量,然后以每毫升未知液中含铁多少微克表示结果。

注意:(1)(2)两项的溶液配制和吸光度测定宜同时进行。

五、记录及分析结果(供参考)

1. 记录：

比色皿_____光源电压_____

2. 绘制曲线：

(1) 吸收曲线；

(2) $A \sim t$ 曲线；

(3) $A \sim c$ 曲线；

(4) 标准曲线。

3. 对各项测定结果进行分析并做出结论:例如从吸收曲线可得出,邻二氮杂菲亚铁络合物在波长 510 nm 处吸光度最大,因此测定铁时宜选用的波长为 510 nm 等等。

(1) 吸收曲线的测绘：

波　长/nm	吸光度 A
570	
550	
530	
520	
510	
500	
490	
470	
450	
430	

(2) 邻二氮杂菲-亚铁络合物的稳定性：

放置时间 t/min	吸光度 A
0	
30	
60	
90	

(3) 显色剂浓度的实验：

容量瓶(或比色管)号	显色剂量/mL	吸光度 A
1	0.3	
2	0.6	
3	1.0	
4	1.5	
5	2.0	
6	3.0	
7	4.0	

(4) 标准曲线的测绘与铁含量的测定：

试液编号	标准溶液的量/mL	总含铁量/μg	吸光度 A
1	0	0	
2	2.0	20	
3	4.0	40	
4	6.0	60	
5	8.0	80	
6	10.0	100	
待测样品			

思 考 题

1. 邻二氮杂菲分光光度法测定铁的适宜条件是什么？
2. Fe^{3+} 离子标准溶液在显色前加盐酸羟胺的目的是什么？如测定一般铁盐的总铁量，是否需要加盐酸羟胺？
3. 如用配制已久的盐酸羟胺溶液，对分析结果将带来什么影响？
4. 怎样选择本实验中各种测定的参比溶液？
5. 在本实验的各项测定中，加入某种试剂的体积要比较准确，而某种试剂的加入量则不必准确量度，为什么？
6. 溶液的酸度对邻二氮杂菲的吸光度影响如何？为什么？
7. 根据自己的实验数据，计算在最适宜波长处邻二氮杂菲亚铁络合物的摩尔吸光系数。

实验十一 铅、铋混合液中铅、铋含量的连续测定
(配位滴定法)

一、目的

1. 掌握通过控制溶液的酸度来进行多种金属离子连续滴定的络合滴定方法和原理。
2. 熟悉二甲酚橙指示剂的应用。

二、原理

Bi^{3+}、Pb^{2+} 离子均能与 EDTA 形成稳定的络合物,其稳定性又有相当大的差别(它们的 $\lg K$ 值分别为 27.94 和 18.4),因此可以利用控制溶液酸度来进行连续滴定。

在测定中,均以二甲酚橙为指示剂。二甲酚橙属于三苯甲烷指示剂,易溶于水,有 7 级酸式离解,其中 H_7In 至 H_3In_4 呈黄色,H_2In_5 至 In_7 呈红色。所以它在溶液中的颜色随酸度而变,在溶液 pH<6.3 时呈黄色,pH>6.3 时呈红色。二甲酚橙与 Bi^{3+} 离子及 Pb^{2+} 离子的络合物呈紫红色,它们的稳定性与 Bi^{3+}、Pb^{2+} 离子和 EDTA 所成络合物的相比要弱一些。

测定时,先调节溶液的酸度至 pH≈1,进行 Bi^{3+} 离子的滴定,溶液由紫红色突变为亮黄色,即为终点。然后再用六次甲基四胺为缓冲剂,控制溶液 pH≈5~6,进行 Pb^{2+} 离子的滴定。此时溶液再次呈现紫红色,以 EDTA 溶液继续滴定至突变为亮黄色,即为终点。

三、试剂

0.02 mol/L EDTA 标准溶液,0.2% 二甲酚橙指示剂,20% 六次甲基四胺溶液,ZnO(基准用),0.1 mol/L HNO_3 溶液,0.5 mol/L NaOH 溶液,1+1 HCl 溶液,精密 pH(0.5~5)试纸。

四、步骤

1. Bi^{3+} 离子的滴定:移取 25 mL 试液 3 份,分别置于 250 mL 锥形瓶中。取一份作初步试验。先以 pH 为 0.5~5 范围的精密 pH 试纸试验试液的酸度。一般来说,不带沉淀的含 Bi^{3+} 离子的试液其 pH 应在 1 以下(为什么?)。为此,以 0.5 mol/L NaOH 溶液(装在滴定管中)调节之,边滴加边搅拌,并时时以精密 pH 试纸试之,至溶液 pH 达到 1 为止。记下所加的 NaOH 溶液的体积。(不必准确至小数点后第二位,只需 1

位有效数字,为什么?)接着加入 10 mL 0.1 mol/L HNO_3 溶液及 2 滴 0.2%二甲酚橙指示剂,用 0.02 mol/L EDTA 标准溶液滴定至溶液由紫红色变为棕红色,再加 1 滴,突变为亮黄色,即为终点,记下粗略读数。然后开始正式滴定。取另一份 25 mL 试液,加入初步试验中调节溶液酸度时所需的相同体积的 0.5 mol/L NaOH 溶液,接着再加 10 mL 0.1 mol/L HNO_3 溶液及 2 滴 0.2%二甲酚橙指示剂,用 EDTA 标准溶液滴定之,终点变化同上。在离终点 1~2 mL 前可以滴得快一些,近终点时则应慢一些,每加 1 滴,摇动并观察是否变色。

2. Pb^{2+} 离子的滴定:在滴定 Bi^{3+} 离子后的溶液中,加 4~6 滴二甲酚橙指示剂,并逐滴滴加 1+1 氨水,边滴边搅拌,至溶液由黄色变橙色[注意,不能多加,否则生成 $Pb(OH)_2$ 沉淀,影响测定],然后再加 20%六次甲基四胺,至溶液呈紫红色(或橙红色),再加过量 5 mL,最后以 0.02 mol/L EDTA 溶液滴定至溶液由紫红色突变为亮黄色,即为终点。

思 考 题

1. 滴定 Bi^{3+}、Pb^{2+} 离子时溶液酸度各控制在什么范围?怎样调节?为什么?
2. 能否在同一份试液中先滴定 Pb^{2+} 离子,而后滴定 Bi^{3+} 离子?

实验十二　氯化物中氯含量的测定

一、目的

1. 熟悉 $AgNO_3$ 标准溶液的配制和标定方法。
2. 掌握沉淀滴定法中以 K_2CrO_4 为指示剂测定氯离子的方法和原理。

二、原理

某些可溶性氯化物中氯含量的测定常采用莫尔法。此方法是在中性或弱碱性溶液中,以 K_2CrO_4 为指示剂,用 $AgNO_3$ 标准溶液进行滴定。由于 AgCl 的溶解度比 Ag_2CrO_4 的小,因此溶液中首先析出 AgCl 沉淀,当 AgCl 定量沉淀后,过量 $AgNO_3$ 溶液即与 CrO_4^{2-} 离子生成砖红色 Ag_2CrO_4 沉淀,指示终点的到达。反应式如下:

$$Ag^+ + Cl^- = AgCl\downarrow \quad (K_{sp}=1.8\times10^{-10})$$

$$2Ag^+ + CrO_4^{2-} = Ag_2CrO_4\downarrow \quad (K_{sp}=2.0\times10^{-12})$$

滴定必须在中性或弱碱性溶液中进行,最适宜 pH 范围为 6.5~10.5。酸度过高,不产生 Ag_2CrO_4 沉淀,过低,则形成 Ag_2O 沉淀。

指示剂的用量不当,对滴定终点的准确判断有很大的影响,一般用量以 5×10^{-3} mol·L^{-1} 为宜。

能与 Ag^+ 生成难溶化合物或络合物的阴离子都干扰测定,如 PO_4^{3-}、AsO_4^{3-}、SO_3^{2-}、S^{2-}、CO_3^{2-} 及 $C_2O_4^{2-}$ 等,其中 S^{2-} 可成 H_2S,经加热煮沸而除去,SO_3^{2-} 可经氧化 SO_4^{2-} 而不发生干扰。大量 Cu^{2+}、Ni^{2+}、Co^{2+} 等有色离子将影响终点的观察。凡是能与 CrO_4^{2-} 生成难溶化合物的阴离子也干扰测定,如 Ba^{2+}、Pb^{2+} 与 CrO_4^{2-} 分别生成 $BaCrO_4$ 和 $PbCrO_4$ 沉淀,但 Ba^{2+} 的干扰可通过加入过量 Na_2SO_4 而消除。

Al^{3+}、Fe^{3+}、Bi^{3+}、Zr^{4+} 等高价金属离子,在中性或弱碱性溶液中易水解产生沉淀,也不应存在。若存在,改用佛尔哈德法测定氯含量。

三、试剂

$AgNO_3$(O.P. 或 A.R.),NaCl(基准试剂),5% K_2CrO_4。

四、步骤

1. 0.05 mol·L^{-1} $AgNO_3$ 溶液的配制:在台秤上称取配制 500 mL 0.05 mol/L $AgNO_3$ 溶液所需固体 $AgNO_3$ 溶于 500 mL 不含 Cl^- 的蒸馏水中,将溶液转入棕色细口瓶中,置暗处保存,以减缓因见光而分解的作用。

2. 0.05 mol·L^{-1} $AgNO_3$ 溶液的标定:准确称取所需 NaCl 基准试剂(准确称量至小数点后第几位?)置于烧杯中,用水溶解,转入 250 mL 容量瓶中,加水稀释至刻度,摇匀。准确移取 25.00 mL NaCl 标准溶液(也可以直接称取一定量 NaCl 基准试剂)于锥形瓶中。加 25 mL 蒸馏水、1 mL 5% K_2CrO_4 溶液,在不断摇动下用 $AgNO_3$ 溶液滴定,至白色沉淀中出现砖红色,即为终点。

根据 NaCl 标准溶液的浓度和滴定所消耗的 $AgNO_3$ 标准溶液体积,计算 $AgNO_3$ 标准溶液的浓度。

试样分析:准确称取一定量(自行计算)氯化物试样于烧杯中,加水溶解后,转入 250 mL 容量瓶中,加水稀释至刻度,摇匀。准确移取 25.00 mL 氯化物试液于 250 mL 锥形瓶中,加入 25 mL 水,1 mL 5% K_2CrO_4 溶液,在不断摇动下,用 $AgNO_3$ 标准溶液滴定,至白色沉淀中呈现砖红色即为终点。

思 考 题

1. $AgNO_3$ 溶液应装在酸式滴定管还是碱式滴定管中,为什么?
2. 滴定中对 K_2CrO_4 指示剂的量是否要控制,为什么?
3. 滴定中试液的酸度宜控制在什么范围,为什么?怎样调节?有 NH_4^+ 离子存在时,在酸度控制上为什么要有所不同?

4. 滴定过程中为什么要充分摇动溶液?

5. 试将沉淀滴定法指示剂的用量,与酸碱指示剂、氧化还原指示剂及金属指示剂的用量作比较,并说明其差别的原因。

6. NaCl 基准物为什么要在 250~350 ℃ 加热处理?如用未经处理的 NaCl 来标定 $AgNO_3$ 溶液,将产生什么影响?

实验十三 可溶性硫酸盐中硫的含量测定

一、目的

1. 了解晶形沉淀的沉淀条件、原理和沉淀方法。
2. 练习沉淀的过滤、洗涤和灼烧的操作技术。
3. 掌握测定可溶性硫酸盐中硫的含量,并用换算因数计算测定结果。

二、实验原理

测定硫酸根所用的经典方法,是用 Ba^{2+} 离子将 SO_4^{2-} 离子沉淀为 $BaSO_4$,沉淀经过滤洗涤和灼烧后以 $BaSO_4$ 形式称重,从而求得 S 或 SO_4^{2-} 离子含量,但费时较多。用各种滴定分析法进行测定,准确度都不及重量法,精确度也不太好。多年来,分析工作者对重量法测定做过改进,因此重量法仍是一种较准确而重要的标准方法。

$BaSO_4$ 的溶解度很小($K_{sp} = 8.7 \times 10^{-11}$),100 毫升溶液中在 25 ℃ 时仅溶解 0.25 毫克,在过量沉淀剂存在时,溶解更小,一般可以忽略不计,$BaSO_4$ 沉淀初生成时,一般形成细小的晶体,过滤时易穿过滤纸,引起沉淀的损失,因此进行沉淀时,必须注意创造和控制有利于形成较大晶体的条件。

为了防止生成 $BaCO_3$、$Ba_3(PO_4)_2$ 或 $BaHPO_4$ 等沉淀,应在酸性溶液中进行沉淀,一般在 0.05 mol/L 左右 HCl 溶液中进行沉淀。溶液中也不允许有酸不溶物和易被吸附的离子(如 Fe^{3+}、NO_3^- 等)存在,否则应预先分离或掩蔽。Pb^{2+}、Sr^{2+} 干扰测定。

三、仪器与试剂

瓷坩埚 2 只,坩埚钳 1 把。

2 mol·L^{-1} HCl 溶液,10% $BaCl_2$ 溶液,0.1 mol·L^{-1} $AgNO_3$ 溶液,6 mol·L^{-1} HNO_3 溶液,定性滤纸(7~9 cm)1 张,定量滤纸。

四、步骤

准确称取在 100~120 ℃ 干燥过的试样 0.2~0.3 g 置于 250 mL 烧杯中,加入 25

mL 蒸馏水溶解,加入 2 mol·L^{-1} HCl 溶液 6 mL,用蒸馏水稀释至约 200 mL,将溶液加热至沸腾;在不断搅拌下缓缓滴加 BaCl$_2$ 溶液(5 mL 10% BaCl$_2$ 溶液预先稀释 1 倍并加热),使沉淀完全。微沸 10 分钟,在约 90 ℃保温陈化约 1 小时。冷至室温,用致密定量滤纸过滤,再用热蒸馏水洗涤沉淀至无 Cl$^-$ 为止;将沉淀和滤纸移入(已在 800~850 ℃灼烧至恒重)瓷坩埚中,在电炉中烘干、灰化;再把瓷坩埚放在马弗炉中,在 800~850 ℃灼烧至恒重(约 1 小时);取出瓷坩埚并放入干燥器中,待冷却后称量。根据所得 BaSO$_4$ 重量,计算试样中含硫(或 SO$_3$)百分率。

思 考 题

1. 什么叫恒重？怎样才能将灼烧后的样品称量准确？
2. 为什么要控制在一定酸度的盐酸介质中进行沉淀？

附　　录

附表 1　常见指示剂

1. 酸碱指示剂
Acid-base Indicators

序号(No.)	名称(Name)	pH 变色范围(pH transition interval)	酸色(Acid color)	碱色(Base color)	pK_a	浓度(Concentration)
1	甲基紫(第一次变色)	0.13~0.5	黄	绿	0.8	0.1%水溶液
2	甲酚红(第一次变色)	0.2~1.8	红	黄	—	0.04%乙醇(50%)溶液
3	甲基紫(第二次变色)	1.0~1.5	绿	蓝	—	0.1%水溶液
4	百里酚蓝(第一次变色)	1.2~2.8	红	黄	1.65	0.1%乙醇(20%)溶液
5	茜素黄 R(第一次变色)	1.9~3.3	红	黄	—	0.1%水溶液
6	甲基紫(第三次变色)	2.0~3.0	蓝	紫	—	0.1%水溶液
7	甲基黄	2.9~4.0	红	黄	3.3	0.1%乙醇(90%)溶液
8	溴酚蓝	3.0~4.6	黄	蓝	3.85	0.1%乙醇(20%)溶液
9	甲基橙	3.1~4.4	红	黄	3.40	0.1%水溶液
10	溴甲酚绿	3.8~5.4	黄	蓝	4.68	0.1%乙醇(20%)溶液
11	甲基红	4.4~6.2	红	黄	4.95	0.1%乙醇(60%)溶液
12	溴百里酚蓝	6.0~7.6	黄	蓝	7.1	0.1%乙醇(20%)
13	中性红	6.8~8.0	红	黄	7.4	0.1%乙醇(60%)溶液
14	酚红	6.8~8.0	黄	红	7.9	0.1%乙醇(20%)溶液
15	甲酚红(第二次变色)	7.2~8.8	黄	红	8.2	0.04%乙醇(50%)溶液
16	百里酚蓝(第二次变色)	8.0~9.6	黄	蓝	8.9	0.1%乙醇(20%)溶液
17	酚酞	8.2~10.0	无色	紫红	9.4	0.1%乙醇(60%)溶液
18	百里酚酞	9.4~10.6	无色	蓝	10.0	0.1%乙醇(90%)溶液
19	茜素黄 R(第二次变色)	10.1~12.1	黄	紫	11.16	0.1%水溶液
20	靛胭脂红	11.6~14.0	蓝	黄	12.2	25%乙醇(50%)溶液

2. 混合酸碱指示剂
Acid-base Mixed Indicators

序号 (No.)	指示剂名称 (Indicator name)	浓度 (Concentration)	组成 (Constitution)	变色点 pH (Transition point pH)	酸色 (Acid color)	碱色 (Base color)
1	甲基黄	0.1%乙醇溶液	1:1	3.28	蓝紫	绿
	亚甲基蓝	0.1%乙醇溶液				
2	甲基橙	0.1%水溶液	1:1	4.3	紫	绿
	苯胺蓝	0.1%水溶液				
3	溴甲酚绿	0.1%乙醇溶液	3:1	5.1	酒红	绿
	甲基红	0.2%乙醇溶液				
4	溴甲酚绿钠盐	0.1%水溶液	1:1	6.1	黄绿	蓝紫
	氯酚红钠盐	0.1%水溶液				
5	中性红	0.1%乙醇溶液	1:1	7.0	蓝紫	绿
	亚甲基蓝	0.1%乙醇溶液				
6	中性红	0.1%乙醇溶液	1:1	7.2	玫瑰	绿
	溴百里酚蓝	0.1%乙醇溶液				
7	甲酚红钠盐	0.1%水溶液	1:3	8.3	黄	紫
	百里酚蓝钠盐	0.1%水溶液				
8	酚酞	0.1%乙醇溶液	1:2	8.9	绿	紫
	甲基绿	0.1%乙醇溶液				
9	酚酞	0.1%乙醇溶液	1:1	9.9	无色	紫
	百里酚酞	0.1%乙醇溶液				
10	百里酚酞	0.1%乙醇溶液	2:1	10.2	黄	绿
	茜素黄	0.1%乙醇溶液				

3. 络合指示剂
Complexing Indicators

名称 (Name)	In 本色 (Color of free indicator)	MIn 颜色 (Color of metal ion complex)	浓度 (Concentration)	适用 pH 范围 (Feasible range of pH)	被滴定离子 (Titrated ion)	干扰离子 (Interfering ion)
铬黑 T	蓝	葡萄红	与固体 NaCl 混合物(1:100)	6.0~11.0	Ca^{2+},Cd^{2+},Hg^{2+},Mg^{2+},Mn^{2+},Pb^{2+},Zn^{2+}	Al^{3+},Co^{2+},Cu^{2+},Fe^{3+},Ga^{3+},In^{3+},Ni^{2+},$Ti(IV)$

续表

名称 (Name)	In 本色 (Color of free indicator)	MIn 颜色 (Color of metal ion complex)	浓度 (Concentration)	适用 pH 范围 (Feasible range of pH)	被滴定离子 (Titrated ion)	干扰离子 (Interfering ion)
二甲酚橙	柠檬黄	红	0.5% 乙醇溶液	5.0~6.0	Cd^{2+},Hg^{2+},La^{3+},Pb^{2+},Zn^{2+}	—
				2.5	Bi^{3+},Th^{4+}	
茜 素	红	黄	—	2.8	Th^{4+}	—
钙试剂	亮蓝	深红	与固体 NaCl 混合物(1:100)	>12.0	Ca^{2+}	—
酸性铬紫 B	橙	红	—	4.0	Fe^{3+}	—
甲基百里酚蓝	灰	蓝	1%与固体 KNO_3 混合物	10.5	Ba^{2+},Ca^{2+},Mg^{2+},Mn^{2+},Sr^{2+}	Bi^{3+},Cd^{2+},Co^{2+},Hg^{2+},Pb^{2+},Sc^{3+},Th^{4+},Zn^{2+}
溴酚红	红	橙黄	—	2.0~3.0	Bi^{3+}	—
	蓝紫	红		7.0~8.0	Cd^{2+},Co^{2+},Mg^{2+},Mn^{2+},Ni^{3+}	—
	蓝	红		4.0	Pb^{2+}	—
	浅蓝	红		4.0~6.0	Re^{3+}	—
铝试剂	酒红	黄	—	8.5~10.0	Ca^{2+},Mg^{2+}	—
	红	蓝紫		4.4	Al^{3+}	—
	紫	淡黄		1.0~2.0	Fe^{3+}	—
偶氮胂 Ⅲ	蓝	红	—	10.0	Ca^{2+},Mg^{2+}	—

4. 氧化还原指示剂

Redox Indicators

序号 (No.)	名 称 (Name)	氧化型颜色 (Oxidized color)	还原型颜色 (Reduced color)	E_{ind}/V	浓度(Concentration)
1	二苯胺	紫	无色	+0.76	1%浓硫酸溶液
2	二苯胺磺酸钠	紫红	无色	+0.84	0.2%水溶液
3	亚甲基蓝	蓝	无色	+0.532	0.1%水溶液
4	中性红	红	无色	+0.24	0.1%乙醇溶液
5	喹啉黄	无色	黄	—	0.1%水溶液
6	淀 粉	蓝	无色	+0.53	0.1%水溶液
7	孔雀绿	棕	蓝	—	0.05%水溶液
8	劳氏紫	紫	无色	+0.06	0.1%水溶液

续表

序号(No.)	名称(Name)	氧化型颜色(Oxidized color)	还原型颜色(Reduced color)	E_{ind}/V	浓度(Concentration)
9	邻二氮菲-亚铁	浅蓝	红	+1.06	(1.485 g 邻二氮菲+0.695 g 硫酸亚铁)溶于 100 mL 水
10	酸性绿	橘红	黄绿	+0.96	0.1%水溶液
11	专利蓝V	红	黄	+0.95	0.1%水溶液

5. 荧光指示剂
Fluorescent Indicators

序号(No.)	名称(Name)	pH 变色范围(pH transition interval)	酸色(Acid color)	碱色(Base color)	浓度(Concentration)
1	曙红	0~3.0	无荧光	绿	1%水溶液
2	水杨酸	2.5~4.0	无荧光	暗蓝	0.5%水杨酸钠水溶液
3	2-萘胺	2.8~4.4	无荧光	紫	1%乙醇溶液
4	1-萘胺	3.4~4.8	无荧光	蓝	1%乙醇溶液
5	奎宁	3.0~5.0	蓝	浅紫	0.1%乙醇溶液
		9.5~10.0	浅紫	无荧光	
6	2-羟基-3-萘甲酸	3.0~6.8	蓝	绿	0.1%其钠盐水溶液
7	喹啉	6.2~7.2	蓝	无荧光	饱和水溶液
8	2-萘酚	8.5~9.5	无荧光	蓝	0.1%乙醇溶液
9	香豆素	9.5~10.5	无荧光	浅绿	—

6. 吸附指示剂
Adsorption Indicators

序号(No.)	名称(Name)	被滴定离子(Titrated ion)	滴定剂(Titrant)	起点颜色(Jumping-off point color)	终点颜色(End point color)	浓度(Concentration)
1	荧光黄	Cl^-,Br^-,SCN^-	Ag^+	黄绿	玫瑰	0.1%乙醇溶液
		I^-			橙	
2	二氯(P)荧光黄	Cl^-,Br^-	Ag^+	红紫	蓝紫	0.1%乙醇(60%~70%)溶液
		SCN^-		玫瑰	红紫	
		I^-		黄绿	橙	
3	曙红	Br^-,I^-,SCN^-	Ag^+	橙	深红	0.5%水溶液
		Pb^{2+}	MoO_4^{2-}	红紫	橙	

续表

序号 (No.)	名称 (Name)	被滴定离子 (Titrated ion)	滴定剂 (Titrant)	起点颜色 (Jumping-off point color)	终点颜色 (End point color)	浓度 (Concentration)
4	溴酚蓝	Cl^-, Br^-, SCN^- I^- TeO_3^{2-}	Ag^+	黄 黄绿 紫红	蓝 蓝绿 蓝	0.1%钠盐水溶液
5	溴甲酚绿	Cl^-	Ag^+	紫	浅蓝绿	0.1%乙醇溶液（酸性）
6	二甲酚橙	Cl^- Br^-, I^-	Ag^+	玫瑰	灰蓝 灰绿	0.2%水溶液
7	罗丹明6G	Cl^-, Br^- Ag^+	Ag^+ Br^-	红紫 橙	橙 红紫	0.1%水溶液
8	品红	Cl^- Br^-, I^- SCN^-	Ag^+	红紫 橙 浅蓝	玫瑰	0.1%乙醇溶液
9	刚果红	Cl^-, Br^-, I^-	Ag^+	红	蓝	0.1%水溶液
10	茜素红S	SO_4^{2-} $[Fe(CN)_6]^{4-}$	Ba^{2+} Pb^{2+}	黄	玫瑰红	0.4%水溶液
11	偶氮氯膦Ⅲ	SO_4^{2-}	Ba^{2+}	红	蓝绿	—
12	甲基红	F^-	Ce^{3+} $Y(NO_3)_3$	黄	玫瑰红	—
13	二苯胺	Zn^{2+}	$[Fe(CN)_6]^{4-}$	蓝	黄绿	1%的硫酸(96%)溶液
14	邻二甲氧基联苯胺	Zn^{2+}, Pb^{2+}	$[Fe(CN)_6]^{4-}$	紫	无色	1%的硫酸溶液
15	酸性玫瑰红	Ag^+	MoO_4^{2-}	无色	紫红	0.1%水溶液

附表2　标准电极电位表

半反应	E^0/V	半反应	E^0/V	半反应	E^0/V
$F_2(气) + 2H^+ + 2e^- \rightleftharpoons 2HF$	3.06	$HClO + H^+ + 2e^- \rightleftharpoons Cl^- + H_2O$	1.49	$Br_2(水) + 2e^- \rightleftharpoons 2Br^-$	1.087
$O_3 + 2H^+ + 2e^- \rightleftharpoons O_2 + 2H_2O$	2.07	$ClO_3^- + 6H^+ + 5e^- \rightleftharpoons 1/2\ Cl_2 + 3H_2O$	1.47	$NO_2 + H^+ + e^- \rightleftharpoons HNO_2$	1.07
$S_2O_8^{2-} + 2e^- \rightleftharpoons 2SO_4^{2-}$	2.01	$PbO_2(固) + 4H^+ + 2e^- \rightleftharpoons Pb^{2+} + 2H_2O$	1.455	$Br_3^- + 2e^- \rightleftharpoons 3Br^-$	1.05
$H_2O_2 + 2H^+ + 2e^- \rightleftharpoons 2H_2O$	1.77	$HIO + H^+ + e^- \rightleftharpoons 1/2\ I_2 + H_2O$	1.45	$HNO_2 + H^+ + e^- \rightleftharpoons NO(气) + H_2O$	1.00
$MnO_4^- + 4H^+ + 3e^- \rightleftharpoons MnO_2(固) + 2H_2O$	1.695	$ClO_3^- + 6H^+ + 6e^- \rightleftharpoons Cl^- + 3H_2O$	1.45	$VO_2^+ + 2H^+ + e^- \rightleftharpoons VO^{2+} + H_2O$	1.00

续表

半反应	E^0/V	半反应	E^0/V	半反应	E^0/V
$PbO_2(固)+SO_4^{2-}+4H^++2e^- \rightleftharpoons PbSO_4(固)+2H_2O$	1.685	$BrO_3^-+6H^++6e^- \rightleftharpoons Br^-+3H_2O$	1.44	$HIO+H^++2e^- \rightleftharpoons I^-+H_2O$	0.99
$HClO_2+H^++e^- \rightleftharpoons HClO+H_2O$	1.64	$Au(III)+2e^- \rightleftharpoons Au(I)$	1.41	$NO_3^-+3H^++2e^- \rightleftharpoons HNO_2+H_2O$	0.94
$HClO+H^++e^- \rightleftharpoons 1/2\,Cl_2+H_2O$	1.63	$Cl_2(气)+2e^- \rightleftharpoons 2Cl^-$	1.3595	$ClO^-+H_2O+2e^- \rightleftharpoons Cl^-+2OH^-$	0.89
$Ce^{4+}+e^- \rightleftharpoons Ce^{3+}$	1.61	$ClO_4^-+8H^++7e^- \rightleftharpoons 1/2\,Cl_2+4H_2O$	1.34	$H_2O_2+2e^- \rightleftharpoons 2OH^-$	0.88
$H_5IO_6+H^++2e^- \rightleftharpoons IO_3^-+3H_2O$	1.60	$Cr_2O_7^{2-}+14H^++6e^- \rightleftharpoons 2Cr^{3+}+7H_2O$	1.33	$Cu^{2+}+I^-+e^- \rightleftharpoons CuI(固)$	0.86
$HBrO+H^++e^- \rightleftharpoons 1/2\,Br_2+H_2O$	1.59	$MnO_2(固)+4H^++2e^- \rightleftharpoons Mn^{2+}+2H_2O$	1.23	$Hg^{2+}+2e^- \rightleftharpoons Hg$	0.845
$BrO_3^-+6H^++5e^- \rightleftharpoons 1/2\,Br_2+3H_2O$	1.52	$O_2(气)+4H^++4e^- \rightleftharpoons 2H_2O$	1.229	$NO_3^-+2H^++e^- \rightleftharpoons NO_2+H_2O$	0.80
$MnO_4^-+8H^++5e^- \rightleftharpoons Mn^{2+}+4H_2O$	1.51	$IO_3^-+6H^++5e^- \rightleftharpoons 1/2\,I_2+3H_2O$	1.20	$Ag^++e^- \rightleftharpoons Ag$	0.7995
$Au(III)+3e^- \rightleftharpoons Au$	1.50	$ClO_4^-+2H^++2e^- \rightleftharpoons ClO_3^-+H_2O$	1.19	$Hg_2^{2+}+2e^- \rightleftharpoons 2Hg$	0.793
$Fe^{3+}+e^- \rightleftharpoons Fe^{2+}$	0.771	$2SO_2(水)+2H^++4e^- \rightleftharpoons S_2O_3^{2-}+H_2O$	0.40	$S_4O_6^{2-}+2e^- \rightleftharpoons 2S_2O_3^{2-}$	0.08
$BrO^-+H_2O+2e^- \rightleftharpoons Br^-+2OH^-$	0.76	$Fe(CN)_6^{3-}+e^- \rightleftharpoons Fe(CN)_6^{4-}$	0.36	$AgBr(固)+e^- \rightleftharpoons Ag+Br^-$	0.071
$O_2(气)+2H^++2e^- \rightleftharpoons H_2O_2$	0.682	$Cu^{2+}+2e^- \rightleftharpoons Cu$	0.337	$2H^++2e^- \rightleftharpoons H_2$	0.000
$AsO_8^-+2H_2O+3e^- \rightleftharpoons As+4OH^-$	0.68	$VO^{2+}+2H^++2e^- \rightleftharpoons V^{3+}+H_2O$	0.337	$O_2+H_2O+2e^- \rightleftharpoons HO_2^-+OH^-$	-0.067
$2HgCl_2+2e^- \rightleftharpoons Hg_2Cl_2(固)+2Cl^-$	0.63	$BiO^++2H^++3e^- \rightleftharpoons Bi+H_2O$	0.32	$TiOCl+2H^++3Cl^-+e^- \rightleftharpoons TiCl_4^-+H_2O$	-0.09
$Hg_2SO_4(固)+2e^- \rightleftharpoons 2Hg+SO_4^{2-}$	0.6151	$Hg_2Cl_2(固)+2e^- \rightleftharpoons 2Hg+2Cl^-$	0.2676	$Pb^{2+}+2e^- \rightleftharpoons Pb$	-0.126
$MnO_4^-+2H_2O+3e^- \rightleftharpoons MnO_2+4OH^-$	0.588	$HAsO_2+3H^++3e^- \rightleftharpoons As+2H_2O$	0.248	$Sn^{2+}+2e^- \rightleftharpoons Sn$	-0.136
$MnO_4^-+e^- \rightleftharpoons MnO_4^{2-}$	0.564	$AgCl(固)+e^- \rightleftharpoons Ag+Cl^-$	0.2223	$AgI(固)+e^- \rightleftharpoons Ag+I^-$	-0.152
$H_3AsO_4+2H^++2e^- \rightleftharpoons HAsO_2+2H_2O$	0.559	$SbO^++2H^++3e^- \rightleftharpoons Sb+H_2O$	0.212	$Ni^{2+}+2e^- \rightleftharpoons Ni$	-0.246
$I_3^-+2e^- \rightleftharpoons 3I^-$	0.545	$SO_4^{2-}+4H^++2e^- \rightleftharpoons SO_2(水)+H_2O$	0.17	$H_3PO_4+2H^++2e^- \rightleftharpoons H_3PO_3+H_2O$	-0.276
$I_2(固)+2e^- \rightleftharpoons 2I^-$	0.5345	$Cu^{2+}+e^- \rightleftharpoons Cu^+$	0.519	$Co^{2+}+2e^- \rightleftharpoons Co$	-0.277
$Mo(VI)+e^- \rightleftharpoons Mo(V)$	0.53	$Sn^{4+}+2e^- \rightleftharpoons Sn^{2+}$	0.154	$Tl^++e^- \rightleftharpoons Tl$	-0.336
$Cu^++e^- \rightleftharpoons Cu$	0.52	$S+2H^++2e^- \rightleftharpoons H_2S(气)$	0.141	$In^{3+}+3e^- \rightleftharpoons In$	-0.345

续表

半反应	E^0/V	半反应	E^0/V	半反应	E^0/V
$4SO_2(水)+4H^++6e^-=\!\!=\!\!=S_4O_6^{2-}+2H_2O$	0.51	$Hg_2Br_2+2e^-=\!\!=\!\!=2Hg+2Br^-$	0.1395	$PbSO_4(固)+2e^-=\!\!=\!\!=Pb+SO_4^{2-}$	0.3553
$HgCl_4^{2-}+2e^-=\!\!=\!\!=Hg+4Cl^-$	0.48	$TiO^{2+}+2H^++e^-=\!\!=\!\!=Ti^{3+}+H_2O$	0.1	$SeO_3^{2-}+3H_2O+4e^-=\!\!=\!\!=Se+6OH^-$	-0.366
$As+3H^++3e^-=\!\!=\!\!=AsH_3$	-0.38	$Ag_2S(固)+2e^-=\!\!=\!\!=2Ag+S^{2-}$	-0.69	$Sr^{2+}+2e^-=\!\!=\!\!=Sr$	-2.89
$Se+2H^++2e^-=\!\!=\!\!=H_2Se$	-0.40	$Zn^{2+}+2e^-=\!\!=\!\!=Zn$	-0.763	$Ba^{2+}+2e^-=\!\!=\!\!=Ba$	-2.90
$Cd^{2+}+2e^-=\!\!=\!\!=Cd$	-0.403	$2H_2O+2e^-=\!\!=\!\!=H_2+2OH^-$	-8.28	$K^++e^-=\!\!=\!\!=K$	-2.925
$Cr^{3+}+e^-=\!\!=\!\!=Cr^{2+}$	->0.41	$Cr^{2+}+2e^-=\!\!=\!\!=Cr$	-0.91	$Li^++e^-=\!\!=\!\!=Li$	-3.042
$Fe^{2+}+2e^-=\!\!=\!\!=Fe$	-0.440	$HSnO_2^-+H_2O+2e^-=\!\!=\!\!=Sn^-+3OH^-$	->0.91		
$S+2e^-=\!\!=\!\!=S^{2-}$	-0.48	$Se+2e^-=\!\!=\!\!=Se^{2-}$	-0.92		
$2CO_2+2H^++2e^-=\!\!=\!\!=H_2C_2O_4$	-0.49	$Sn(OH)_6^{2-}+2e^-=\!\!=\!\!=HSnO_2^-+H_2O+3OH^-$	-0.93		
$H_3PO_3+2H^++2e^-=\!\!=\!\!=H_3PO_2+H_2O$	-0.50	$CNO^-+H_2O+2e^-=\!\!=\!\!=Cn^-+2OH^-$	-0.97		
$Sb+3H^++3e^-=\!\!=\!\!=SbH_3$	-0.51	$Mn^{2+}+2e^-=\!\!=\!\!=Mn$	-1.182		
$HPbO_2^-+H_2O+2e^-=\!\!=\!\!=Pb+3OH^-$	-0.54	$ZnO_2^{2-}+2H_2O+2e^-=\!\!=\!\!=Zn+4OH^-$	-1.216		
$Ga^{3+}+3e^-=\!\!=\!\!=Ga$	-0.56	$Al^{3+}+3e^-=\!\!=\!\!=Al$	-1.66		
$TeO_3^{2-}+3H_2O+4e^-=\!\!=\!\!=Te+6OH^-$	-0.57	$H_2AlO_3^-+H_2O+3e^-=\!\!=\!\!=Al+4OH^-$	-2.35		
$2SO_3^{2-}+3H_2O+4e^-=\!\!=\!\!=S_2O_3^{2-}+6OH^-$	-0.58	$Mg^{2+}+2e^-=\!\!=\!\!=Mg$	-2.37		
$SO_3^{2-}+3H_2O+4e^-=\!\!=\!\!=S+6OH^-$	-0.66	$Na^++e^-=\!\!=\!\!=Na$	-2.71		
$AsO_4^{3-}+2H_2O+2e^-=\!\!=\!\!=AsO_2^-+4OH^-$	-0.67	$Ca^{2+}+2e^-=\!\!=\!\!=Ca$	-2.87		

附表3 弱酸、弱碱的解离常数

Dissociation Constants of Weak Acids and Weak Bases

1. 无机酸在水溶液中的解离常数(25 ℃)

Dissociation Constants of Mineral Acids in Aqueous Solution(25 ℃)

序号(No.)	名称(Name)	化学式(Chemical formula)	K_a	pK_a
1	偏铝酸	$HAlO_2$	$6.3×10^{-13}$	12.2
2	亚砷酸	H_3AsO_3	$6.0×10^{-10}$	9.22

续表

序号(No.)	名称(Name)	化学式(Chemical formula)	K_a	pK_a
3	砷酸	H_3AsO_4	$6.3\times10^{-3}(K_1)$	2.2
			$1.05\times10^{-7}(K_2)$	6.98
			$3.2\times10^{-12}(K_3)$	11.5
4	硼酸	H_3BO_3	$5.8\times10^{-10}(K_1)$	9.24
			$1.8\times10^{-13}(K_2)$	12.74
			$1.6\times10^{-14}(K_3)$	13.8
5	次溴酸	HBrO	2.4×10^{-9}	8.62
6	氢氰酸	HCN	6.2×10^{-10}	9.21
7	碳酸	H_2CO_3	$4.2\times10^{-7}(K_1)$	6.38
			$5.6\times10^{-11}(K_2)$	10.25
8	次氯酸	HClO	3.2×10^{-8}	7.5
9	氢氟酸	HF	6.61×10^{-4}	3.18
10	锗酸	H_2GeO_3	$1.7\times10^{-9}(K_1)$	8.78
			$1.9\times10^{-13}(K_2)$	12.72
11	高碘酸	HIO_4	2.8×10^{-2}	1.56
12	亚硝酸	HNO_2	5.1×10^{-4}	3.29
13	次磷酸	H_3PO_2	5.9×10^{-2}	1.23
14	亚磷酸	H_3PO_3	$5.0\times10^{-2}(K_1)$	1.3
			$2.5\times10^{-7}(K_2)$	6.6
15	磷酸	H_3PO_4	$7.52\times10^{-3}(K_1)$	2.12
			$6.31\times10^{-8}(K_2)$	7.2
			$4.4\times10^{-13}(K_3)$	12.36
16	焦磷酸	$H_4P_2O_7$	$3.0\times10^{-2}(K_1)$	1.52
			$4.4\times10^{-3}(K_2)$	2.36
			$2.5\times10^{-7}(K_3)$	6.6
			$5.6\times10^{-10}(K_4)$	9.25
17	氢硫酸	H_2S	$1.3\times10^{-7}(K_1)$	6.88
			$7.1\times10^{-15}(K_2)$	14.15
18	亚硫酸	H_2SO_3	$1.23\times10^{-2}(K_1)$	1.91
			$6.6\times10^{-8}(K_2)$	7.18
19	硫酸	H_2SO_4	$1.0\times10^{3}(K_1)$	−3
			$1.02\times10^{-2}(K_2)$	1.99
20	硫代硫酸	$H_2S_2O_3$	$2.52\times10^{-1}(K_1)$	0.6
			$1.9\times10^{-2}(K_2)$	1.72
21	氢硒酸	H_2Se	$1.3\times10^{-4}(K_1)$	3.89
			$1.0\times10^{-11}(K_2)$	11
22	亚硒酸	H_2SeO_3	$2.7\times10^{-3}(K_1)$	2.57
			$2.5\times10^{-7}(K_2)$	6.6

续表

序号(No.)	名称(Name)	化学式(Chemical formula)	K_a	pK_a
23	硒酸	H_2SeO_4	$1\times10^3 (K_1)$	-3
			$1.2\times10^{-2} (K_2)$	1.92
24	硅酸	H_2SiO_3	$1.7\times10^{-10} (K_1)$	9.77
			$1.6\times10^{-12} (K_2)$	11.8
25	亚碲酸	H_2TeO_3	$2.7\times10^{-3} (K_1)$	2.57
			$1.8\times10^{-8} (K_2)$	7.74

2. 有机酸在水溶液中的解离常数(25 ℃)

Dissociation Constants of Organic Acids in Aqueous Solution(25 ℃)

序号(No.)	名称(Name)	化学式(Chemical formula)	K_a	pK_a
1	甲酸	HCOOH	1.8×10^{-4}	3.75
2	乙酸	CH_3COOH	1.74×10^{-5}	4.76
3	乙醇酸	$CH_2(OH)COOH$	1.48×10^{-4}	3.83
4	草酸	$(COOH)_2$	$5.4\times10^{-2} (K_1)$	1.27
			$5.4\times10^{-5} (K_2)$	4.27
5	甘氨酸	$CH_2(NH_2)COOH$	1.7×10^{-10}	9.78
6	一氯乙酸	$CH_2ClCOOH$	1.4×10^{-3}	2.86
7	二氯乙酸	$CHCl_2COOH$	5.0×10^{-2}	1.3
8	三氯乙酸	CCl_3COOH	2.0×10^{-1}	0.7
9	丙酸	CH_3CH_2COOH	1.35×10^{-5}	4.87
10	丙烯酸	$CH_2=CHCOOH$	5.5×10^{-5}	4.26
11	乳酸(丙醇酸)	$CH_3CHOHCOOH$	1.4×10^{-4}	3.86
12	丙二酸	$HOCOCH_2COOH$	$1.4\times10^{-3} (K_1)$	2.85
			$2.2\times10^{-6} (K_2)$	5.66
13	2-丙炔酸	$HC\equiv CCOOH$	1.29×10^{-2}	1.89
14	甘油酸	$HOCH_2CHOHCOOH$	2.29×10^{-4}	3.64
15	丙酮酸	$CH_3COCOOH$	3.2×10^{-3}	2.49
16	a-丙氨酸	CH_3CHNH_2COOH	1.35×10^{-10}	9.87
17	b-丙氨酸	$CH_2NH_2CH_2COOH$	4.4×10^{-11}	10.36
18	正丁酸	$CH_3(CH_2)_2COOH$	1.52×10^{-5}	4.82
19	异丁酸	$(CH_3)_2CHCOOH$	1.41×10^{-5}	4.85
20	3-丁烯酸	$CH_2=CHCH_2COOH$	2.1×10^{-5}	4.68
21	异丁烯酸	$CH_2=C(CH_2)COOH$	2.2×10^{-5}	4.66
22	反丁烯二酸(富马酸)	$HOCOCH=CHCOOH$	$9.3\times10^{-4} (K_1)$	3.03
			$3.6\times10^{-5} (K_2)$	4.44

续表

序号 (No.)	名称(Name)	化学式 (Chemical formula)	K_a	pK_a
23	顺丁烯二酸(马来酸)	HOCOCH=CHCOOH	$1.2 \times 10^{-2} (K_1)$	1.92
			$5.9 \times 10^{-7} (K_2)$	6.23
24	酒石酸	HOCOCH(OH)CH(OH)COOH	$1.04 \times 10^{-3} (K_1)$	2.98
			$4.55 \times 10^{-5} (K_2)$	4.34
25	正戊酸	$CH_3(CH_2)_3COOH$	1.4×10^{-5}	4.86
26	异戊酸	$(CH_3)_2CHCH_2COOH$	1.67×10^{-5}	4.78
27	2-戊烯酸	$CH_3CH_2CH=CHCOOH$	2.0×10^{-5}	4.7
28	3-戊烯酸	$CH_3CH=CHCH_2COOH$	3.0×10^{-5}	4.52
29	4-戊烯酸	$CH_2=CHCH_2CH_2COOH$	2.10×10^{-5}	4.677
30	戊二酸	$HOCO(CH_2)_3COOH$	$1.7 \times 10^{-4} (K_1)$	3.77
			$8.3 \times 10^{-7} (K_2)$	6.08
31	谷氨酸	$HOCOCH_2CH_2CH(NH_2)COOH$	$7.4 \times 10^{-3} (K_1)$	2.13
			$4.9 \times 10^{-5} (K_2)$	4.31
			$4.4 \times 10^{-10} (K_3)$	9.358
32	正己酸	$CH_3(CH_2)_4COOH$	1.39×10^{-5}	4.86
33	异己酸	$(CH_3)_2CH(CH_2)_3-COOH$	1.43×10^{-5}	4.85
34	(E)-2-己烯酸	$H(CH_2)_3CH=CHCOOH$	1.8×10^{-5}	4.74
35	(E)-3-己烯酸	$CH_3CH_2CH=CHCH_2COOH$	1.9×10^{-5}	4.72
36	己二酸	$HOCOCH_2CH_2CH_2CH_2COOH$	$3.8 \times 10^{-5} (K_1)$	4.42
			$3.9 \times 10^{-6} (K_2)$	5.41
37	柠檬酸	$HOCOCH_2C(OH)(COOH)CH_2COOH$	$7.4 \times 10^{-4} (K_1)$	3.13
			$1.7 \times 10^{-5} (K_2)$	4.76
			$4.0 \times 10^{-7} (K_3)$	6.4
38	苯酚	C_6H_5OH	1.1×10^{-10}	9.96
39	邻苯二酚	$(o)C_6H_4(OH)_2$	3.6×10^{-10}	9.45
			1.6×10^{-13}	12.8
40	间苯二酚	$(m)C_6H_4(OH)_2$	$3.6 \times 10^{-10} (K_1)$	9.3
			$8.71 \times 10^{-12} (K_2)$	11.06

续表

序号 (No.)	名称(Name)	化学式 (Chemical formula)	K_a	pK_a
41	对苯二酚	$(p)C_6H_4(OH)_2$	1.1×10^{-10}	9.96
42	2,4,6-三硝基苯酚	$2,4,6-(NO_2)_3C_6H_2OH$	5.1×10^{-1}	0.29
43	葡萄糖酸	$CH_2OH(CHOH)_4COOH$	1.4×10^{-4}	3.86
44	苯甲酸	C_6H_5COOH	6.3×10^{-5}	4.2
45	水杨酸	$C_6H_4(OH)COOH$	$1.05\times10^{-3}(K_1)$	2.98
			$4.17\times10^{-13}(K_2)$	12.38
46	邻硝基苯甲酸	$(o)NO_2C_6H_4COOH$	6.6×10^{-3}	2.18
47	间硝基苯甲酸	$(m)NO_2C_6H_4COOH$	3.5×10^{-4}	3.46
48	对硝基苯甲酸	$(p)NO_2C_6H_4COOH$	3.6×10^{-4}	3.44
49	邻苯二甲酸	$(o)C_6H_4(COOH)_2$	$1.1\times10^{-3}(K_1)$	2.96
			$4.0\times10^{-6}(K_2)$	5.4
50	间苯二甲酸	$(m)C_6H_4(COOH)_2$	$2.4\times10^{-4}(K_1)$	3.62
			$2.5\times10^{-5}(K_2)$	4.6
51	对苯二甲酸	$(p)C_6H_4(COOH)_2$	$2.9\times10^{-4}(K_1)$	3.54
			$3.5\times10^{-5}(K_2)$	4.46
52	1,3,5-苯三甲酸	$C_6H_3(COOH)_3$	$7.6\times10^{-3}(K_1)$	2.12
			$7.9\times10^{-5}(K_2)$	4.1
			$6.6\times10^{-6}(K_3)$	5.18
53	苯基六羧酸	$C_6(COOH)_6$	$2.1\times10^{-1}(K_1)$	0.68
			$6.2\times10^{-3}(K_2)$	2.21
			$3.0\times10^{-4}(K_3)$	3.52
			$8.1\times10^{-6}(K_4)$	5.09
			$4.8\times10^{-7}(K_5)$	6.32
			$3.2\times10^{-8}(K_6)$	7.49
54	癸二酸	$HOOC(CH_2)_8COOH$	$2.6\times10^{-5}(K_1)$	4.59
			$2.6\times10^{-6}(K_2)$	5.59
55	乙二胺四乙酸(EDTA)	$CH_2-N(CH_2COOH)_2$ | $CH_2-N(CH_2COOH)_2$	$1.0\times10^{-2}(K_1)$	2
			$2.14\times10^{-3}(K_2)$	2.67
			$6.92\times10^{-7}(K_3)$	6.16
			$5.5\times10^{-11}(K_4)$	10.26

3. 无机碱在水溶液中的解离常数(25 ℃)

Dissociation Constants of Mineral Bases in Aqueous Solution (25 ℃)

序号(No.)	名称(Name)	化学式(Chemical formula)	K_b	pK_b
1	氢氧化铝	$Al(OH)_3$	$1.38 \times 10^{-9}(K_3)$	8.86
2	氢氧化银	$AgOH$	1.10×10^{-4}	3.96
3	氢氧化钙	$Ca(OH)_2$	3.72×10^{-3}	2.43
			3.98×10^{-2}	1.4
4	氨水	$NH_3 \cdot H_2O$	1.78×10^{-5}	4.75
5	肼(联氨)	N_2H_4	$9.55 \times 10^{-7}(K_1)$	6.02
			$1.26 \times 10^{-15}(K_2)$	14.9
6	羟胺	NH_2OH	9.12×10^{-9}	8.04
7	氢氧化铅	$Pb(OH)_2$	$9.55 \times 10^{-4}(K_1)$	3.02
			$3.0 \times 10^{-8}(K_2)$	7.52
8	氢氧化锌	$Zn(OH)_2$	9.55×10^{-4}	3.02

4. 有机碱在水溶液中的解离常数(25 ℃)

Dissociation Constants of Organic Bases in Aqueous Solution (25 ℃)

序号(No.)	名称(Name)	化学式(Chemical formula)	K_b	pK_b
1	甲胺	CH_3NH_2	4.17×10^{-4}	3.38
2	尿素(脲)	$CO(NH_2)_2$	1.5×10^{-14}	13.82
3	乙胺	$CH_3CH_2NH_2$	4.27×10^{-4}	3.37
4	乙醇胺	$H_2N(CH_2)_2OH$	3.16×10^{-5}	4.5
5	乙二胺	$H_2N(CH_2)_2NH_2$	$8.51 \times 10^{-5}(K_1)$	4.07
			$7.08 \times 10^{-8}(K_2)$	7.15
6	二甲胺	$(CH_3)_2NH$	5.89×10^{-4}	3.23
7	三甲胺	$(CH_3)_3N$	6.31×10^{-5}	4.2
8	三乙胺	$(C_2H_5)_3N$	5.25×10^{-4}	3.28
9	丙胺	$C_3H_7NH_2$	3.70×10^{-4}	3.432
10	异丙胺	$i-C_3H_7NH_2$	4.37×10^{-4}	3.36
11	1,3-丙二胺	$NH_2(CH_2)_3NH_2$	$2.95 \times 10^{-4}(K_1)$	3.53
			$3.09 \times 10^{-6}(K_2)$	5.51

续表

序号 (No.)	名称(Name)	化学式 (Chemical formula)	K_b	pK_b
12	1,2-丙二胺	$CH_3CH(NH_2)$ CH_2NH_2	$5.25\times10^{-5}(K_1)$ $4.05\times10^{-8}(K_2)$	4.28 7.393
13	三丙胺	$(CH_3CH_2CH_2)_3N$	4.57×10^{-4}	3.34
14	三乙醇胺	$(HOCH_2CH_2)_3N$	5.75×10^{-7}	6.24
15	丁胺	$C_4H_9NH_2$	4.37×10^{-4}	3.36
16	异丁胺	$C_4H_9NH_2$	2.57×10^{-4}	3.59
17	叔丁胺	$C_4H_9NH_2$	4.84×10^{-4}	3.315
18	己胺	$H(CH_2)_6NH_2$	4.37×10^{-4}	3.36
19	辛胺	$H(CH_2)_8NH_2$	4.47×10^{-4}	3.35
20	苯胺	$C_6H_5NH_2$	3.98×10^{-10}	9.4
21	苄胺	C_7H_9N	2.24×10^{-5}	4.65
22	环己胺	$C_6H_{11}NH_2$	4.37×10^{-4}	3.36
23	吡啶	C_5H_5N	1.48×10^{-9}	8.83
24	六亚甲基四胺	$(CH_2)_6N_4$	1.35×10^{-9}	8.87
25	2-氯酚	C_6H_5ClO	3.55×10^{-6}	5.45
26	3-氯酚	C_6H_5ClO	1.26×10^{-5}	4.9
27	4-氯酚	C_6H_5ClO	2.69×10^{-5}	4.57
28	邻氨基苯酚	$(o)H_2NC_6H_4OH$	5.2×10^{-5} 1.9×10^{-5}	4.28 4.72
29	间氨基苯酚	$(m)H_2NC_6H_4OH$	7.4×10^{-5} 6.8×10^{-5}	4.13 4.17
30	对氨基苯酚	$(p)H_2NC_6H_4OH$	2.0×10^{-4} 3.2×10^{-6}	3.7 5.5
31	邻甲苯胺	$(o)CH_3C_6H_4NH_2$	2.82×10^{-10}	9.55
32	间甲苯胺	$(m)CH_3C_6H_4NH_2$	5.13×10^{-10}	9.29
33	对甲苯胺	$(p)CH_3C_6H_4NH_2$	1.20×10^{-9}	8.92
34	8-羟基喹啉(20 ℃)	$8-HO-C_9H_6N$	6.5×10^{-5}	4.19
35	二苯胺	$(C_6H_5)_2NH$	7.94×10^{-14}	13.1
36	联苯胺	$H_2NC_6H_4C_6H_4NH_2$	$5.01\times10^{-10}(K_1)$ $4.27\times10^{-11}(K_2)$	9.3 10.37

参考文献

[1] 华东理工大学,四川大学.分析化学[M].7版.北京:高等教育出版社,2018.

[2] 武汉大学.分析化学[M].6版.北京:高等教育出版社,2016.

[3] 刘志广.分析化学[M].北京:高等教育出版社,2008.

[4] HAGE D S,CARR J D.Analytical Chemistry and Quantitative Analysis[M].北京:机械工业出版社,2012.

[5] 四川大学化工学院,浙江大学化学系.分析化学实验[M].4版.北京:高等教育出版社,2015.

[6] 浙江大学分析化学教研组,四川大学工科化学基础课程教学基地.分析化学学习指导[M].北京:高等教育出版社,2011.

[7] 刘东.分析化学学习指导与习题[M].北京:高等教育出版社,2006.